LA MATIÈRE-ESPACE-TEMPS

Le temps des sciences

Claude ALLÈGRE	L'écume de la Terre
Jean-Pierre CHANGEUX	L'homme neuronal
Yves COPPENS	Le singe, l'Afrique et l'homme
Antoine DANCHIN	L'œuf et la poule. Histoire du code génétique
Pierre DOUZOU	Le chaud et le froid. Les conflits du vivant
Pierre DOUZOU	Les bricoleurs du septième jour
Pierre DOUZOU	Nouveaux regards entomologiques
Stephen Jay GOULD	Quand les poules auront des dents. Réflexions sur l'histoire naturelle
Claude HAGÈGE	L'homme de paroles.
Émile HÉNOCQ	Un mal étrange : l'allergie
François JACOB	Le jeu des possibles. Essai sur la diversité du vivant
Marc JEANNEROD	Le cerveau-machine. Physiologie de la volonté
André LEROI-GOURHAN	Mécanique vivante. Le crâne des vertébrés du poisson à l'homme
André LEROI-GOURHAN	Le fil du temps. Ethnologie et préhistoire 1920-1970
André LWOFF	Jeux et combats
Paolo MAFFEI	La comète de Halley. Une révolution scientifique
Philippe MEYER	L'homme et le sel
Philippe MEYER	La révolution des médicaments. Mythes et réalités
Claude OLIEVENSTEIN	Destin du toxicomane
Jean-Claude PECKER	Sous l'étoile Soleil
Jean-Jacques PETTER	Le propre du singe
David et Ann PREMACK	L'esprit de Sarah
Jacques RUFFIÉ	Traité du vivant
Emilio SEGRÉ	Les physiciens modernes et leurs découvertes. Des rayons X aux quarks
Daniel WIDLÖCHER	Les logiques de la dépression

GILLES COHEN-TANNOUDJI
MICHEL SPIRO

LA MATIÈRE-ESPACE-TEMPS

La logique des particules élémentaires

Fayard

En couverture : c'est en voyant une telle image apparaître sur leurs écrans, en mai 1983, que les physiciens de l'expérience UA1 au CERN surent « aussitôt » qu'ils venaient de découvrir le boson intermédiaire Z^0 (cliché CERN, Genève).

Sur les formes scintillantes
Sur les cloches des couleurs
Sur la vérité physique
J'écris ton nom.

« *Liberté* »,
Paul ÉLUARD

Nous dédions ce livre à la mémoire d'André Berthelot et de Claude Bloch qui ont guidé nos premiers pas dans la recherche. Fondateurs des laboratoires de physique des particules élémentaires et de physique théorique au Commissariat à l'Énergie Atomique, ils ont contribué de manière décisive aux développements de ces disciplines scientifiques. Grâce à ces développements, nous pouvons aujourd'hui écrire ce livre.

AVANT-PROPOS

Fréquemment, surtout ces dernières années, la physique des particules élémentaires occupe les devants de l'actualité. On annonce la mise en service d'un accélérateur géant de particules. La presse se fait l'écho de la découverte de telle nouvelle particule. Les grands médias consacrent quelques articles à ces événements. Les revues de vulgarisation scientifique publient ensuite des dossiers nourris et documentés. Mais force est de reconnaître que le grand public a du mal à saisir l'intérêt de ces découvertes. La physique des particules garde l'image d'une discipline scientifique très difficile d'un point de vue théorique, très sophistiquée d'un point de vue expérimental et qui n'est donc compréhensible que par une communauté très étroite de spécialistes.

Pourtant la physique des particules tente de répondre à des questions séculaires, fondamentales et universelles. Ces questions concernent la matière, l'espace et le temps ainsi que leurs rapports réciproques. Elles nous concernent tous et chacun d'entre nous est en droit d'attendre des spécialistes que, par-delà les mathématiques, les formules et le savoir-faire théorique et expérimental, ils communiquent les idées fondamentales et actuelles auxquelles ils sont parvenus dans le cadre de leur discipline. C'est ce que nous nous sommes modestement efforcés de faire dans cet ouvrage, en présentant un ensemble logique de concepts qui constitue la base, le consensus ou même la norme volontairement admise et reconnue dans notre milieu scientifique. Il va de soi, cependant, que la nécessaire distance que nous prenons d'avec la pratique quotidienne du scientifique dans notre domaine nous amènera parfois

— et nous le préciserons alors — à exprimer un point de vue plus personnel.

L'ambition de l'ouvrage est donc grande. Nous nous adressons aux non-spécialistes en espérant que tous les aspects développés retiendront leur intérêt et qu'ils saisiront à travers cet ouvrage ce qu'apporte la physique des particules et l'enjeu des questions qu'elle suscite. Nous nous adressons aussi aux spécialistes d'autres disciplines scientifiques, pour démontrer à la fois l'unité du développement scientifique et sa diversité dans l'étude des structures à différentes échelles, notamment dans l'étude des structures à la plus petite échelle possible. Nous nous adressons enfin aux spécialistes de notre discipline, d'une part parce que nous n'avons rien à leur cacher, d'autre part pour les inviter à s'exprimer, voire à nous contredire, sur les questions que nous soulevons.

Petit guide de lecture

Assurément, plus le lecteur sera familier avec la physique des particules ou la physique en général, plus la lecture de l'ouvrage sera aisée. Pourtant, ce serait pour nous un échec relatif s'il ne touchait qu'un public de spécialistes.

Dans une première partie, nous brosserons un panorama descriptif de la physique des particules élémentaires, de manière à situer les faits expérimentaux, les idées, leur évolution et les relations de ce domaine de la physique avec d'autres disciplines. Dans la deuxième partie, nous exposerons la problématique de la physique des particules, en montrant comment les concepts qui sont à l'œuvre en mécanique classique sont mis en échec par des contradictions qui surgissent lorsque l'on veut étendre au niveau microscopique les lois physiques classiques. Dans la troisième partie, nous montrerons les principes de la résolution de ces problèmes majeurs à travers la théorie quantique relativiste et les importants remaniements conceptuels sur lesquels est fondée la physique des particules. Grâce à ce détour théorique, nous pourrons dans la quatrième et dernière partie restituer au lecteur l'actualité de notre discipline, ses grandes tendances et ses perspectives. C'est dans cette dernière partie que nous tentons de répondre aux questions : *qu'est-ce qu'une force ?* (en relation avec les propriétés de symétrie et la conception de l'espace), *qu'est-ce qu'une particule ?* (en relation avec la théorie moderne de l'élémentarité et la conception de la matière), *qu'est-ce que l'unification ?* (en relation avec la cosmologie et la conception du temps).

Le lecteur désireux de se faire une idée des concepts principaux à l'œuvre dans la théorie quantique relativiste lira plus particulièrement les chapitres III, IV, V, VI et VIII. Le lecteur plus préoccupé par les implications philosophiques de cette théorie, et plus généralement par celles de la physique des particules élémentaires, se concentrera sur les chapitres II, VII et la conclusion. Enfin, le lecteur soucieux de connaître l'évolution récente de notre discipline et ses enjeux portera son attention sur les chapitres I, IX, X et XI.

Afin d'aider à la compréhension du texte, nous avons appelé par un astérisque les mots particuliers à notre discipline qui sont repris dans un glossaire index à la fin de l'ouvrage et font ainsi l'objet d'une définition succincte.

L'ordre suivi n'est donc ni l'ordre historique, ni l'ordre logique qui serait celui d'un manuel de physique. Une même question est souvent abordée plusieurs fois, mais sous des angles différents. Nous espérons ainsi mieux montrer la richesse de notre discipline, sans toutefois en gommer les difficultés.

PREMIÈRE PARTIE

LES ENJEUX D'UNE DISCIPLINE

CHAPITRE PREMIER

L'état des lieux : de l'emboîtement des structures à l'unification des forces

Où le lecteur prendra une vue panoramique et descriptive de la physique des particules élémentaires. L'hypothèse réductionniste, qui s'adapte à la donnée universelle de l'emboîtement des structures, tend à exiger de la physique des particules qu'elle jette les fondements de tout l'édifice scientifique. Pourtant, au travers des mutations qu'elle connaît actuellement, notre discipline participe au mouvement général de dépassement du réductionnisme. Confortée par des succès récents, son ambition est désormais l'unification de toutes les interactions fondamentales.

La physique des particules élémentaires est l'héritière contemporaine de la conception atomiste des philosophes de la Grèce antique. Pour ces philosophes, les atomes, insécables comme leur nom l'indique, sont les briques fondamentales de la matière. Anticipant sur le développement scientifique ultérieur, ces philosophes avaient été capables, grâce à la puissance de leur raisonnement, d'élaborer une véritable conception du monde, d'une extraordinaire clairvoyance et qui s'est trouvée globalement confirmée : toute la variété des structures observées dans la nature résulte de la combinatoire des atomes qui existent en un petit nombre de types différents. Dans l'étude des structures de la matière, cette conception, qui irrigue pratiquement toutes les disciplines scientifiques, fait maintenant partie du sens commun. Dans un sablier, le sable s'écoule comme un liquide. Réciproquement un liquide ressemblerait à du sable dont les grains, beaucoup plus petits au point qu'on ne peut les distinguer, sont les atomes. Cette idée permet d'interpréter le mélange de deux liquides de couleurs différentes comme une redistribution des atomes de deux types différents.

L'élémentarité, un concept relatif

Une donnée fondamentale de l'univers : l'emboîtement des structures

La conception atomiste répond à une donnée qui s'impose avec toujours plus de force au fur et à mesure que la science se développe et qui est *l'emboîtement des structures.* La théorie moderne de l'élémentarité s'est considérablement enrichie par rapport à celle des philosophes grecs : elle s'est construite au travers de la méthode scientifique, c'est-à-dire grâce à une abstraction sans cesse plus travaillée et une pratique de vérification expérimentale toujours plus affinée.

Ainsi, on s'est très vite rendu compte que les « grains de liquide » (comparables aux grains de sable) n'étaient pas des atomes, au sens qu'ils ne sont pas insécables. C'est pourquoi on a introduit le terme de molécules* pour désigner des assemblages chimiquement stables d'atomes qui constituent les briques de la matière macroscopique. Tout le monde sait maintenant qu'à partir de la molécule, c'est à un véritable emboîtement de « poupées gigognes » qu'il faut faire appel pour décrire la chaîne de l'élémentarité : les molécules sont faites d'atomes* ; les atomes ne sont pas insécables (mais on continue à les appeler atomes ; premier avatar terminologique ; nous en rencontrerons de nombreux autres). Les atomes sont des « microsystèmes solaires », comportant un noyau* central, entouré de quelques « planètes », des électrons*, qui forment un nuage d'orbites. L'électron semble être une particule élémentaire ; tout au moins, en l'état actuel de nos moyens de connaissance, il l'est. Les noyaux, eux, ne sont pas élémentaires. Ce sont des assemblages très compacts de nucléons* de deux types, le proton* et le neutron*. Jusqu'à une période récente, les nucléons étaient considérés comme élémentaires. L'une des grandes avancées de la physique des particules des années soixante et soixante-dix a été la mise en évidence d'un niveau d'élémentarité sous-jacent au nucléon. C'est le niveau des quarks* : le nucléon est composite, c'est un assemblage de trois quarks.

Selon la théorie actuelle de l'élémentarité, l'électron — comme les autres membres de la famille des leptons* à laquelle il appartient — et les quarks sont les briques fondamentales de la matière : toute la matière, dans tout l'univers, est faite de quarks et de leptons. Les types de quarks et de leptons sont en nombre restreint. Mais peut-être pas assez restreint pour que les théoriciens puissent s'en satisfaire : *dix-huit quarks* et *six leptons,* cela pourrait suggérer que ces particules ne sont pas le bout de la chaîne, qu'il y a un ou d'autres niveaux plus profonds d'élémentarité. On a déjà donné des noms aux hypothétiques constituants des quarks et des leptons : les préons* ou rishons*.

(Une remarque d'ordre terminologique s'impose ici afin de rassurer le lecteur. En quelques lignes nous venons d'introduire toute une série de termes qui, pour la plupart, lui sont inconnus ou mal connus. Qu'il ne s'inquiète pas, qu'il n'essaie pas de les retenir dès maintenant. Nous y reviendrons. De plus un glossaire rappellera, à la fin de l'ouvrage, les définitions précises des termes utilisés. Notre volonté en ouverture de cet ouvrage est avant tout de dresser un premier état des lieux aujourd'hui de notre discipline. C'est-à-dire de dresser un panorama de toutes les notions et de tous les concepts qu'il a fallu nécessairement forger tant sur le plan expérimental que théorique, en recensant les contradictions qui surgissaient et les questions qui se posaient dès lors que progressaient substantiellement les recherches. Cet indispensable état des lieux préliminaire, le lecteur ne tardera pas à s'en convaincre, sera également un bilan provisoire des problèmes demeurés en suspens, des méthodes auxquelles recourir, des pistes nouvelles à frayer, d'une ambition enfin qui est l'aiguillon de la discipline : tendre vers une théorie unitaire de toutes les interactions et de toutes les particules. La grande complexité des recherches et problèmes actuels qui transparaîtra dans les pages qui suivent est, on l'aura deviné, à la mesure de cette ambition collective.)

Les termes de la physique des particules sont, pour la plupart, des néologismes. Mais la floraison des termes qu'il s'agit d'inventer ne fait que traduire le mouvement des connaissances scientifiques. Il est intéressant de noter que les termes que l'on invente en fonction de l'état des connaissances deviennent souvent complètement inadaptés. Ainsi, comme nous l'avons indiqué plus haut, les atomes ne sont pas insécables. De même, les leptons sont censés être, d'après l'étymologie, des particules légères. Mais si l'électron mérite bien ce nom puisqu'il est près de deux mille fois plus léger que le nucléon, le dernier lepton qui ait été découvert, le lepton τ ou tauon*, est environ deux fois plus lourd que le nucléon...

On raconte qu'un physicien, assez âgé, féru d'étymologie, s'est fracturé une jambe en tombant dans un escalier alors qu'on venait de lui apprendre la découverte d'un lepton lourd !

Les choix des termes ne viennent pas tous du grec. Ainsi le mot rishon vient de l'hébreu, où il signifie premier. Quant au mot quark, il ne veut rien dire, sinon une référence à des personnages d'un roman de James Joyce, personnages allant par trois. Le mot quark signifie aussi « fromage blanc », en allemand ; inutile de souligner que cette coïncidence est purement fortuite.

Partant de la molécule, essayons maintenant d'explorer la chaîne d'emboîtement, dans l'autre sens. A partir de la molécule, on forme la matière macroscopique. Sur terre, le plus grand ensemble de matière que l'on puisse concevoir est la terre elle-même, avec tout ce qui existe, vit, se développe sur notre bonne vieille planète. La terre est une planète. C'est un élément d'une nouvelle structure, le système solaire, constitué par le soleil entouré des planètes qui orbitent selon les lois de la gravitation. Le soleil est une étoile. C'est une étoile de taille moyenne, et bien qu'on n'en ait pas de confirmation directe, il doit exister des quantités énormes d'étoiles qui, comme le soleil, sont entourées de systèmes de planètes.

Lorsque l'on observe le ciel par beau temps, la nuit, la majorité des objets que l'on voit sont des étoiles. Ces étoiles nous apparaissent comme des points et même avec les télescopes les plus puissants, elles continuent à apparaître ponctuelles. Alors que très vraisemblablement nombre d'entre elles sont en réalité des systèmes planétaires, elles nous apparaissent... comme des particules. Ces « particules » sont les éléments d'une nouvelle structure, la galaxie. Les étoiles que nous voyons appartiennent à la même galaxie, notre galaxie, qui nous apparaît sous la forme de la « Voie lactée ». La Voie lactée, une région du ciel à très haute densité d'étoiles, correspond à la vision, « par la tranche », de notre galaxie.

Il y a d'autres galaxies que la nôtre. Elles ne se répartissent pas uniformément dans l'univers mais se groupent en amas de galaxies. Notre galaxie appartient à « l'amas local ». L'amas est une nouvelle structure dans laquelle les galaxies, avec leurs milliards d'étoiles, peuvent être considérées comme ponctuelles.

Il semblerait que les amas de galaxies eux-mêmes se groupent en superamas. L'échelle de distance correspondant à cette structure extrême est la centaine de mégaparsecs. Le parsec est une unité de distance utilisée en astronomie : c'est la distance à laquelle l'orbite de la terre autour du soleil aurait un rayon apparent d'une seconde d'arc. Autrement dit, une étoile qui serait à un parsec de nous se déplacerait dans le ciel d'une seconde d'arc (un trois mille six centième de degré) en trois mois (à cause du mouvement de la terre autour du soleil). Un parsec vaut environ trois années-lumière. L'année-lumière est une autre unité utilisée en astronomie. C'est la distance parcourue par la lumière en une année à raison de trois cent mille kilomètres à la seconde. Un parsec représente donc environ 30 000 milliards de kilomètres. Cent mégaparsecs, cela veut dire cent millions de parsecs, soit trois mille milliards de milliards de kilomètres. C'est à cette échelle de distance que l'on situe actuellement la limite de l'emboîtement. En d'autres termes, c'est lorsque l'on peut considérer un superamas de galaxies de cent mégaparsecs de diamètre comme ponctuel que l'univers nous apparaît uniforme et homogène.

A l'autre extrémité la limite d'emboîtement se situe à l'échelle la plus petite accessible (à laquelle les leptons apparaissent ponctuels) qui est de l'ordre du centième de fermi*. Le fermi (en l'honneur du physicien nucléaire Enrico Fermi) est une unité de longueur valant un dix millième de milliardième de centimètre (10^{-13} cm). Ainsi, *quarante et une puissances de dix séparent les limites extrêmes de l'emboîtement des structures.* Il est évident que la physique et toutes les autres formes de science doivent prendre en compte cette donnée fondamentale.

L'hypothèse réductionniste

D'autant plus que la hiérarchie des structures ne concerne pas que la physique des particules et l'astrophysique. Ainsi, en restant à une échelle macroscopique mais à taille humaine, on peut, à partir de la molécule, attacher une autre chaîne d'emboîtement. A partir de molécules organiques on peut former des macromolécules qui vont former les « particules élémentaires » de la matière vivante. Avec ces macromolécules on forme les cellules, puis avec les cellules on forme les tissus, puis avec les tissus on forme les organismes, c'est-à-dire des êtres vivants ; les individus forment des sociétés. Cette nouvelle chaîne d'emboîtement n'est pas caractérisée par de très grands sauts d'échelles, mais par une forte hiérarchie dans la complexité. A cette hiérarchie correspond tout un emboîtement de disciplines scientifiques : physique atomique, physique moléculaire, chimie, biochimie, biologie, sociologie, psychosociologie, etc.

L'adaptation de la science moderne à la donnée fondamentale de l'emboîtement des structures se traduit dans ce qu'il est convenu d'appeler *l'hypothèse réductionniste* et qui n'est, tout compte fait, que la version contemporaine du matérialisme scientifique fondé par les atomistes de la Grèce antique. Roger Balian (dans son cours à l'École Polytechnique *Du microscopique au macroscopique*, p. 637) formule ainsi cette hypothèse : « Selon l'hypothèse réductionniste, chaque niveau est entièrement conditionné par le niveau inférieur, ne nécessitant aucun postulat nouveau, et ses lois ne sont en principe que des conséquences des lois du niveau inférieur. » D'après cette hypothèse, « les sciences se classent en une hiérarchie dont les niveaux correspondent à des degrés de complexité croissante des objets étudiés. Les fondements se trouvent au niveau de la physique des particules élémentaires ».

Autant cette hypothèse réductionniste, ou matérialiste semble aller de soi et faire partie du sens commun en physique, autant, dans les sciences à haut degré de complexité, elle a dû se frayer un chemin en combattant les idéologies non scientifiques. On peut cependant affirmer que l'hypothèse réductionniste a triomphé dans l'ensemble du champ des connaissances scientifiques. Ainsi François Jacob affirme-t-il dans *La logique du vivant* (p. 327) : « Ce qu'a démontré la biologie, c'est qu'il n'existe pas d'entité métaphysique qui se cache derrière le mot de vie. Le pouvoir de s'assembler, de se reproduire même appartient aux éléments qui composent la matière. » Jean-Pierre Changeux, qui traite d'un sujet où cette hypothèse rencontre le plus de résistance, affirme dans *L'homme neuronal* (p. 363) : « L'identification d'événements mentaux à des événements physiques ne se présente en aucun cas comme une prise de position idéologique, mais simplement comme l'hypothèse de travail la plus raisonnable et surtout la plus fructueuse. »

Toutefois, l'hypothèse réductionniste ne doit pas déboucher sur un système de pensée qui nierait l'autonomie des lois du complexe par rapport à celles des niveaux inférieurs. Les concepts à l'œuvre en biologie, par exemple, sont largement indépendants de ceux à l'œuvre en physique des particules élémentaires. Comme l'écrivait Jacques Monod dans *Le hasard et la nécessité* (p. 94) : « C'est sur de telles bases, mais non sur celle d'une vague "théorie générale des systèmes", qu'il nous devient possible de comprendre en quel sens, très réel, l'organisme transcende en effet, tout en les observant, les lois physiques pour n'être plus que poursuite et accomplissement de son propre projet. »

Bien que le réductionnisme tende à exiger de la physique des particules élémentaires qu'elle jette les fondements de tout l'édifice scientifique, notre discipline participe au mouvement de dépassement de cette approche.

Élémentarité et interactions fondamentales

Que l'élémentarité soit un concept relatif est une évidence lorsqu'on la met en rapport avec l'emboîtement des structures : dans cette hiérarchie, toute structure est la particule élémentaire de la structure immédiatement supérieure. L'élémentarité se définit donc de manière relative, ne serait-ce que par sa dépendance envers les moyens d'observation et d'expérimentation disponibles à une époque donnée. Cette relativité explique les avatars terminologiques que nous avons évoqués plus haut.

Mais l'élémentarité est aussi un concept relatif dans un sens un peu plus subtil. En effet, l'emboîtement des structures suppose qu'il existe une chaîne d'interactions de caractéristiques (intensité, portée...) différentes et auxquelles les différents types de particules participent de manières différenciées. Considérons l'exemple de l'atome. Il est tout à fait clair à propos de cette structure que l'interaction qui lie les électrons au noyau est différente de celle qui lie les nucléons au sein du noyau : l'interaction électromagnétique qui assure la cohésion de l'atome est sensible à la charge électrique. Ce n'est donc pas cette interaction qui lie les nucléons dans le noyau, puisque, par interaction électromagnétique, les nucléons de charge positive, les protons, se repoussent. On en déduit donc que doit exister une interaction autre qu'électromagnétique liant les nucléons, et que cette interaction a une portée, ou des caractéristiques telles que les électrons y soient insensibles (puisque la physique moléculaire et la chimie ont montré que les propriétés des atomes sont indépendantes des forces qui lient les constituants du noyau). Cette nouvelle interaction existe, c'est ce qu'on appelle l'interaction nucléaire forte.

Au travers de cet exemple on voit émerger une nouvelle définition possible de l'élémentarité : les particules ne sont pas élémentaires en soi, *elles sont élémentaires dans ou par rapport à une interaction donnée.* Ainsi l'électron est élémentaire dans l'interaction électromagnétique. Dans une certaine mesure le noyau est aussi élémentaire dans cette interaction. Mais il ne l'est pas dans l'interaction nucléaire forte, alors que les nucléons sont élémentaires dans cette dernière. Dès qu'un type de particule n'est pas élémentaire par rapport à une certaine interaction, ce type de particule est exclu du monde de l'élémentarité. On aboutit ainsi à une classification précise des particules : on repère d'abord les interactions fondamentales, puis on considère comme élémentaires les particules élémentaires dans ces interactions fondamentales, sans qu'il soit nécessaire que toutes ces particules élémentaires participent à chaque interaction.

Des classifications croisées

Cette approche de l'élémentarité comporte de nombreux avantages. Tout d'abord elle permet de mettre de l'ordre dans une terminologie qui est source de confusions. D'autre part, en faisant jouer un rôle déterminant aux interactions, elle reflète plus fidèlement le mouvement réel de la physique de l'élémentarité. Elle permet enfin de faire apprécier l'importance des mutations qui sont intervenues récemment dans cette discipline.

Avant les mutations des années soixante et soixante-dix, on connaissait quatre interactions* fondamentales, gravitationnelle*, électromagnétique*, nucléaire forte*, et nucléaire faible*. Nous étudierons chacune d'entre elles. Pour l'instant nous les évoquons à seule fin de montrer la classification qu'elles induisent parmi les particules élémentaires. L'interaction gravitationnelle ne permet pas de distinguer les particules puisque toutes y participent, ce qui n'est pas le cas des autres interactions. La situation, avant les mutations des années soixante et soixante-dix, était celle qui est résumée dans le tableau I.1.

On distinguait alors quatre grandes familles de particules élémentaires déterminées par la participation aux interactions électromagnétique, nucléaire forte, et nucléaire faible.

Les leptons chargés forment la famille — à laquelle appartient l'électron — des particules qui participent à l'interaction électromagnétique et à l'interaction nucléaire faible, mais pas à l'interaction nucléaire forte. Dans cette définition l'étymologie est oubliée : les leptons chargés peuvent être lourds ou légers, ce qui les caractérise, c'est de ne pas participer à l'interaction nucléaire forte.

FAMILLES		STATISTIQUE*	Participation aux interactions			
			Gravitationnelle	Faible	Electro magnétique	Forte
LEPTONS	Leptons chargés e, μ, τ	Fermions*	oui	oui	oui	non
	Neutrinos ν_e, ν_μ, ν_τ	Fermions	oui	oui	non	non
PHOTON		Boson*	oui	non	oui	non
HADRONS	Baryons p, n, Λ, Ω^-	Fermions	oui	oui	oui	oui
	Mesons $\pi, \rho, \Phi, J/\psi$	Bosons	oui	oui	oui	oui

Tableau I. 1

Particules et interactions

Classification des particules élémentaires par leurs participations aux interactions fondamentales. Ce tableau présente la situation avant la mutation des années soixante et soixante-dix.

Les neutrinos* sont des particules qui ne participent qu'à l'interaction faible. Comme ils ne participent ni à l'interaction électromagnétique ni à l'interaction forte, ils n'interagissent presque pas avec la matière. On considère les leptons chargés et les neutrinos comme deux sous-familles de la famille des leptons. Les neutrinos sont des leptons neutres.

Le photon*, la particule de lumière, est le seul membre de sa famille. Il ne participe qu'à l'interaction électromagnétique dont il est le vecteur.

Les hadrons*, en revanche, forment une famille très nombreuse — à laquelle appartiennent les nucléons —, celle des particules qui participent à toutes les interactions, y compris l'interaction forte.

La physique des particules élémentaires a subi de profondes mutations : mise en évidence d'une structure sous-jacente aux hadrons, la structure en quarks ; élaboration d'une théorie cohérente de l'interaction nucléaire forte au moyen de la chromodynamique* quantique ; unification dans une importante synthèse théorique de l'interaction nucléaire faible et de l'interaction électromagnétique.

C'est précisément l'ambition de cet ouvrage que de populariser l'apport conceptuel et culturel de la physique des particules à partir des mutations qu'elle vient de traverser. Pour faire apprécier cet apport, on ne peut se limiter à un panorama descriptif, mais on ne peut pas non plus s'en dispenser. C'est pourquoi, en peu de pages, le lecteur sera confronté avec une grande quantité de faits, d'idées et de termes qui risquent de le dérouter. Il pourra être frustré par des concepts qui ne seront qu'évoqués sans être réellement expliqués, mis en place plutôt que mis en scène. Nous lui demandons de garder patience. Pour le moment, il s'agit seulement d'appréhender le mouvement de cette discipline de recherche fondamentale.

De l'amas de galaxies aux quarks

Les interactions de grande portée

LES MOUVEMENTS DES ASTRES : L'INTERACTION GRAVITATIONNELLE

Quelle est la force qui ordonne le ballet des astres dans l'espace ? Quelle est la force qui confère aux planètes, aux étoiles leur cohésion et leur forme bien sphérique ? Nous savons tous qu'il s'agit de la force gravitationnelle.

C'est Newton qui a élaboré la première théorie de la gravitation universelle en opérant une formidable synthèse théorique, unifiant la pesanteur sur terre avec la force d'attraction qui maintient les planètes en orbite autour du soleil. En même temps, Newton a jeté les bases de la mécanique rationnelle en énonçant les lois les plus générales du mouvement : un corps livré à lui-même, sous l'influence d'aucune force, se déplace en ligne droite à vitesse constante ; il ne peut acquérir une accélération (c'est-à-dire que sa vitesse ne peut varier) que s'il est soumis à une force ; pour une force donnée, l'accélération acquise est inversement proportionnelle à la masse du corps. La masse des corps représente donc leur coefficient d'inertie, de résistance à une influence tendant à dévier du mouvement rectiligne et uniforme.

Il est tout à fait remarquable que la masse soit aussi le coefficient de réponse à la gravitation. En effet la force de gravitation entre deux corps est proportionnelle au produit des masses des deux corps et inversement proportionnelle au carré de leur distance (voir l'encadré « Interaction gravitationnelle »). Le coefficient de proportionnalité est une constante universelle, la constante de gravitation.

L'interaction gravitationnelle

La loi de Newton s'écrit :

$$F = -G\, mm'/r^2$$

Elle exprime la force de gravitation exercée par un corps de masse m sur un autre corps de masse m' situé à une distance r de lui. G est la constante universelle de gravitation, $G = 6{,}672\ 10^{-11} m^3\ kg^{-1}\ s^{-2}$. Le signe moins rappelle que la force de gravitation est attractive.

Il est souvent utile d'introduire le potentiel* dont dérive la force de gravitation : la force est le gradient* du potentiel

$$V = -G\, mm'/r$$

C'est en partant de l'égalité de la masse d'inertie et de la masse gravitationnelle, et du caractère universel de la constante de gravitation, qu'Einstein élabora une nouvelle théorie de la gravitation, la théorie de la relativité générale qui intègre, en les dépassant, les acquis de la théorie de Newton.

La gravitation, bien que très bien comprise sur le plan théorique, ne suffit pas à expliquer la cohésion de la matière. Elle a certes des effets macroscopiques importants, voire spectaculaires, mais l'interaction gravitationnelle est extrêmement faible, au niveau microscopique. Au point qu'il est tout à fait légitime de la négliger au niveau des particules élémentaires [1].

L'importance à grande distance de l'interaction gravitationnelle résulte de plusieurs particularités. La loi en inverse du carré de la distance est une loi de décroissance faible à grande distance, c'est la décroissance la plus faible qui existe. On dit d'ailleurs des forces qui obéissent à cette loi que ce sont des forces de portée* infinie. D'autre part, il n'y a pas de matériau, quel qu'il soit, qui soit capable de faire obstacle à la gravitation toute matière participe à la gravitation. Enfin, toute force gravitationnelle est attractive, il n'y a pas de « masse négative », il n'y a pas de répulsion gravitationnelle.

L'additivité de l'interaction gravitationnelle amène d'ailleurs d'emblée à la nécessité de l'existence d'interactions autres que gravitationnelles : s'il n'y avait pas de telles interactions capables de résister à la gravitation, le soleil, par exemple, s'effondrerait sur lui-même sous l'effet de sa propre gravitation.

DES ASTÉROÏDES A L'ATOME : L'INTERACTION ÉLECTROMAGNÉTIQUE

Déjà les astéroïdes, petits astres de moins de 10 kilomètres de diamètre, manifestent des formes extrêmement variées qui ne peuvent s'expliquer par la seule interaction gravitationnelle. Mais c'est sur terre que la diversité des objets matériels dans leurs formes et leurs couleurs nous frappe le plus. C'est ici le règne de la chimie. Tout le monde sait que les grains de matière qui sont à la base de la chimie sont les atomes. Les atomes constituent à leur

1. En réalité cette affirmation s'est trouvée contredite par le développement de la physique des particules élémentaires. Il apparaît, comme nous le verrons plus loin, que si on se situe à des échelles de distance inimaginablement petites, la force de gravitation redevient importante, voire même dominante.

tour des assemblages chimiquement stables qui sont les molécules, véritables briques de la matière macroscopique. Les gaz, les liquides et les solides sont des ensembles de molécules. La diversité des molécules répond à la diversité des substances connues. Quelle est l'interaction responsable de cet assemblage des atomes en molécules, de la variété des molécules et de la variété des formes que prend la matière macroscopique ? Pour l'essentiel, il s'agit de *l'interaction électromagnétique.* Pourtant l'atome est électriquement neutre. Les effets des interactions électromagnétiques entre les atomes sont ainsi assez subtils. L'interaction est en quelque sorte écrantée* : les charges positives localisées au cœur de l'atome (le noyau) sont en effet masquées par les charges négatives (les électrons) qui gravitent autour. Pour découvrir l'interaction électromagnétique nue, il faut analyser les forces qui s'exercent entre des charges électriques individuelles, par exemple entre un électron et le noyau de l'atome.

L'interaction électromagnétique, dont relèvent des phénomènes d'une immense diversité, a été théoriquement comprise dès le siècle dernier. La loi de Coulomb qui régit cette interaction est assez similaire à la loi de Newton : deux corps de charges* électriques données exercent l'un sur l'autre une force électromagnétique proportionnelle au produit des deux charges et inversement proportionnelle au carré de la distance (voir l'encadré « Loi de Coulomb »). Ainsi, la charge électrique est à l'interaction électromagnétique ce que la masse est à la gravitation. La loi en inverse du carré de la distance indique que, comme la gravitation, l'interaction électromagnétique est de portée infinie.

A la différence des masses, les charges électriques ne sont pas toutes du même signe. La force de Coulomb est soit attractive, si les charges électriques sont de signe opposé, soit répulsive si les charges électriques sont de même signe.

Au niveau élémentaire, l'interaction électromagnétique est beaucoup plus intense que l'interaction gravitationnelle : par exemple, l'attraction électromagnétique entre un électron et un positron* (le positron est ce que l'on appelle, l'anti-particule* de l'électron, une particule de même masse mais de charge électrique opposée) est 10^{38} fois plus forte que l'attraction gravitationnelle. C'est l'équilibre entre charges positives et charges négatives qui est res-

Loi de Coulomb

La loi de Coulomb est très similaire à celle de Newton :

$$F = ee'/r^2$$

Elle exprime la force électrique exercée par une charge e sur une autre charge e' située à une distance r d'elle. La force est attractive si les charges sont de signe opposé, répulsive dans le cas contraire. Le potentiel électrique s'écrit :

$$V = ee'/r$$

ponsable du fait qu'à grande distance l'interaction gravitationnelle l'emporte sur l'interaction électromagnétique, bien que toutes deux soient de portée infinie. En revanche, à courte distance, c'est-à-dire dans le domaine de la physique des particules élémentaires, l'interaction électromagnétique est immensément plus importante que l'interaction gravitationnelle.

Nous avons utilisé le terme d'électromagnétique pour caractériser la force de Coulomb alors que la loi du même nom ne fait intervenir que les charges électriques. En réalité, nous avons pris, ce faisant, un raccourci qui omet de mettre en valeur l'extraordinaire synthèse théorique qu'a représentée l'unification, dans une même interaction, des phénomènes électriques, magnétiques, mais aussi lumineux et même chimiques (et donc aussi biologiques). Il n'est pas exagéré d'affirmer que notre vie quotidienne est presque *entièrement* régie par les interactions gravitationnelle et électromagnétique.

Mais, en ce qui concerne la physique des particules élémentaires, l'interaction électromagnétique nous fait entrer dans le vif du sujet. L'importance de son rôle ne vient pas tellement de son intensité (au niveau subatomique, elle est supplantée par l'interaction nucléaire forte que nous discuterons plus bas) mais du fait que, intervenant aussi bien au niveau macroscopique qu'au niveau microscopique, elle joue un rôle d'interface, de médiation entre le monde de la vie quotidienne et celui des particules élémentaires. C'est l'outil essentiel de la physique des particules. Outil pratique d'abord, puisque c'est l'interaction électromagnétique qui sous-tend toutes les grandes étapes de l'expérimentation en matière de particules (accélération, détection, traitement de l'information). Outil théorique aussi, car, parfaitement maîtrisée du point de vue des concepts, l'interaction électromagnétique a fourni le modèle de référence, le paradigme, sur lequel ont pu être construites les théories des autres interactions.

Nous serons bien sûr amenés à revenir sur ces importants aspects de l'interaction électromagnétique, auxquels nous consacrerons de longs développements. Mais, pour les besoins actuels de notre propos, il convient de noter quelques étapes de la compréhension théorique de cette interaction. C'est Maxwell qui, au siècle dernier, réalise la synthèse que nous avons évoquée plus haut. Au travers des équations de Maxwell*, la lumière est décrite à l'aide de la propagation d'ondes de champ électromagnétique. L'interprétation ondulatoire des phénomènes lumineux se développe, grâce aux équations de Maxwell, en rupture avec les interprétations corpusculaires. Cependant ces équations fournissent aux phénomènes électromagnétiques une description causale comparable à la description causale des phénomènes mécaniques : fondamentalement ces équations sont, en effet, très analogues à celles de Lagrange et Hamilton qui sont à la base de la mécanique des systèmes matériels. L'analogie devient une véritable correspondance si l'on considère le champ électromagnétique lui-même comme un système matériel infini, c'est-à-dire dépendant d'un nombre infini de degrés * de liberté. Mais la mécanique ondulatoire, préfigurée par les équations de Maxwell, comportait des contradictions qui ont ouvert la voie aux deux grandes découvertes fondatrices de la physique des particules du XXe siècle : la relativité et la théorie des quanta.

Relativité et quanta

LA MÉCANIQUE RELATIVISTE

La propriété la plus importante des équations de Maxwell comme de celles de Lagrange et de Hamilton est l'invariance* par des transformations de symétrie*. Mais la contradiction réside dans le fait que mécanique matérielle et mécanique ondulatoire semblent avoir des propriétés de symétrie réellement différentes. C'est Einstein* qui a levé cette contradiction. Partant de l'observation que la vitesse de la lumière est une constante absolue, universelle, il construit, dans une remise en cause conceptuelle d'une audace inouïe, une nouvelle mécanique dans laquelle le temps est aussi relatif que l'espace. La mécanique relativiste se formule dans un continuum à quatre dimensions, l'espace-temps* caractérisé par la propriété de symétrie des équations de Maxwell. Les équations de Maxwell ne sont pas modifiées ; dès le départ elles sont relativistes puisqu'elles concernent la propagation des ondes électromagnétiques à la vitesse de la lumière. En revanche les équations de Lagrange et Hamilton doivent être modifiées, lorsque les vitesses des objets matériels deviennent appréciables par rapport à la vitesse de la lumière ; elles représentent une bonne approximation de la mécanique nouvelle à petite vitesse.

Dans la mécanique relativiste, la fameuse relation $E = mc^2$ traduit que la masse et l'énergie* peuvent se transformer mutuellement. Cette possibilité laisse entrevoir l'énorme difficulté de la physique des particules élémentaires : dans une collision entre particules, pour peu que l'énergie initiale soit suffisante, des particules peuvent être produites ; contrairement à ce qui se passe en mécanique classique, le nombre total des particules n'est pas conservé dans les réactions.

Toutefois, l'énergie totale est conservée, à condition d'inclure dans le bilan toutes les formes d'énergie, y compris celle sous forme de masse.

LA MÉCANIQUE QUANTIQUE

La théorie des quanta, ou théorie quantique, a été élaborée en réponse à toute une série de paradoxes que ne parvenait pas à lever l'ancienne mécanique, même en tenant compte de la relativité d'Einstein. L'un de ces paradoxes est lié a l'interaction électromagnétique. C'est, en effet, cette interaction qui lie les électrons et le noyau au sein de l'atome. Or, selon la théorie de Maxwell, les électrons qui gravitent autour du noyau devraient rayonner et par là même perdre de l'énergie ; ils devraient donc se freiner et finir par « tomber » sur le noyau : selon la théorie de l'interaction électromagnétique, les atomes ne pourraient donc pas être stables. La confiance que l'on avait dans la théorie de Maxwell, dont la validité en de nombreux autres domaines est incontestable, a conduit à une nouvelle remise en cause conceptuelle. Cette remise en cause est réellement fondamentale. C'est à l'expliquer que nous consacrerons dans cet ouvrage le maximum d'efforts. Pour le moment, pour continuer notre examen panoramique, contentons-nous de signaler un concept décisif que la nouvelle théorie a mis à la disposition de la physique de l'élémentarité, le concept de photon. La mécanique quantique unifie la mécanique corpusculaire et la mécanique ondulatoire dans un sens encore plus profond que ne l'avait fait la théorie de la relativité. Selon la nouvelle théorie, tout phénomène mécanique est susceptible, au niveau microscopique, de deux descriptions équivalentes, mais s'excluant l'une l'autre, épuisant la totalité de l'information qu'il est possible d'obtenir sur le phénomène. L'une est en termes d'ondes, l'autre en termes de corpuscules. Ces descriptions sont qualifiées de complémentaires*. Ainsi, au niveau microscopique, l'ensemble des phénomènes électromagnétiques peut être décrit soit en termes d'ondes, soit en termes de particules, de grains de lumière, ce qu'on appelle des photons. Il est intéressant de noter que c'est encore Einstein qui, en 1905, l'année même où il inventait la théorie de la relativité, proposait la théorie du photon pour expliquer un autre effet, incompréhensible au moyen des équations de Maxwell, l'effet photo-électrique*, c'est-à-dire l'expulsion des électrons de la matière par la lumière. Cet effet, qui est à l'origine de la transformation de la lumière en courant électrique (cellules photo-électriques), ne peut trouver d'explication que dans le cadre d'une description corpusculaire de la lumière.

En tous les cas, la théorie du photon permet de résoudre le paradoxe de la stabilité de l'atome. Dans un atome, le noyau et les électrons « s'échangent des photons » (un peu comme les joueurs d'une équipe de rugby, à l'entraînement, s'échangent un ballon). L'énergie rayonnée par les électrons sous forme de photons est réabsorbée par le noyau, elle n'est donc pas perdue par l'atome qui peut ainsi être stable. Les photons qui sont émis et absorbés par les partenaires de ce jeu incessant sont dits virtuels*. Les configurations atomiques stables sont celles qui n'impliquent que des photons virtuels. En revanche, un photon réel peut être absorbé par un atome qui s'excite alors à un niveau d'énergie plus élevé, ou peut être émis par un atome excité qui retombe alors à un niveau d'énergie plus bas. L'émission ou l'absorption de l'énergie sous forme de photons expliquent, outre la stabilité des atomes, que les niveaux d'énergie dans lesquels peut se trouver un atome forment un spectre* discret : si on appelle ΔE la différence d'énergie entre les niveaux d'arrivée et de départ d'un atome dans une transition, et ν la fréquence* de la lumière émise ou absorbée, on peut écrire la relation fondamentale de la mécanique quantique

$$\Delta E = h\,\nu$$

où h est la constante de Planck*, appelée aussi le quantum* d'action*, une nouvelle constante universelle.

Bosons et fermions

La théorie du photon a marqué l'introduction d'un nouveau concept fondamental en physique des particules : celui des particules véhiculant des interactions. Il s'agit là d'un concept vraiment nouveau, difficile à comprendre intuitivement. Alors qu'on conçoit bien qu'en pulvérisant à l'extrême de la matière on puisse obtenir des particules élémentaires de matière, on voit mal ce que peut être une particule véhiculant une force ou une interaction. Le concept le plus parlant pour décrire les forces est celui du champ de force. Un champ* classique correspond à la donnée, en chaque point de l'espace, de l'intensité et de la direction d'une force. Comme un champ de blé agité par le vent, un champ de force est le siège de la propagation d'ondes. La quantification d'un champ consiste à appliquer à la description de la dynamique des champs la complémentarité des descriptions ondulatoire et corpusculaire. Ainsi, avec le concept de champ quantique*, la théorie quantique permet-elle une nouvelle synthèse décisive, celle de la matière et des interactions. Aussi bien pour la matière que pour les interactions, la théorie des champs quantiques débouche sur des concepts radicalement nouveaux : particules d'interaction et champs de matière* sont des concepts totalement étrangers à la théorie classique mais ils se sont révélés d'une exceptionnelle fécondité. (Notons, et nous le verrons par la suite, que les ondes de matière dont il est question ici n'ont rien à voir avec des ondes classiques comme les ondes sonores, par exemple, qui ne se propagent qu'à travers un support matériel).

Mais synthèse ne veut pas dire confusion ; la théorie quantique permet de rendre compte de la différence de nature entre les particules de matière et les particules d'interaction : les particules de matière sont des fermions, ou des particules obéissant à la statistique de Fermi-Dirac, c'est-à-dire des particules impénétrables (on ne peut pas mettre deux fermions dans le même état) à la même position ; les particules d'interaction, par contre, sont des bosons ou des particules obéissant à la statistique de Bose-Einstein, c'est-à-dire des particules « superposables », ce qui permet d'obtenir des forces d'interaction additives. Les lasers* qui produisent des flux très intenses de photons identiques (c'est-à-dire de même énergie) sont une illustration de la statistique de Bose-Einstein des photons.

Les diagrammes de Feynman

A l'aide du concept de *boson d'interaction*, il devient possible d'étudier les niveaux d'élémentarité plus profonds que le niveau atomique. L'échange d'un boson virtuel entre deux fermions peut être considéré comme le processus élémentaire, le quantum d'interaction entre deux quanta de matière. Le boson virtuel échangé dans l'interaction électromagnétique est le photon. Le *diagramme de Feynman* (figure I, 1) permet de visualiser les caractéristiques de ce processus. Le diagramme de Feynman* est un élément essentiel de la physique des particules, auquel nous accorderons beaucoup d'attention. Pour le moment, nous demandons

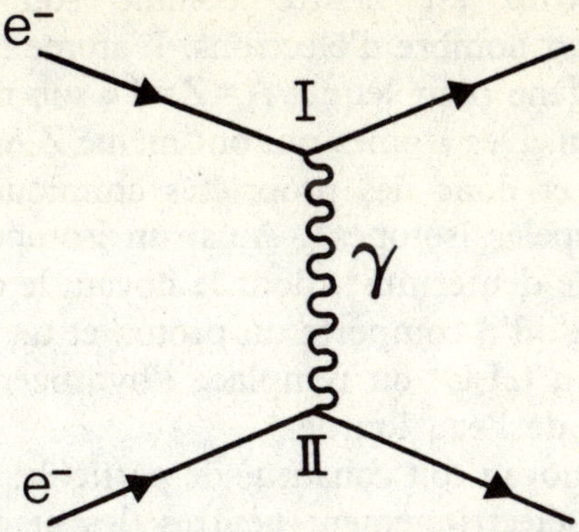

Figure I. 1

Diagramme de Feynman : échange d'un photon virtuel

Diagramme de Feynman représentant l'interaction électromagnétique élémentaire entre deux électrons (lignes droites orientées). La ligne ondulée représente le photon virtuel échangé γ. Les points I et II sont appelés des *vertex* d'interaction. Les lignes représentent des *propagateurs* de particules. Le propagateur qui relie deux vertex est celui d'une particule virtuelle. Dans le cas d'une antiparticule, la ligne droite est orientée en sens inverse (de la droite vers la gauche).

au lecteur de le considérer comme une simple illustration permettant de classer les différentes interactions.

Le monde des hadrons

L'INTERACTION NUCLÉAIRE FORTE

Avec la découverte de la radioactivité* naturelle, et surtout de la radioactivité artificielle, dont on a fêté le cinquantenaire en 1984, on a compris que le noyau atomique n'est pas élémentaire. Le noyau est constitué de A nucléons, qui se répartissent en Z protons et A-Z neutrons. A est le nombre de masse et Z est la charge électrique du noyau, dans des unités où la charge électrique de l'électron est égale à -1. En effet le proton a une charge égale à

+1 et le neutron est neutre comme son nom l'indique. Z est aussi égal au nombre d'électrons. L'atome le plus simple est l'atome d'hydrogène pour lequel A=Z=1 ; son noyau se réduit à un unique proton. Des atomes qui ont même Z ont le même nombre d'électrons, et donc des propriétés chimiques très comparables. Ils sont appelés isotopes*. Ainsi un isotope bien connu de l'hydrogène est le deutérium*, dont le noyau, le deuton*, a A=2, Z=1, c'est-à-dire qu'il comporte un proton et un neutron. Si dans la molécule d'eau (H_2O) on remplace l'hydrogène par du deutérium on obtient de l'eau lourde.

Le fait que le noyau soit constitué de particules de même charge (les protons) ou électriquement neutres (les neutrons) montre, à l'évidence, que l'interaction électromagnétique ne peut pas être responsable de la cohésion du noyau : les neutrons sont en principe insensibles à cette interaction, quant aux protons ils devraient se repousser. On s'attend donc qu'existe une interaction différente des deux interactions que nous avons évoquées (gravitationnelle et électromagnétique), responsable de la cohésion du noyau. C'est cette interaction que l'on appelle l'interaction nucléaire forte.

C'est cette interaction qui est responsable du défaut de masse des noyaux. On constate en effet que la masse d'un noyau de nombre de masse A et de charge Z n'est pas égale, mais inférieure à Z fois la masse du proton plus A-Z fois la masse du neutron. La relation d'Einstein permet de relier le défaut de masse Δm à l'énergie de liaison E_L due à l'interaction nucléaire forte :

$$E_L = \Delta m \, c^2$$

C'est la libération de cette énergie de liaison dans des réactions nucléaires en chaîne qui est à l'origine des applications civiles, mais aussi militaires de l'énergie nucléaire. Pour avoir accès à ces énergies il faut provoquer artificiellement des réactions d'interaction nucléaire forte. Pour cela il faut vaincre la barrière des interactions électromagnétiques (à moins d'utiliser des neutrons). Une fois épluchés de leurs électrons les atomes deviennent des ions* chargés positivement (si tous les électrons sont arrachés, il ne reste plus que le noyau) ; ces ions, tous de charges positives, se repoussent par interaction électromagnétique. Il faut les cogner avec suffisamment d'énergie pour les rapprocher à une distance suffisamment petite pour que l'interaction nucléaire forte commence à fonctionner. Ce sont ces manipulations de radioactivité artificielle qui marquent les débuts de la physique des particules élémentaires proprement dite. Le cinquantenaire de la radioactivité artificielle nous permet de mesurer combien est jeune la discipline scientifique dont il est question dans ce livre.

Ce qui différencie le plus nettement l'interaction nucléaire forte des deux autres interactions que nous avons évoquées jusqu'à présent, c'est sa portée finie. L'expression de la force d'interaction nucléaire forte qui s'exerce entre deux hadrons (un hadron est une particule qui participe à toutes les interactions et donc aussi à l'interaction nucléaire forte) comporte une exponentielle décroissante en fonction de la distance (voir l'encadré « Interaction nucléaire forte. Décroissance exponentielle »). La portée de l'interaction est une distance au-delà de laquelle l'interaction devient négligeable. La portée de l'interaction nucléaire forte est de l'ordre de quelques fermis. Le fermi est une unité de longueur valant un dix millième de milliardième de centimètre (10^{-13} cm). Quelques fermis représentent la taille moyenne des noyaux. C'est cette portée finie qui explique que les effets proprement nucléaires n'aient pratiquement pas d'influence aux niveaux atomique et moléculaire. Et, à cause de cette différence de portée, il est difficile de comparer les intensités des interactions nucléaire forte et électromagnétique. On peut dire cependant qu'à des distances subnucléaires (plus petites que la taille du noyau atomique), l'interaction nucléaire forte est environ cent fois plus intense que l'interaction électromagnétique.

Le boson de Yukawa

Une question évidente qui vient à l'esprit est celle de la pertinence du concept de boson d'interaction pour l'interaction nucléaire forte. Cette question a été posée et résolue par le physicien japonais Yukawa. La théorie quantique permet de relier la masse du boson d'interaction à la portée de l'interaction qu'il véhicule. Comme, en théorie relativiste, la masse d'une particule dépend de sa vitesse, lorsque l'on parle de la masse d'une particule, c'est toujours de sa *masse au repos*, ou masse * invariante

Interaction nucléaire forte. Décroissance exponentielle

Le potentiel d'interaction forte s'écrit :

$$V = \frac{ge^{-\mu r}}{r}$$

Par rapport au potentiel électrique ou gravitationnel, la nouveauté réside dans l'exponentielle décroissante au numérateur ; $r_0 = 1/\mu$ est la portée de l'interaction : dès que la distance r vaut quelques fois r_0, l'exponentielle devient très petite ; g est une « constante de couplage » caractérisant l'intensité de l'interaction forte.

qu'il s'agit. A une particule comme le photon qui se déplace toujours à la vitesse de la lumière, et n'est donc jamais au repos, la cohérence des équations de la relativité conduit à attribuer une *masse invariante nulle.* Avec cette définition, la relation entre la masse invariante du boson d'interaction et la portée de l'interaction est une relation de proportionnalité inverse : plus la masse invariante du boson est élevée (« plus le ballon de rugby échangé est lourd »), plus la portée de l'interaction est limitée (« plus la taille de la mêlée est restreinte »). Cette relation englobe le cas de l'échange du photon : la masse invariante du photon étant nulle, la portée de l'interaction électromagnétique est infinie.

Connaissant la taille moyenne des noyaux et donc la portée de l'interaction nucléaire forte, Yukawa a prédit l'existence d'un boson associé à cette interaction, qu'il a appelé le méson*, car la masse qu'il attendait était « intermédiaire » entre celle de l'électron (léger) et celle du nucléon (lourd). La prédiction de Yukawa allait plus loin. Constatant que le proton et le neutron semblent se comporter dans l'interaction forte de manière identique, il proposa l'idée d'une nouvelle propriété de symétrie, spécifique à l'interaction forte : l'indépendance par rapport à la charge électrique. Cette symétrie, qui a reçu par la suite le nom de symétrie d'isospin*, marque l'émergence, en physique des particules, du concept qui est devenu dominant : celui de symétrie interne* ou *unitaire.*

En conséquence, le méson devrait exister en trois états de charge (+1, −1 et 0) de façon que, par émission ou absorption d'un méson, un neutron puisse se transformer en proton ou bien rester neutron (voir figure I,2). On appela méson π ou pion* le triplet d'isospin π^+, π^-, π^0 prédit par Yukawa. Alors que la radioactivité artificielle marque le début de l'expérimentation en physique des particules, la découverte du méson π marque le début de la théorie dans cette discipline : *pour la première fois une particule était découverte après un raisonnement conduisant à la prédiction de son*

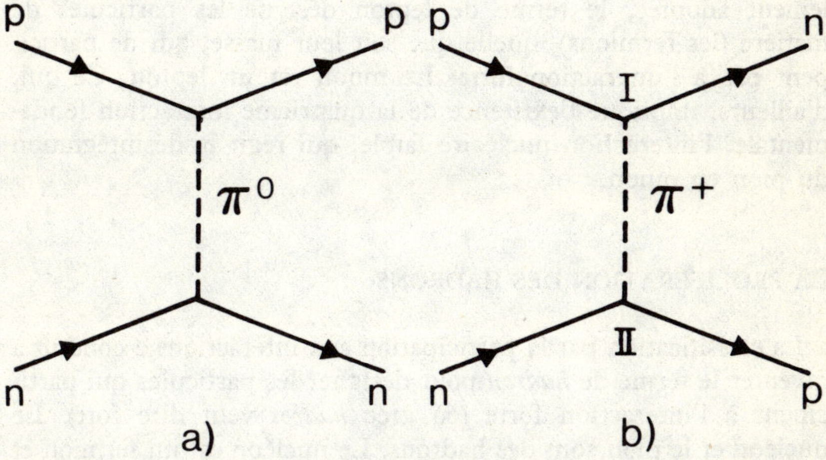

Figure I. 2

Le boson de Yukawa

Diagrammes de Feynman représentant des interactions élémentaires par échange de pions (les bosons de Yukawa).

a) Diffusion élastique proton-neutron, par échange d'un pion neutre.

b) Réaction d'échange de charge proton neutron→neutron proton, par échange d'un pion chargé. On peut dire qu'un π^+ a été émis en I et absorbé en II, ou bien qu'un π^- a été émis en II et absorbé en I.

existence. Il est intéressant de noter que la découverte du méson π a été précédée de péripéties : ce n'est pas le pion qu'on a découvert en premier, mais une autre particule, le lepton μ ou muon*, produit de la désintégration du pion. Il y eut également un avatar terminologique, car on a appelé méson ce lepton μ car sa masse, à peine inférieure à celle du pion, tombait dans la fourchette d'estimation de Yukawa. Ce n'est que beaucoup plus tard que l'on a réalisé que la masse des particules n'est pas une bonne caractéristique pour leur classement en catégories. La meilleure caractéristique est la participation aux différentes interactions. Par exemple l'électron ne participe pas à l'interaction forte, pas plus que le photon. A cet égard, le muon est plus comparable à l'électron qu'au pion. Dans la terminologie moderne, maintenant universellement adoptée, le terme de lepton désigne les particules de matière (les fermions), quelle que soit leur masse, qui ne participent pas à l'interaction forte. Le muon est un lepton. Ce qui, d'ailleurs, implique l'existence de la quatrième interaction fondamentale, l'interaction nucléaire faible, qui régit la désintégration du pion en muon.

La prolifération des hadrons

La classification par la participation aux interactions a conduit à inventer le terme de *hadron* pour désigner les particules qui participent à l'interaction forte (en grec *hadros* veut dire fort). Le nucléon et le pion sont des hadrons. Le nucléon est un fermion et le pion un boson. Le développement des accélérateurs et des détecteurs dans les années soixante et soixante-dix a permis une étude systématique de l'interaction forte et des hadrons. Par rapport aux autres interactions et particules, le fait majeur nouveau est la prolifération considérable des hadrons. On en compte à l'heure actuelle plus de trois cents avec une très grande diversité de propriétés. Les physiciens des particules ont tous en poche un petit carnet, édité annuellement par le P.D. G. (« Particle Data Group ») qui tient à jour les particules connues et leurs propriétés. C'est la famille des hadrons qui remplit la quasi-totalité de ce carnet (figure I, 3).

Cette floraison de particules a évidemment posé de grands problèmes, en particulier à propos de l'élémentarité ; mais cette période d'exploration systématique du monde des hadrons a per-

Baryon Table *(cont'd)*

Particle[a]	$I(J^P)L_{2I \cdot 2J}$[b]	P^c_{beam} (GeV/c) $\sigma = 4\pi\lambda^2$ (mb)	Mass[d] M (MeV)	Full[e] width Γ (MeV)	Partial decay modes: Mode[f]	Fraction[g] (%)	p^h (MeV/c)
N(1535)	$1/2(1/2^-)S'_{11}$	p = 0.76	1520 to	100 to	$N\pi$	35-50	467
		σ = 22.5	1560	250	$N\eta$	~35	182
				(150)	$N\pi\pi$	~ 5	422
					[$\Delta\pi$	~ 1]*	242
					$N\rho$	~ 3	†
					$N\epsilon$	~ 2	†
→ N(1650)	$1/2(1/2^-)S''_{11}$	p = 0.96	1620 to	100 to	$N\pi$	55-65	547
		σ = 16.4	1680	200	$N\eta$	~1.5	346
				(150)	ΛK	~ 8	161
					ΣK	3-10	†
					$N\pi\pi$	~30	511
					[$\Delta\pi$	4-15]*	344
					$N\rho$	~20	†
					$N\epsilon$	< 5	†
N(1675)	$1/2(5/2^-)D'_{15}$	p = 1.01	1660 to	120 to	$N\pi$	30-40	563
		σ = 15.4	1690	180	$N\eta$	~ 1	374
				(155)	ΛK	~0.1	209
					$N\pi\pi$	55-70	529
					[$\Delta\pi$	50-65]*	364
					$N\rho$	~ 5	†
N(1680)	$1/2(5/2^+)F'_{15}$	p = 1.01	1670 to	110 to	$N\pi$	55-65	567
		σ = 15.2	1690	140	$N\eta$	< 1	379
				(125)	ΛK	not seen	218
					$N\pi\pi$	~40	532
					[$\Delta\pi$	~12]*	369
					$N\rho$	~10	†
					$N\epsilon$	~20	†
N(1700)	$1/2(3/2^-)D''_{13}$	p = 1.05	1670 to	70 to	$N\pi$	8-12	580
		σ = 14.5	1730	120	$N\eta$	~ 4	400
				(100)	ΛK	~0.2	250
					$N\pi\pi$	~85	547
					[$\Delta\pi$	15-40]*	385
					$N\rho$	~ 5	†
					$N\epsilon$	<40	†
N(1710)	$1/2(1/2^+)P''_{11}$	p = 1.07	1680 to	90 to	$N\pi$	10-20	587
		σ = 14.2	1740	130	$N\eta$	~25	410
				(110)	ΛK	~15	264
					ΣK	2-10	138
					$N\pi\pi$	>50	554
					[$\Delta\pi$	10-25]*	393
					$N\rho$	25-65	48
					$N\epsilon$	15-40	†
N(1720)	$1/2(3/2^+)P''_{13}$	p = 1.09	1690 to	125 to	$N\pi$	10-20	594
		σ = 13.9	1800	250	$N\eta$	~3.5	420
				(200)	ΛK	~ 5	278
					ΣK	2-5	162
					$N\pi\pi$	~70	561
					[$\Delta\pi$	~20]*	401
					$N\rho$	45-70	104
					$N\epsilon$	~20	†
→ N(2190)	$1/2(7/2^-)G_{17}$	p = 2.07	2120 to	200 to	$N\pi$	~14	888
		σ = 6.21	2230	500	$N\eta$	~ 3	790
				(350)	ΛK	~0.3	712

Figure I. 3

Un extrait de la famille des baryons...

Cet extrait sur les caractéristiques des résonances baryoniques connues provient d'un livre édité régulièrement par le P.D.G. (Particle Data Group).

mis de constituer une riche phénoménologie qui a servi de substrat à toutes les avancées ultérieures. Les concepts nouveaux résultant de la conciliation de la théorie de la relativité et de la théorie quantique (des concepts qui n'existaient qu'à l'état d'ébauche dans la phase d'élaboration de ces deux théories) ont pu être directement confrontés à une réalité expérimentale en plein développement. Aujourd'hui, on peut affirmer qu'aucun des développements les plus spectaculaires de la physique moderne des particules n'aurait été possible sans cette phase de tâtonnements et d'accumulation de connaissances phénoménologiques.

LE PRINCIPE DE DÉMOCRATIE HADRONIQUE

La prolifération exubérante de la famille des hadrons conduit à s'interroger sur l'élémentarité de ses membres. L'idéal de la conception atomiste supposant l'existence d'un petit nombre de types d'atomes, il est clair qu'on ne va pas considérer tous les hadrons comme élémentaires. Se pose alors la question de ne considérer comme élémentaires que certains hadrons. Une telle hypothèse est confortée par l'extrême diversité des propriétés des hadrons. Les hadrons instables, qui peuvent se désintégrer en hadrons plus légers par interaction forte, seront, bien sûr, considérés comme composites, tandis que les hadrons stables, c'est-à-dire ne se désintégrant pas par interaction forte, seront considérés comme élémentaires.

Cette hypothèse fera l'unanimité tant elle semble tomber sous le sens. Pourtant, elle est erronée. C'est l'un des mérites de la physique hadronique des années soixante que de l'avoir clairement infirmée. En effet, de l'ensemble des données expérimentales accumulées à propos de la spectroscopie et de la dynamique des hadrons a émergé une certaine cohérence, que l'on a résumée dans ce qu'on a appelé le « principe de démocratie hadronique* ». Selon ce principe, tous les hadrons (que ce soient des baryons*, fermions de matière, ou des mésons, bosons d'interaction) sont à traiter sur le même plan, en ce qui concerne l'élémentarité : ou bien tous les hadrons sont élémentaires, ou bien ils sont tous composites. En réalité, ce « principe » apparaît plutôt comme une constatation empirique : si, pour rendre compte de certaines données expérimentales, on privilégie pour l'élémentarité certains hadrons, on aboutit systématiquement à des contradictions avec d'autres données expérimentales.

Dès lors, il faut se rendre à l'évidence ; puisqu'on ne peut privilégier quelques hadrons, et qu'il est difficile de les considérer tous comme élémentaires, on va les considérer *tous comme composites.* On va donc rechercher une structure subhadronique*.

Des hadrons aux quarks

S'inspirant des méthodes appliquées dans d'autres domaines (par exemple en chimie, en physique atomique et moléculaire), cette recherche va emprunter trois voies (communiquant les unes avec les autres).

Classification et symétrie unitaire

La classification est en quelque sorte la réédition de la méthode qui avait abouti, à propos des atomes, à la classification de Mendeleïev. En prenant appui sur la pertinence de la symétrie d'isospin, on a réussi a découvrir des régularités dans la classification des hadrons reflétant d'autres symétries unitaires.

Ainsi, la symétrie SU(3), proposée par Gellman et Neeman, a permis, dès le début des années soixante, de mettre un peu d'ordre dans la prolifération des hadrons. L'échec du modèle de Sakata qui voulait faire jouer à trois baryons (le proton, le neutron et l'hypéron* Λ) un rôle aristocratique (et qui donc violait le principe de démocratie hadronique) a conduit Gellman à proposer le modèle des quarks.

Dans ce modèle, les baryons sont des structures à trois quarks et les mésons des états liés quark-antiquark. (Encore un concept sur lequel nous devrons revenir, celui d'antiparticule.)

Le modèle des quarks réalise une importante économie de moyens puisque, avec trois types de quarks seulement (ces types de quarks sont appelés des saveurs*) et les antiquarks correspondants, il est possible de remplir de manière satisfaisante toutes les cases du tableau des hadrons. Les trois saveurs nécessaires sont appelées u (pour « up* »), d (pour « down* ») et s (pour « strange* »). Le proton est un état lié (u u d), le neutron un état lié (u d d). Quant au méson π on l'obtient avec (u $\bar{d}$) pour le π^+, (d $\bar{u}$) pour le π^- et une combinaison de (u $\bar{u}$) et (d $\bar{d}$) pour le π^0 (les antiquarks sont désignés par la petite barre placée au-dessus du symbole désignant la saveur, $\bar{d}$ est l'antiquark du quark d).

Malgré sa simplicité, son élégance et sa capacité à rendre compte de la symétrie SU(3) apparente, le modèle des quarks présente un défaut majeur : pour la cohérence du modèle, il faut attribuer des charges électriques non entières aux trois saveurs des quarks : deux tiers pour la saveur u, moins un tiers pour les saveurs d et s.

D'emblée, ce défaut a semblé rédhibitoire ; en effet, depuis la célèbre expérience de Millikan, on sait que dans la nature n'existent que des charges électriques, multiples entiers positifs, négatifs ou nuls de la charge électrique de l'électron.

D'ailleurs, cette « quantification » de la charge électrique a longtemps été considérée comme une nette évidence en faveur de l'hypothèse atomiste. Dès l'invention du modèle des quarks, on s'est évidemment efforcé de refaire l'expérience de Millikan, dans l'espoir de mettre en évidence des particules de charges fractionnaires. En vain. A la mise en service de chaque nouvel accélérateur on a recherché des indications de l'existence de particules libres de charges fractionnaires. En vain. Pour le moment, une seule expérience donne un résultat positif. Mais cette expérience est vigoureusement contestée par des auteurs qui ont procédé à d'autres expériences de contrôle. Le consensus actuel est qu'*il n'y a pas, ou très peu, dans l'univers, de particules de charges fractionnaires.* Mauvaise nouvelle pour le modèle des quarks ? Non, simplement un défi théorique : comprendre pourquoi et comment les quarks existent, à l'intérieur des hadrons, tout en y étant confinés.

En effet l'attachement au modèle des quarks n'a fait que se renforcer au fur et à mesure que s'est développée la physique des particules. Par exemple, le modèle des quarks permettait de prédire avec précision la masse d'une particule qui manquait dans un des tableaux de la classification SU(3) (voir l'encadré « La découverte du Ω^- »), le Ω^- composé de trois quarks s. La découverte de cette particule, exactement à la masse attendue, après la prédiction de son existence, a valu le prix Nobel à l'inventeur du modèle des quarks, M. Gellman, et a conduit à prendre ce modèle très au sérieux.

La découverte du Ω^-

Le modèle des quarks conduit à une représentation particulièrement simple pour les particules du décuplet* dans la classification SU(3). Ces dix particules se classent en quatre Δ, non étranges : $\Delta^-=(d,d,d)$, $\Delta^0=(u,d,d)$, $\Delta^+=(u,u,d)$, $\Delta^{++}=(u,u,u)$; trois $\Sigma^\star$ comportant un quark étrange $\Sigma^{\star -}=(s,d,d)$, $\Sigma^{\star 0}=(s,u,d)$, $\Sigma^{\star +}=(s,u,u)$; deux $\Xi^\star$ comportant deux quarks étranges $\Xi^{\star -}=(s,s,d)$, $\Xi^{\star 0}=(s,s,u)$ et un Ω^- comportant trois quarks étranges $\Omega^-=(s,s,s)$. Le modèle minimal de brisure de la symétrie SU(3) consiste à supposer que les différences de masse des hadrons d'un même multiplet ne sont dues qu'aux différences de masse des quarks. Si les masses de u et de d sont égales et que celle de s est plus élevée, on prédit une règle d'espacement égal de masses :

$$m_{\Sigma^\star} - m_\Delta = m_{\Xi^\star} - m_{\Sigma^\star} = m_\Omega - m_{\Xi^\star}$$

Cette règle avait été prédite avant la découverte du $\Xi^\star$, qui a été trouvé à la masse prédite. Après cette découverte la fourchette de prédiction de la masse du Ω^- s'est resserrée. La masse du Ω^- était prédite avec quatre chiffres significatifs.

LA DUALITÉ

La deuxième voie de recherche d'une structure subhadronique pourrait s'intituler la « voie chimique » : il s'agit d'étudier les « réactions hadroniques » qui interviennent dans des collisions entre hadrons et qui produisent des hadrons, en recherchant soit des fragments de hadrons, soit des régularités dues à une éventuelle structure composite. Devant les échecs répétés de la recherche de quarks libres, cette « chimie hadronique » vise aujourd'hui à rechercher des effets indirects de l'existence d'une structure composite, sous-jacente au niveau des hadrons.

Les effets qui ont été découverts dans cette recherche sont compatibles avec le modèle des quarks. La propriété dite de dualité* suggère que les hadrons sont des objets étendus, en forme de petites cordes* dont les extrémités peuvent être assimilées aux quarks. Dans cette approche, les quarks sont automatiquement confinés : on a peut-être vu des cordes sans extrémités (des cordes refermées sur elles-mêmes) mais jamais d'extrémités de cordes sans cordes. Ce modèle phénoménologique a permis de rendre compte de nombreuses observations empiriques et a préparé le terrain pour les théories plus quantitatives de la dynamique des quarks qui se sont développées après. L'un des principaux résultats de la dualité est rassemblé dans la règle phénoménologique d'Okubo, Zweig et Isuka (OZI) (figure I, 4). Selon cette règle, certains processus hadroniques sont interdits ou inhibés : ainsi le méson φ qui est un état ($s\bar{s}$) se désintègre plus facilement en mésons K comportant des quarks s et $\bar{s}$ qu'en mésons ne comportant pas de tels quarks. Alors que, du point de vue de la cinématique, le pion étant plus léger que le K, la désintégration du méson φ en pions devrait être plus favorable que la désintégration en mésons K, c'est l'inverse qui se passe en réalité car les mésons K comportent des quarks s et $\bar{s}$.

Lorsque les développements de la théorie de l'interaction nucléaire faible ont amené Glashow, Illiopoulos et Maiani à prédire l'existence d'une quatrième saveur de quark (la saveur c pour « charm* »), la connaissance de la règle O Z I a immédiatement aiguillé les théoriciens vers l'interprétation en termes d'état ($c\bar{c}$) du signal J/Ψ observé au SLAC*. La découverte du signal Υ observé à Fermilab* a été interprétée comme l'indice d'une cinquième saveur de quark, la saveur b (pour « beauty* »). Le signal Υ est interprété comme un état ($b\bar{b}$).

Proposé presque comme un artifice mathématique, le modèle des quarks s'est petit à petit transformé en une conception relativement cohérente : la spectroscopie* et la dynamique hadronique sont compatibles avec une structure de quarks confinés. Mais, précisément, le confinement* des constituants élémentaires des

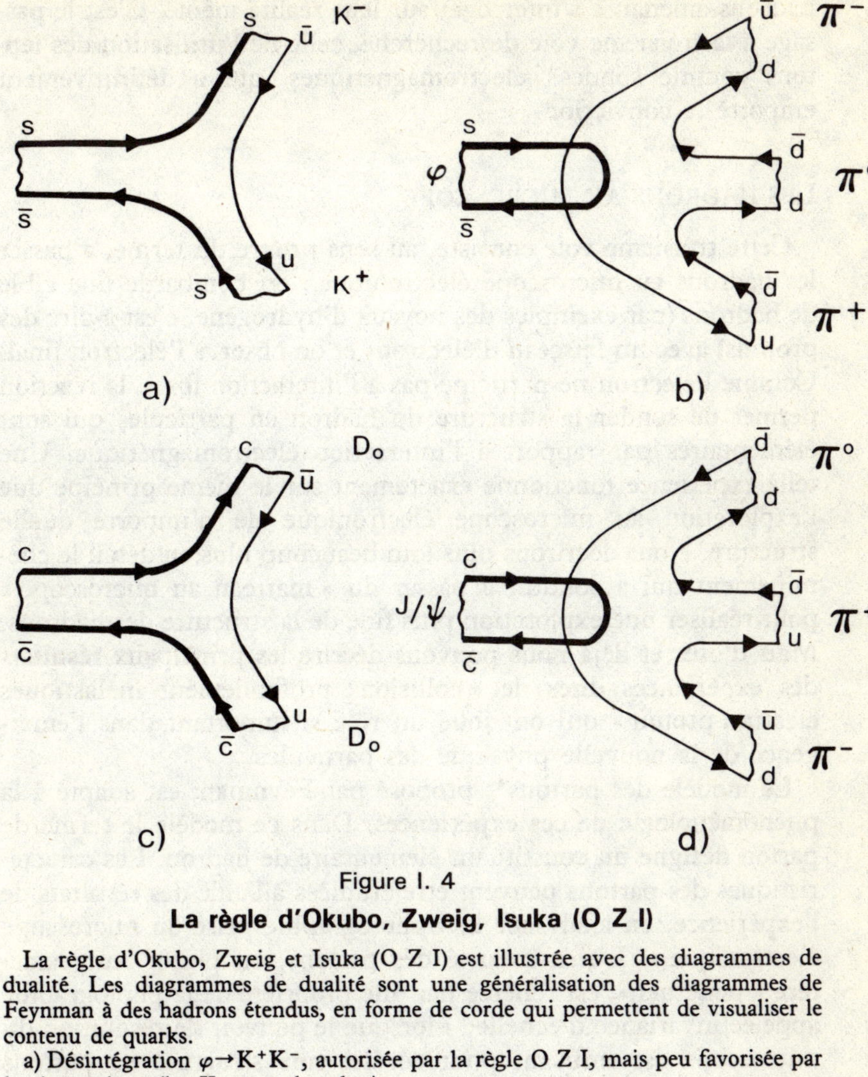

Figure I. 4

La règle d'Okubo, Zweig, Isuka (O Z I)

La règle d'Okubo, Zweig et Isuka (O Z I) est illustrée avec des diagrammes de dualité. Les diagrammes de dualité sont une généralisation des diagrammes de Feynman à des hadrons étendus, en forme de corde qui permettent de visualiser le contenu de quarks.

a) Désintégration $\varphi \rightarrow K^+K^-$, autorisée par la règle O Z I, mais peu favorisée par la cinématique (les K sont « lourds »).

b) Désintégration $\varphi \rightarrow \pi^+\pi^-\pi^0$, favorisée par la cinématique (les π sont « légers ») mais violant la règle O Z I.

c) Désintégration du $J/\Psi \rightarrow D^0\bar{D}^0$ autorisée par la règle O Z I, mais interdite par la cinématique (la masse du J/Ψ est inférieure à la somme des masses du D^0 et du $D^0\bar{D}^0$).

d) Désintégration du $J/\Psi \rightarrow \pi^+\pi^-\pi^0$ autorisée cinématiquement mais violant la règle O Z I.

hadrons amenait à s'interroger sur leur réalité même. C'est le passage à la troisième voie de recherche, celle de l'utilisation des leptons comme sondes* électromagnétiques, qui a définitivement emporté la conviction.

LES HADRONS AU MICROSCOPE

Cette troisième voie consiste, au sens propre du terme, a passer les hadrons au microscope électronique : on bombarde une cible de hadrons (par exemples des noyaux d'hydrogène, c'est-à-dire des protons) avec un faisceau d'électrons et on observe l'électron final. Comme l'électron ne participe pas à l'interaction forte, la réaction permet de sonder la structure du hadron en particules qui sont élémentaires par rapport à l'interaction électromagnétique. Une telle expérience fonctionne exactement sur le même principe que l'exploration au microscope électronique de n'importe quelle structure. Nous décrirons plus loin beaucoup plus en détail le cheminement qui a conduit à passer du « marteau au microscope » pour réaliser une exploration plus fine de la structure des hadrons. Mais d'ores et déjà nous pouvons décrire les principaux résultats des expériences dites de « collisions profondément inélastiques électron-proton » qui ont joué un rôle si important dans l'émergence de la nouvelle physique des particules.

Le modèle des partons*, proposé par Feynman, est adapté à la phénoménologie de ces expériences. Dans ce modèle le terme de parton désigne un constituant élémentaire de hadron. Les caractéristiques des partons peuvent être étudiées à l'aide des résultats de l'expérience, en analysant la « photographie prise au microscope électronique ». L'élémentarité des partons, ou plutôt leur caractère « ponctuel », est reflétée par une propriété de la photographie appelée invariance d'échelle* : lorsque le pouvoir de résolution du microscope est suffisant pour révéler une structure en partons ponctuels, il ne sert à rien d'accroître ce pouvoir de résolution car cette opération laisserait invariante la photographie. L'invariance d'échelle effectivement observée a apporté une preuve irréfutable de l'existence d'une structure subhadronique. Quant au traitement de l'information contenue dans les photographies, il a apporté une remarquable confirmation du modèle des quarks puisque les charges électriques des partons se sont révélées être compatibles avec −1/3 et 2/3. La structure de partons observée dans les collisions profondément inélastiques électrons-protons est plus complexe que celle prévue par le modèle naïf des quarks, mais elle correspond à ce à quoi on pouvait s'attendre dans le cadre de la théorie quantique et relativiste. En plus des quarks appelés quarks de valence* qui confèrent au hadron ses caractéristiques principales (par exemple les quarks u u d du proton ou u d d du neutron ou u $\bar{d}$ du méson $\pi+$), la structure subhadronique comporte une « mer* de Fermi » de paires de quark antiquark qui « vivent » pendant un temps très bref, mais que la photographie peut saisir avant qu'elles ne se désintègrent.

D'autre part, les expériences de collision électron-proton ont montré qu'en plus des quarks de valence et des paires quark-antiquark de la mer, il y a d'autres partons, n'interagissant pas par interaction électromagnétique qui, dans le cas du proton, emportent environ 50 % de l'énergie du hadron. On a donné le nom de gluons* à ces partons manquants dont l'existence a été révélée, « en négatif », par l'analyse des résultats expérimentaux.

La physique des particules en mutation

La chromodynamique quantique : l'interaction des quarks et des gluons

UN NOUVEAU CONCEPT DOMINANT : L'INVARIANCE DE JAUGE

A partir du moment où l'on suppose l'existence d'un niveau d'élémentarité subhadronique, avec les quarks comme particules de matière, se pose la question des particules qui véhiculent l'interaction liant les quarks. Ces nouveaux bosons d'interaction ne doivent pas être des hadrons (en vertu du principe de démocratie hadronique), mais ils doivent appartenir au monde subhadronique. Ils doivent être, eux aussi, des partons. Les gluons sont les candidats tout trouvés pour être les bosons d'interaction de la structure subhadronique.

L'une des principales avancées de la physique des particules de ces dernières années a été l'élaboration d'une théorie de cette interaction, la chromodynamique quantique (en abrégé *QCD* pour « Quantum chromodynamics »). Cette théorie a été construite par analogie avec l'électrodynamique* quantique (ou *QED* pour « Quantum electrodynamics ») qui est la théorie de l'électromagnétisme étendue au niveau microscopique et tenant compte des effets quantiques et relativistes.

Dès les années soixante, l'électrodynamique quantique était devenue la théorie de référence sur le modèle de laquelle se sont construites les théories de toutes les autres interactions. En approfondissant le concept de symétrie des interactions, on a découvert la symétrie spécifique de l'interaction électromagnétique, susceptible d'être généralisée à d'autres interactions. Il s'agit de la symétrie de jauge*, une propriété sur laquelle nous serons amenés à revenir longuement.

La symétrie de jauge de l'interaction liant les quarks est appelée symétrie de couleur*, ce qui est à l'origine du terme de chromodynamique. Chaque saveur de quarks existe en trois « couleurs ». Là encore, on a été confronté à un problème de terminologie : ayant découvert une propriété de symétrie on a dû lui donner un nom. Le choix du terme de couleur est presque totalement arbitraire. Il n'y a qu'une vague analogie entre les « couleurs » des quarks et les trois couleurs fondamentales qui peuvent être combinées pour donner toute la gamme des couleurs ainsi que le blanc, c'est-à-dire l'absence de couleur. En réalité, dans le parallèle entre électrodynamique et chromodynamique, la couleur des quarks est plutôt à comparer à la charge électrique. Les hadrons sont « blancs », ou sans couleur, au même titre que les atomes sont électriquement neutres. Les gluons véhiculent l'interaction chromodynamique au même titre que le photon véhicule l'interaction électrodynamique. Mais, et c'est là la différence essentielle entre les deux interactions, les gluons portent des couleurs, alors que le photon est électriquement neutre. En réalité, les gluons portent une « charge de couleur » et une « charge d'anticouleur » : par absorption d'un gluon « bleu, antirouge », un quark « rouge » devient « bleu ». Mais, dans ces conditions, alors que le photon n'interagit pas avec lui-même, les gluons interagissent entre eux : un gluon « jaune, antirouge », devient « jaune, antibleu » par émission d'un gluon « bleu, antirouge » (voir la figure I, 5). Cette *non-linéarité* liée à l'autocouplage des gluons est le caractère spécifique de la chromodynamique quantique dont on pense qu'elle fournit la théorie cohérente de l'interaction nucléaire forte.

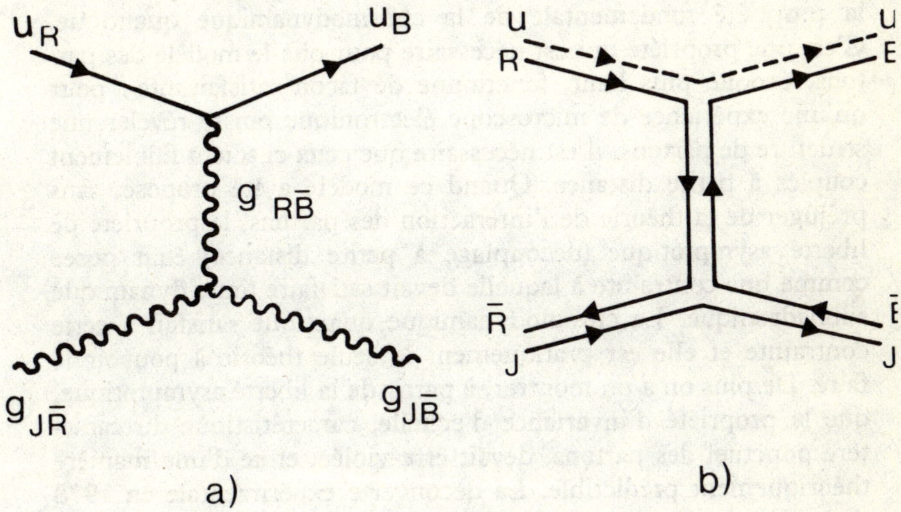

Figure I. 5

Interaction élémentaire en QCD

Deux diagrammes représentant une interaction élémentaire en chromodynamique quantique sont ici illustrés :

a) Réaction d'échange d'un gluon virtuel dans la collision quark + gluon → quark + gluon.

Les couleurs sont notées R, B, J et les anticouleurs R̄, B̄ et J̄.

b) La même réaction avec des quarks et des gluons représentés par deux lignes : pour un quark, la ligne tiretée représente la saveur.

La liberté asymptotique

Les études approfondies de la chromodynamique quantique ont montré que cette interaction possède deux régimes bien distincts : un régime à petite distance (inférieure à 1 fermi) et un régime à grande distance (bien au-delà de 1 fermi). A petite distance la force d'interaction chromodynamique entre un quark et son antiquark est donnée par une loi très analogue à la loi de Coulomb, à la différence que le produit des charges électriques est remplacé par un « couplage effectif » décroissant lorsque la distance diminue. Cette propriété a reçu le nom de liberté asymptotique*. C'est la propriété fondamentale de la chromodynamique quantique. C'est une propriété qui est nécessaire pour que le modèle des partons, évoqué plus haut, fonctionne de façon satisfaisante : pour qu'une expérience de microscope électronique puisse révéler une structure de partons, il est nécessaire que ceux-ci soient faiblement couplés à petite distance. Quand ce modèle a été proposé, sans préjuger de la théorie de l'interaction des partons, la propriété de liberté asymptotique (découplage à petite distance) était posée comme une contrainte à laquelle devait satisfaire toute dynamique subhadronique. La chromodynamique quantique satisfait à cette contrainte et elle est pratiquement la seule théorie à pouvoir le faire. De plus on a pu montrer, à partir de la liberté asymptotique, que la propriété d'invariance d'échelle, caractéristique du caractère ponctuel des partons, devait être violée, et ce d'une manière théoriquement prédictible. La découverte expérimentale en 1978 de la violation de l'invariance d'échelle en conformité avec les prédictions de la chromodynamique quantique représente un progrès considérable dans la compréhension de la physique des hadrons.

Le confinement des quarks et des gluons

A grande distance, le comportement de l'interaction chromodynamique est radicalement différent : la force entre un quark et son antiquark tend à grande distance vers une valeur constante. Si on voulait comparer un tel comportement à la loi de Coulomb, il faudrait introduire des charges effectives croissant linéairement avec la distance pour compenser la décroissance en inverse du carré de la distance. Cette force constante n'a (fort heureusement) aucune conséquence macroscopique. Elle est seulement responsable du confinement des quarks à l'intérieur des hadrons : si on essaie d'éjecter un quark hors d'un hadron, il est retenu par la force constante prévue par la chromodynamique. Le hadron dont on veut extraire un quark prend la forme d'une corde dont la tension est égale à la force constante. Cette force est énorme : elle vaut environ 1,4 tonne (dans les unités qui distinguent le poids de la masse on dirait 14 kilonewtons) mais s'exerce sur une corde dont la surface de section est 10^{-26} cm² ! Comme dans les modèles fondés sur l'idée de la dualité, le quark est à imaginer comme l'extrémité de cette corde. Si on essaie de communiquer au quark une énergie lui permettant de vaincre cette force, on ne parviendra qu'à rompre la corde et donc à produire un ou plusieurs nouveaux hadrons. Les quarks sont confinés un peu comme les pôles d'un aimant : quand on coupe un aimant on n'obtient pas deux pôles d'aimant mais deux aimants plus petits.

La chromodynamique quantique est beaucoup moins bien comprise théoriquement à grande distance qu'à petite distance.

La très grande majorité des physiciens des particules pense néanmoins que la chromodynamique quantique est bien à la base d'une véritable théorie de l'interaction nucléaire forte : les nucléons, états liés de quarks, chromodynamiquement neutres, seraient liés dans le noyau, un peu comme les atomes électriquement neutres le sont dans une molécule par les forces résiduelles de l'interaction électromagnétique. Les forces de l'interaction nucléaire forte seraient, en somme, les forces de Van der Waals de la chromodynamique.

COMPARAISON ENTRE L'ÉLECTRO ET LA CHROMODYNAMIQUE

La découverte qu'à très petite distance la chromodynamique se met à ressembler énormément à l'électrodynamique a ouvert la voie à toute l'approche moderne fondée sur l'unification des forces. Après tout, l'électrodynamique quantique, version quantique et relativiste de l'électromagnétisme, est censée rendre compte d'une interaction de portée infinie. Que, dans l'étude de l'interaction nucléaire forte, on découvre une interaction véhiculée par des particules de masse nulle (les gluons) de la même manière que l'interaction électromagnétique est véhiculée par le photon de masse nulle, voilà qui va faire voler en éclats la conception réductionniste de structures emboîtées les unes dans les autres, impliquant des bosons d'interaction de plus en plus massifs.

Encore plus surprenante est la propriété de liberté asymptotique, selon laquelle l'interaction chromodynamique s'affaiblit quand la distance décroît. Ce phénomène se perçoit particulièrement bien avec les quarks lourds comme le quark c (charmé) qui interagissent à très petite distance dans une particule comme le J/Ψ, état (c c̄). Le potentiel chromodynamique de liaison entre les quarks c et c̄ ressemble tellement au potentiel électromagnétique de liaison entre un électron et un positron, que l'on retrouve tout un spectre d'états excités du J/Ψ que l'on peut mettre en correspondance avec les états du positronium* (état* lié électron-positron, sorte d'atome d'hydrogène où le proton serait remplacé par un positron). La découverte des états excités du charmonium* (une terminologie évidente) [voir figure I, 6], a marqué une vérita-

PLOTS OF CROSS SECTIONS AND RELATED QUANTITIES (Cont'd)

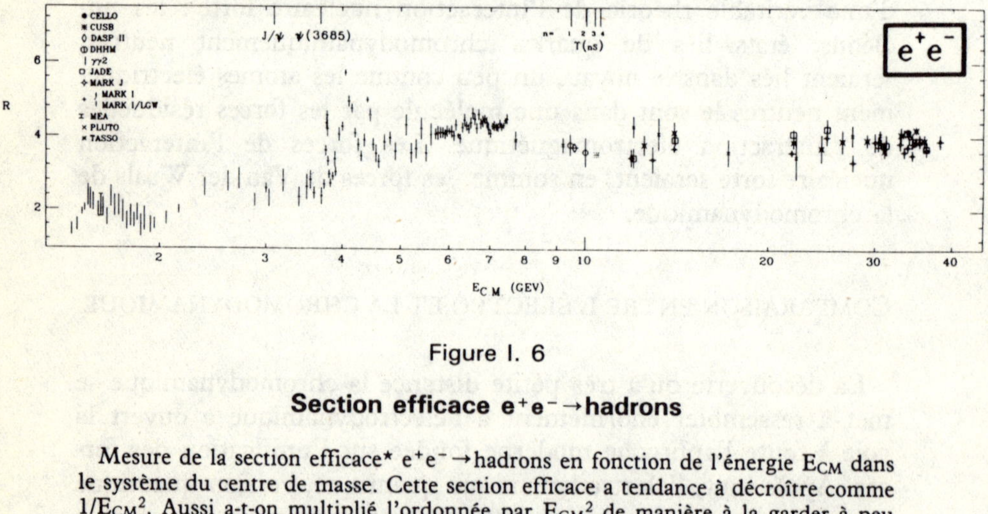

Figure I. 6

Section efficace $e^+e^- \to$ hadrons

Mesure de la section efficace* $e^+e^- \to$ hadrons en fonction de l'énergie E_{CM} dans le système du centre de masse. Cette section efficace a tendance à décroître comme $1/E_{CM}^2$. Aussi a-t-on multiplié l'ordonnée par E_{CM}^2 de manière à la garder à peu près constante dans un grand intervalle d'énergie. Néanmoins deux séries d'« accidents » surviennent vers 3 GeV et 10 GeV. Les sections efficaces crèvent le plafond de la figure. Ces accidents correspondent à la formation de résonances quark-antiquark ; la première est celle du charmonium, la seconde celle de la saveur b. Avec la mise en fonction du LEP, qui permettra de prolonger ces données jusqu'à 90 GeV, on découvrira peut-être une nouvelle série « d'accidents » correspondant aux états (t t̄) attendus. (Ces données sont extraites du P.D.G.)

ble révolution dans la physique des particules, qu'on a appelée la « révolution de novembre » car le J/Ψ a été découvert en novembre 1974.

Mais on peut aller encore plus loin : comme l'interaction chromodynamique décroît quand la distance diminue, on peut se demander à quelle distance elle devient du même ordre que l'interaction électromagnétique. Il apparaît que cette distance, qui représenterait l'échelle à laquelle *les deux interactions seraient unifiées*, est de l'ordre de 10^{-28} cm. Pour sonder la matière à de telles distances il faut atteindre des énergies de 10^{15} GeV, qui sont malheureusement bien au-delà des possibilités actuelles ou même envisageables.

L'interaction nucléaire faible

La gravitation, l'électrodynamique et la chromodynamique n'épuisent pas toutes les interactions actuellement connues. Il y a une quatrième interaction, l'interaction nucléaire faible, responsable des phénomènes de radioactivité naturelle et de la fusion de l'hydrogène dans le soleil[1]. C'est aussi l'interaction responsable des désintégrations spontanées de certains hadrons. Ainsi, nous avons déjà évoqué la désintégration du pion qui produit le muon ou lepton μ qui avait été confondu avec le pion. De même, le neutron est une particule instable à l'état libre. Sa *durée de vie* (la durée de vie est le temps moyen nécessaire à la réduction de moitié d'une population de particules instables) est d'environ 15 minutes. Cette durée de vie est très longue par rapport aux durées de vie des hadrons qui se désintègrent par interaction forte (de l'ordre de 10^{-23} seconde). En théorie quantique, la durée de vie est inversement proportionnelle à la probabilité de désintégration. Or la probabilité de désintégration est d'autant plus élevée que l'interaction sous-jacente à la désintégration est intense. C'est pourquoi une durée de vie de 15 minutes n'est pas compatible

1. En raison de la faiblesse de cette interaction, le soleil brûle son hydrogène très lentement ; c'est la raison pour laquelle il brille depuis maintenant 4,6 milliards d'années avec un éclat qui ne varie guère.

avec un processus d'interaction forte ni même d'interaction électromagnétique. On a donc été amené à supposer l'existence d'une autre interaction, responsable de cette désintégration, et on a commencé à étudier systématiquement cette interaction.

LEPTONS CHARGÉS ET NEUTRINOS

Des découvertes très importantes ont résulté de l'étude des particules produites lors des désintégrations par interaction faible. Ainsi le neutron se désintègre en un proton et un électron ; le pion en un muon. Première conclusion, les leptons chargés électriquement comme l'électron et le muon participent à l'interaction faible alors qu'ils ne participent pas à l'interaction forte et qu'ils participent à l'interaction électromagnétique.

La deuxième conclusion se tire d'un paradoxe. Le neutron, le proton et l'électron sont des fermions. Or, il existe une règle absolue en théorie quantique (ce que l'on appelle une *règle de supersélection*) : dans tout processus élémentaire, la somme des nombres de fermions impliqués dans l'état initial et dans l'état final ne peut pas être impaire. Donc, dans la désintégration du neutron il manque un fermion. D'ailleurs, l'étude du spectre d'énergie de l'électron produit dans la désintégration du neutron montre que cette désintégration ne produit pas deux particules mais trois. C'est Pauli qui a proposé une solution à ce paradoxe, en inventant le neutrino. Le neutrino est donc un fermion, neutre, participant à l'interaction faible mais pas à l'interaction forte. L'étude du spectre d'énergie de l'électron permet d'attribuer une masse invariante au neutrino. On trouve expérimentalement une masse compatible avec zéro. Au total, le neutrino est une particule extraordinairement paradoxale : c'est une particule de matière (un fermion) mais de masse invariante nulle ou presque nulle. Il ne participe pas plus à l'interaction électromagnétique qu'à l'interaction forte. Comme il n'interagit que faiblement, il est très difficile à détecter. D'ailleurs, quand Pauli a inventé le neutrino, il a dit qu'il avait commis la plus grave faute que puisse commettre un théoricien : prédire l'existence d'une particule impossible à détecter. Mais le neutrino existe bel et bien. On l'a observé. On sait même en faire des faisceaux capables de provoquer des interactions observables.

Quand on sait que la quasi-totalité des neutrinos qui arrivent du soleil, avec un flux de 65 milliards de particules par centimètre carré et par seconde, traversent toute la terre sans que rien leur arrive, on mesure la difficulté des expériences neutrinos.

Une autre surprise a été la découverte qu'il n'y a pas qu'un seul type de neutrino : chaque lepton chargé est associé à un neutrino. Le neutrino produit dans la désintégration du neutron est associé à l'électron. Il y a aussi un neutrino associé au muon produit dans la désintégration du pion. Notons à ce propos que le raisonnement qui a conduit à la prédiction de l'existence du neutrino aurait pu aussi être fait à propos de la désintégration du pion. Le pion est un boson, le muon est un fermion ; il manque donc un fermion dans l'état final. De plus, toute désintégration nécessite au moins deux particules dans l'état final. On prédit donc que doit exister un neutrino produit dans la désintégration du pion, associé au lepton μ. Sa masse invariante est aussi compatible avec zéro, bien qu'on ne puisse pas exclure une petite masse invariante. On a découvert un troisième lepton chargé, le tauon ou lepton τ, qui a aussi son partenaire neutrino.

Après plusieurs années de recherche en physique des neutrinos, il faut reconnaître que ces particules restent très mystérieuses. Le problème de leur masse invariante est un vrai casse-tête. C'est à la fois un défi théorique (comprendre pour quelles raisons la masse invariante des neutrinos est nulle ou voisine de zéro) et un défi expérimental (mesurer cette masse si elle n'est pas nulle). Ce problème recouvre un enjeu cosmologique très important : dans les théories d'expansion de l'univers, il y a une densité critique de l'univers au-dessus de laquelle, après une phase d'expansion, celui-ci connaîtra une phase d'effondrement gravitationnel. Suivant que les neutrinos sont massifs ou pas, la densité de l'univers peut être au-dessus ou au-dessous de la valeur critique. Autrement dit, *mesurer la masse des neutrinos aiderait à prédire l'avenir de l'univers.*

Les bosons intermédiaires

L'étape suivante dans la compréhension de l'interaction faible a été marquée par l'étude du comportement des hadrons dans cette interaction. Comme nous l'avons expliqué plus haut, les hadrons ont été littéralement expulsés du monde des particules élémentaires. Les hadrons sont composites. Ce sont leurs constituants, les quarks et les gluons, qui se comportent comme les vraies particules élémentaires dans toutes les interactions : la chromodynamique, l'électrodynamique et aussi l'interaction faible.

La couleur est la symétrie de la chromodynamique. Les gluons sont les bosons de cette interaction. L'interaction faible est insensible à la couleur. Les gluons ne participent pas à l'interaction faible.

C'est pourquoi il est tout naturel d'associer la saveur à l'interaction faible. Dans la désintégration d'un neutron, l'un de ses deux quarks d se désintègre en un u, un électron, et un antineutrino d'électron ; son autre quark d, son quark u qui étaient restés spectateurs*, se combinent avec le nouveau quark u produit pour donner le proton (voir la figure I, 7).

L'identification des quarks comme quanta de matière entrant en interaction faible a permis de faire des progrès dans la compréhension de cette interaction. Tout naturellement on a recherché le ou les bosons véhiculant cette interaction. Comme les quarks u et d ont une différence de charge d'une unité, le boson de l'interaction faible doit être chargé. Ce sont les bosons W^- et W^+ (le W^+ est l'antiparticule du W^-).

Les bosons intermédiaires* W^- et W^+ se couplent aussi aux leptons : par émission d'un W^- un électron devient un neutrino d'électron, et un muon devient un neutrino de muon. On voit donc que les couples (quark d, quark u), (électron, neutrino d'électron), (muon, neutrino de muon) forment des doublets qui jouent par rapport à l'interaction faible le même rôle que le couple (neutron, proton) par rapport à l'interaction forte. Ceci suggère que la symétrie de l'interaction faible est une « symétrie d'isospin » comparable à celle de l'interaction forte. Mais alors, il devrait y avoir un troisième boson intermédiaire, neutre celui-là. On appelle Z^0 ce troisième boson de l'interaction faible. Comme le couplage du Z^0 à un fermion ne change pas sa charge, ce couplage ressemble beaucoup au couplage d'un photon à un fermion chargé. Comme le photon ne se couple pas au neutrino, dans les expériences neutrino, il a été possible de mettre en évidence des interactions fai-

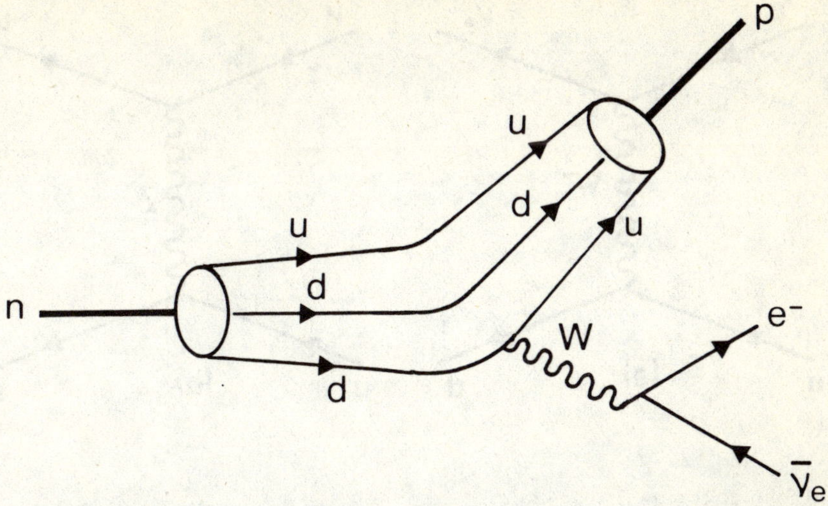

Figure I. 7

Désintégration β

Désintégration d'un neutron en proton + électron + antineutrino d'électron. L'interaction élémentaire implique la désintégration $d \rightarrow u + e^- + \bar{\nu}_e$. Les quarks spectateurs du neutron se recombinent avec le quark u produit pour donner un proton. L'interaction faible est véhiculée par l'échange d'un boson intermédiaire.

bles mettant en jeu l'échange du Z^0. On dit de tels processus qu'ils impliquent des courants* faibles neutres. Avec des leptons chargés, les courants faibles neutres sont masqués par les effets électromagnétiques qui sont beaucoup plus forts. Les courants faibles neutres ont été découverts au CERN en 1973 et à partir de là (voir figure I, 8), la théorie de l'interaction faible s'est développée avec rapidité.

Les données expérimentales concernant les désintégrations par interaction faible ainsi que les premières expériences neutrino ont donné comme indication que la portée de l'interaction faible est très petite, de l'ordre du centième de fermi. On s'attend donc que les bosons intermédiaires soient très lourds, d'une masse égale à plusieurs dizaines de fois celle du proton.

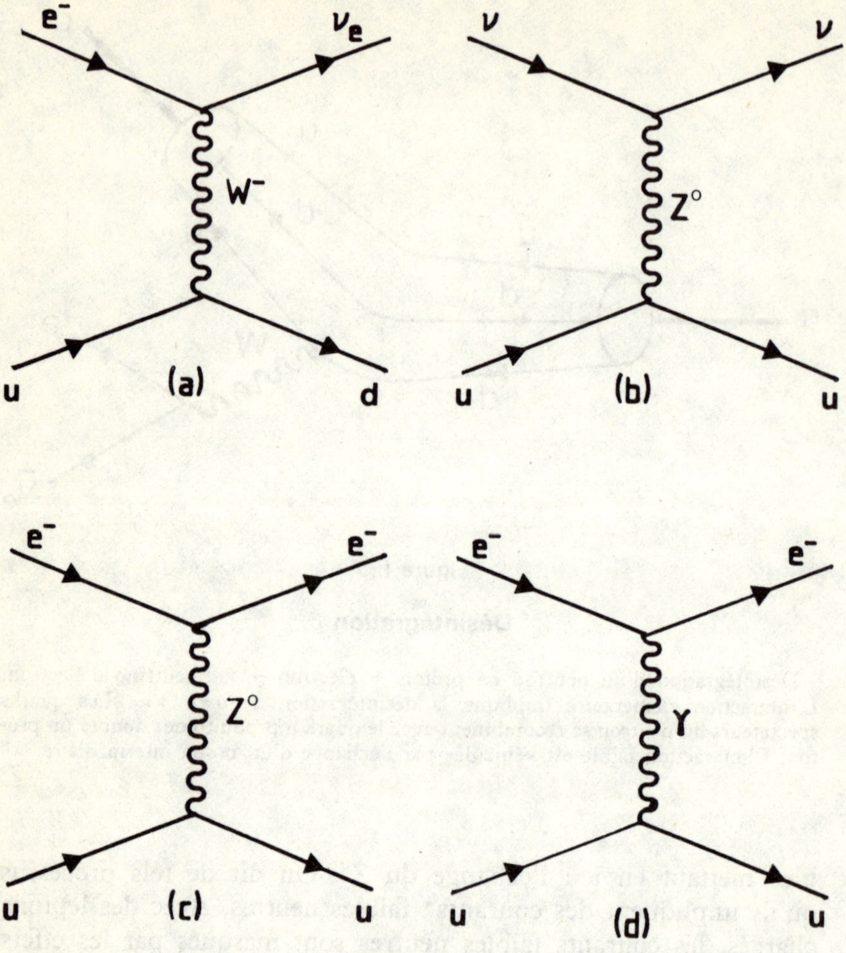

Figure I. 8

Couplages W, Z

Diagrammes de Feynman représentant des interactions élémentaires, faible et électromagnétique :

a) Interaction $e^- \ u \rightarrow \nu_e \ d$ par échange d'un boson intermédiaire chargé. Interaction de courants chargés.

b) Interaction $\nu \ u \rightarrow \nu \ u$ par échange d'un boson intermédiaire neutre. Interaction de courants neutres.

L'interaction de courant neutre faible avec un électron (c) est largement dominée, à faible énergie, par l'interaction électromagnétique (d).

L'unification électrofaible

Petit à petit, le modèle des bosons intermédiaires s'est alors transformé en une théorie cohérente et prédictive de l'interaction faible. Cette théorie, qui a valu le prix Nobel à ses auteurs, Glashow, Salam et Weinberg, outre le fait qu'elle permet de rendre compte avec précision de l'ensemble des données expérimentales concernant l'interaction faible, a ouvert une voie vers ce que l'on peut considérer comme le but ultime de la physique des particules, l'unification* de toutes les interactions. En effet la théorie de Glashow, Salam et Weinberg *unifie dans un même traitement l'interaction électromagnétique et l'interaction faible*. Bien que ces deux interactions soient extrêmement différentes, dans leurs portées comme dans leurs propriétés de symétrie, la théorie de Glashow, Salam et Weinberg les réunit au sein d'une même interaction, l'interaction électrofaible*.

Cette première unification de deux des quatre interactions fondamentales marque l'accès de la physique des particules à l'âge adulte. Avec les outils théoriques dont elle s'est dotée, cette discipline scientifique s'attaque maintenant à des problèmes très ambitieux : la grande unification, c'est-à-dire l'unification de l'interaction électrofaible et de l'interaction forte, et peut-être même la superunification, c'est-à-dire l'unification de toutes les interactions, y compris de l'interaction gravitationnelle. Le rêve d'Einstein, d'une théorie unitaire englobant toutes les interactions et toutes les particules, tend à sortir de l'utopie.

Les outils fondamentaux qui ont été élaborés dans les mutations que vient de subir la physique des particules sont au nombre de trois.

UN PRINCIPE UNIFICATEUR, LA SYMÉTRIE DE JAUGE

Il apparaît en effet que toutes les interactions obéissent à des propriétés de symétrie comparables à celles de l'électrodynamique : les symétries de jauge. En réalité, le traitement des diverses interactions à partir des symétries de jauge s'inspire de la théorie d'Einstein de la gravitation. Il permet une interprétation *géométrique des forces* que nous décrirons en détail dans le chapitre VIII.

UN PRINCIPE DE DIFFÉRENCIATION, LA BRISURE SPONTANÉE DE SYMÉTRIE

Pour pouvoir unifier des interactions qui ont des caractéristiques différentes, il ne suffit pas de disposer d'un principe unificateur, il faut aussi pouvoir expliquer les différences qui subsistent. Par exemple, la symétrie de jauge suppose que les bosons d'interaction soient de masse invariante nulle et donc que la portée de l'interaction soit infinie. Il faut donc, si l'on veut développer une théorie de l'interaction faible fondée sur la symétrie de jauge, expliquer le mécanisme par lequel les bosons intermédiaires acquièrent une masse invariante élevée, alors que le photon est de masse nulle. Le mécanisme dit de brisure* spontanée de symétrie fournit ce principe de différenciation sans apporter encore la réponse satisfaisante à toutes les questions que pose la grande unification sans parler de la superunification. Nous discuterons ce mécanisme et ses problèmes dans les chapitres VIII et XI.

UN CRITÈRE OPÉRATOIRE, LA RENORMALISABILITÉ

Ce mot barbare désigne une qualité qu'ont certaines théories face aux problèmes que posent la relativité et les quanta. Lorsque l'on tient compte simultanément des effets quantiques et relativistes, l'expression mathématique des quantités physiques observables fait intervenir des quantités infinies (intégrales et séries divergentes). La procédure de la renormalisation* permet d'extraire les quantités physiquement significatives (et donc finies) des expressions mathématiques. Les théories renormalisables sont celles pour lesquelles la procédure de renormalisation peut fonctionner. La contrainte de renormalisabilité* est extrêmement efficace pour discriminer parmi les théories possibles celles qui conviennent le mieux. Les théories de jauge sont renormalisables (à l'exception de la théorie de la gravitation). La renormalisabilité n'est pas perdue en présence d'un mécanisme de brisure spontanée de symétrie. Nous consacrerons le chapitre VI à cette question qui est sans doute la plus difficile de tout l'ouvrage. Nous essaierons surtout de montrer que ce critère n'est pas purement formel, qu'il a une réelle signification physique et épistémologique.

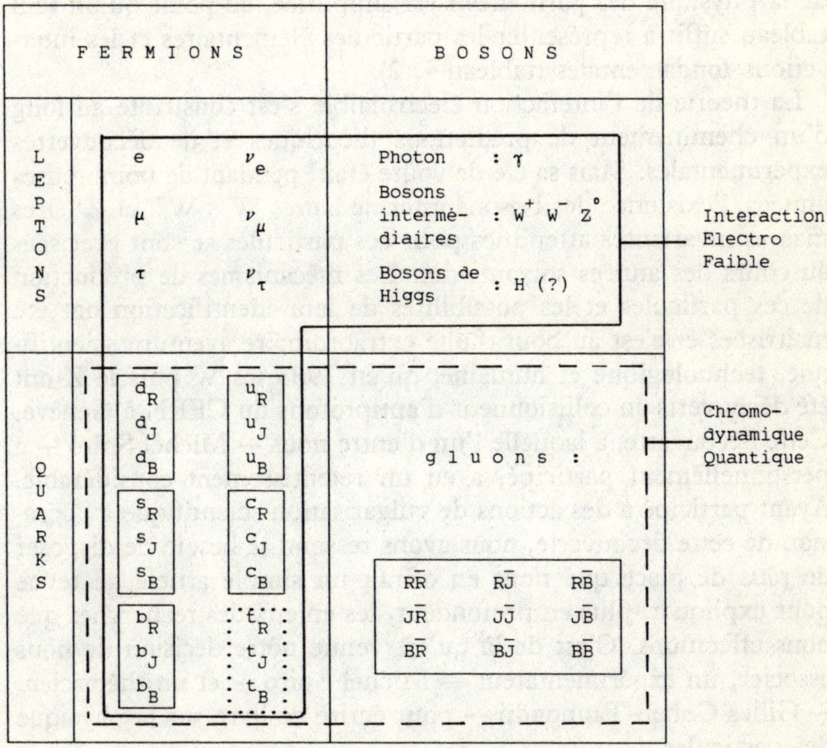

Tableau I. 2

Particules élémentaires et interactions fondamentales des années quatre-vingts

Les couleurs qui interviennent en chromodynamique sont notées R (« rouge »), J (« jaune ») et B (« bleu »). Les cadres qui entourent les symboles représentant les quarks et les gluons rappellent que ces particules sont « confinées » (on ne peut les isoler à l'état libre). La saveur t et le boson de Higgs ne sont pas encore établis expérimentalement. Le tableau suggère qu'il y a neuf gluons. En réalité, il y en a huit : le gluon $R\bar{R}+J\bar{J}+B\bar{B}$ (« scalaire de couleur ») n'existe pas.

La découverte des bosons intermédiaires

A la suite des mutations que nous venons de décrire, la situation de la physique des particules s'est simplifiée, au point qu'un seul tableau suffit à représenter les particules élémentaires et les interactions fondamentales (tableau I, 2).

La théorie de l'interaction électrofaible s'est construite au long d'un cheminement de prédictions théoriques et de découvertes expérimentales. Mais sa clé de voûte était, pendant de nombreuses années, l'existence des bosons intermédiaires W^+, W^- et Z^0. Les masses invariantes attendues pour ces particules se sont précisées au cours des années soixante-dix. Les mécanismes de production de ces particules et les possibilités de leur identification ont été maîtrisées et c'est au bout d'une extraordinaire aventure scientifique, technologique et humaine, qu'en 1983 les W puis le Z ont été découverts au collisionneur d'antiprotons du CERN à Genève. Cette découverte, à laquelle l'un d'entre nous — Michel Spiro — a personnellement participé, a eu un retentissement considérable. Ayant participé à des actions de vulgarisation scientifique à l'occasion de cette découverte, nous avons ressenti le besoin de disposer de plus de place que nous en offrait un simple article de revue pour expliquer, plus en profondeur, les enjeux des recherches que nous effectuons. C'est de là qu'est venue notre décision de nous associer, un expérimentateur — Michel Spiro — et un théoricien, — Gilles Cohen-Tannoudji — pour écrire ce livre sur la physique des particules.

CHAPITRE II

Les concepts au banc d'essai

L'objet réel de la physique des particules est de confronter l'appareil conceptuel de la physique à des conditions extrêmes et idéales de fonctionnement. Cette discipline doit donc être située par rapport aux deux autres branches de la physique de frontière, la cosmologie et la physique statistique. Les interactions pluridisciplinaires qui tendent à se développer traduisent l'évolution de la conception de l'espace, de la matière et du temps, et de leurs rapports.

Le tour d'horizon volontairement rapide que nous venons d'effectuer nous a donné une certaine idée de l'état auquel est parvenue la physique des particules élémentaires. En quelques années, cette discipline scientifique, fondée il y a seulement cinquante ans,

— vient de mettre en évidence un nouveau niveau d'élémentarité, celui des quarks ;

— a jeté les bases d'une théorie globale et cohérente de l'interaction nucléaire forte avec la chromodynamique quantique ;

— a unifié deux des quatre interactions fondamentales au sein de la théorie électrofaible.

Elle a désormais une ambition grandiose : unifier toutes les interactions et toutes les particules.

Mais, ayant brossé ce tableau, avons-nous répondu aux questions que chacun pourrait se poser à propos des finalités de ces recherches : pourquoi consacre-t-on tant de moyens à la recherche en physique des particules ? Que recherche-t-on au-delà des quarks et des gluons, des leptons et des bosons ? Est-il nécessaire de comprendre la chromodynamique et l'interaction électrofaible pour comprendre le monde dans lequel nous vivons ? N'y a-t-il pas mieux à faire que de construire des accélérateurs de plusieurs dizaines de kilomètres de circonférence et consommant l'énergie d'une centrale nucléaire ? Comme tout le monde, et comme tous nos collègues, nous nous posons ce genre de questions. Et nous ne pensons pas qu'elles aient des réponses toutes faites. Nous pensons qu'elles doivent faire l'objet d'un débat ouvert entre la communauté scientifique et l'ensemble des citoyens. Mais ce débat implique de la part des scientifiques un effort pour faire partager les acquis conceptuels, sinon formels et technologiques, de leur discipline à une communauté aussi large que possible.

Faire partager les acquis

Les difficultés

Nous mesurons pleinement la difficulté de faire partager tous les acquis de notre discipline. La physique des particules est probablement la discipline scientifique (autre que les mathématiques elles-mêmes) qui fait le plus appel aux mathématiques. Les mathématiques sont, pour la physique, à la fois un langage et une mémoire, permettant de reprendre le fil d'un raisonnement sans avoir à remonter aux prémisses, aux postulats et axiomes sur lesquels il se développe. Malheureusement, la culture mathématique est très inégalement répartie : dans un public donné, on trouve aussi bien des spécialistes de disciplines scientifiques très mathématisées que des personnes ignorant tout ou à peu près des mathématiques. Comment, dès lors, s'adresser à un tel public ? Quel niveau adopter pour ne pas lasser les spécialistes ni perdre en route les béotiens ?

C'est — nous l'avons dit — parce que, selon nous, cette difficulté est insurmontable dans le cadre d'un article de longueur nécessairement limitée, que nous avons décidé d'écrire ce livre. Comme, en général, on suppose que le public n'est pas familiarisé avec le langage mathématique, on se trouve dans l'obligation de donner les explications en partant des prémisses. On se rend compte alors que l'article lui-même n'y suffit pas. En réalité, on n'arrive que très rarement à donner des explications plus approfondies que le rapide panorama que nous venons d'esquisser.

Or, non seulement ce panorama est insuffisant mais encore il peut égarer le lecteur, lui donner des idées fausses. Nous avons dû, par exemple, pour essayer de nous faire comprendre, nous appuyer sur des analogies : l'atome comme microsystème solaire, ou bien encore l'image du sablier, ou du jeu de rugby. Nous avons essayé de limiter le plus possible le recours à ces analogies, car nous pensons qu'elles sont dangereuses : elles créent des images dont on a du mal à se défaire, alors que, justement, il convient de se débarrasser de ces images, si l'on veut accéder à une compréhension profonde des phénomènes à l'œuvre dans le monde de l'élémentarité.

Ainsi l'idée de collisions entre particules évoque-t-elle irrésistiblement l'image de corpuscules, de petites choses, impénétrables, s'entrechoquant à la manière de boules de billard. Or nous avons dit qu'en théorie quantique tout phénomène microscopique est susceptible de deux descriptions complémentaires, l'une en termes de particules, l'autre en termes d'ondes. Mais comment un choc entre des boules de billard peut-il être décrit au moyen d'ondes ? Qu'y a-t-il de plus étranger à une boule de billard qu'une onde ?

Une boule de billard est un solide constitué de milliards de milliards de molécules. Lors d'un choc entre boules, les énergies mises en jeu, par molécule, sont infimes, en tous les cas largement inférieures aux énergies nécessaires pour dissocier le solide que forme chaque boule. A l'échelle microscopique, le choc de deux boules est un phénomène extrêmement compliqué. Les quelques milliards de molécules concernées par le choc et le roulement des boules sur le tapis vont s'agiter et dissiper de l'énergie sous forme de chaleur. Cette énergie dissipée explique que les boules finissent par s'immobiliser. Il n'y a en réalité aucune raison que l'image du choc de deux boules de billard corresponde à la réalité de la collision de deux particules élémentaires.

Les lois physiques

Et pourtant... Et pourtant, il y a quelque chose de commun entre les deux phénomènes que nous venons d'évoquer. La physique n'a pas attendu les découvertes sur les particules pour devenir une science de base. La formalisation de la physique ne fait pas intervenir les particules élémentaires comme des points de départ logiques. Ainsi, la dynamique des boules de billard n'a que faire de la structure microscopique des objets qui interviennent dans ce jeu. En connaissant quelques *lois physiques*, telles que la loi de conservation de l'énergie et la loi de conservation de l'impulsion*, on peut prédire, avec une bonne approximation, la trajectoire des boules. Certes la connaissance de quelques propriétés plus fines (élasticité, frottement, moment d'inertie) est nécessaire si de « l'effet » (un mouvement de rotation) est communiqué à une boule. Mais il est possible d'ignorer complètement les propriétés microscopiques, si l'on veut faire la théorie du jeu de billard (ce qui n'est ni nécessaire ni suffisant pour être un bon joueur de billard...). Ce qui est commun au jeu de billard et à la physique des particules, c'est la validité des lois physiques.

En somme, le bon point de départ pour faire comprendre quel est l'objet réel de la physique des particules n'est pas le terme de particule, encore moins celui d'élémentaire (car les particules sont tout sauf élémentaires au sens de « élémentaire, mon cher Watson » !), mais bien le terme de *physique.*

La physique ne produit pas des choses, mais un ensemble de concepts et de lois articulés dans des théories. La dynamique de production de ces concepts et lois réside dans la dialectique de la rationalité expérimentale et du développement des outils d'abstraction.

La physique est, en effet, au départ, une science expérimentale. Les lois physiques, aussi abstraites qu'elles puissent paraître, ne font que refléter le résultat cumulé d'observations empiriques et de données expérimentales. Toutes les lois de la physique peuvent se formuler de la manière suivante : si l'on procède à telle expérience, dans telles conditions, on obtiendra, avec telle probabilité, tels résultats. Cette façon de formuler les lois physiques contribue à les démystifier : *les lois physiques sont avant tout les règles d'une pratique expérimentale.*

Mais pour acquérir leur généralité et leur universalité les lois physiques doivent être le résultat d'un grand travail d'abstraction. La plus grande généralité du mouvement de la connaissance, c'est d'être un mouvement d'abstraction. Connaître c'est abstraire. C'est dégager d'une réalité des aspects, des traits, des caractéristiques qui permettent de penser cette réalité. Mais pour dégager ces caractéristiques il est nécessaire d'écarter, de mettre de côté des contingences inessentielles, il est nécessaire d'en faire abstraction.

Ainsi, pour établir une des lois les plus fondamentales de la physique, selon laquelle un objet livré à lui-même, c'est-à-dire qui n'est soumis à aucune force, se déplace en ligne droite à vitesse constante, il a fallu un considérable travail d'abstraction. Dans la pratique, en effet, il y a toujours des forces qui s'exercent sur tout objet, aussi « isolé » soit-il. Le mouvement rectiligne uniforme parfait n'existe pas concrètement même s'il est possible de s'en approcher de plus en plus près. Les moments du processus d'abstraction sont ce qu'on appelle des concepts. Le mouvement rectiligne et uniforme est un concept. Les concepts physiques sont mis en relation les uns avec les autres dans des lois physiques et plus généralement dans des théories physiques.

Les concepts, lois et théories de la physique ne sont pas de pures constructions de l'esprit. Malgré leur caractère abstrait, formel et mathématique, ils sont censés, en dernière instance, refléter une certaine réalité objective de la nature. Se pose alors une question d'une importance décisive, celle de l'adéquation de ce reflet, celle de la fiabilité de l'appareil conceptuel.

Cette question est d'une importance considérable d'un point de vue pratique tout d'abord. Dans la mesure où elle fait appel à des technologies diverses, notre vie quotidienne s'appuie en permanence sur la validité des lois physiques. Il serait fastidieux d'énumérer toutes les lois physiques qui entrent en jeu à l'occasion de tel ou tel geste quotidien comme utiliser une automobile, un téléviseur ou une calculatrice de poche. Dès que l'on considère l'utilisation d'appareils plus complexes comme un lecteur à laser de disques compacts, une caméra à positrons, ou l'imagerie à base de résonance magnétique nucléaire, on s'aperçoit que, de proche en proche, c'est presque tout l'appareil conceptuel de la physique qui est concerné. Quoi qu'il en soit, consciemment ou non, nous sommes, en permanence, amenés à faire confiance à ces concepts, lois et théories. Il est donc nécessaire, en permanence, d'en tester la fiabilité.

Le statut de la physique des particules élémentaires

Le devenir des concepts

La fiabilité de ces lois est aussi importante du point de vue théorique, c'est-à-dire du point de vue du processus même qui les engendre. Dans le panorama que nous avons présenté plus haut, nous avons évoqué l'invention de la théorie quantique. Pour lever certains paradoxes, et parce que l'on faisait confiance à la validité de certaines théories (en l'occurrence les équations de Maxwell), on a procédé à une remise en cause conceptuelle, on est passé de la mécanique classique à la mécanique quantique.

Cette prise d'appui sur la validité de certaines lois ou théories pour lever certaines contradictions à l'aide de remises en cause conceptuelles est réellement au cœur de la démarche scientifique. Car il n'y a pas de vérité conceptuelle définitive. Un concept, fût-il scientifique, ne dit jamais le mot de la fin de la réalité dont il parle.

C'est au concept de s'adapter à la réalité, et non l'inverse. Cette adaptation est un processus qui connaît des phases de développement très inégales. Le mouvement de la connaissance scientifique effectue sur la réalité une sorte de coupe limitée en profondeur, à une époque donnée, grâce aux moyens théoriques et expérimentaux disponibles. Lorsque se produit une avancée, le niveau de la coupe se déplace. Dans ce déplacement les concepts peuvent connaître trois types de devenir : être confirmés et consolidés, être invalidés et rangés aux oubliettes de l'histoire des sciences, ou bien être dépassés, c'est-à-dire n'être ni confortés ni invalidés mais être limités dans leur domaine de validité. Ainsi, l'ensemble des concepts de la théorie quantique et relativiste (champs quantiques, fermions de matière et bosons d'interaction...) ont été confirmés dans les avancées de la physique des particules des années soixante et soixante-dix. Le concept d'éther*, utilisé jusqu'au XXe siècle pour rendre compte de la propagation de la lumière, a par contre été invalidé par la fameuse expérience de Michelson ; et cette invalidation a ouvert la voie à l'élaboration par Einstein de la théorie de la relativité. Dans la troisième catégorie nous pouvons ranger la plupart des concepts de la mécanique classique (de Galilée et Newton) qui fonctionnent dans la théorie quantique et relativiste, mais jusqu'à certaines limites, à un certain degré d'approximation.

« *Sur la vérité physique...*

Du fait des devenirs très différents des concepts dans les avancées scientifiques, il arrive de plus en plus que la pointe extrême des outils théoriques de la physique opère à distance des conséquences pratiques. Mais, pour développer l'ensemble de l'appareil conceptuel, c'est cette pointe qu'il est nécessaire de faire passer au banc d'essai de la confrontation avec la réalité. Soumettre les lois physiques à des tests de fiabilité dans des conditions extrêmes et idéales de fonctionnement, battre des records dans l'adéquation des concepts à la réalité ou mettre en défaut cette adaptation pour provoquer des remises en cause, *tel est l'objet réel de la physique des particules élémentaires.* Et si tel est son objet, cette physique mérite bien qu'on lui consacre quelques efforts. La découverte des bosons intermédiaires n'a aucune conséquence pratique immédiate, mais, pendant des siècles, le mouvement des connaissances scientifiques, avec toutes ses conséquences pratiques et théoriques, philosophiques et culturelles, pourra s'appuyer sur les lois et les concepts affinés et consolidés par cette découverte. Si, d'autre part, les bosons intermédiaires n'avaient pas été observés dans les conditions où on les attendait, cette « découverte négative » n'aurait pas été moins importante : il aurait fallu repasser au crible tout l'appareil théorique pour trouver la faille conduisant à la remise en cause nécessaire.

Le lecteur comprendra mieux dès lors pourquoi nous avons tenu à placer en exergue de cet ouvrage la strophe du poème d'Eluard, « Liberté » :

Sur les formes scintillantes
Sur les cloches des couleurs
Sur la vérité physique
J'écris ton nom.

Quel raccourci fulgurant ! Ecrire le nom de la liberté sur la vérité physique ! Quelques mots pour exprimer une idée que nous n'avons pu expliquer qu'en plusieurs pages ! Et quelles coïncidences de termes ! En physique expérimentale des particules, les principaux détecteurs sont des... « scintillateurs* », auxquels on donne des « formes » quelquefois très artistiques (voir ill. II, 1 dans le cahier d'illustrations). L'une des plus belles avancées théoriques est la chromodynamique quantique, fondée sur la « couleur » des quarks. Et c'est dans cette théorie que l'on a découvert la propriété fondamentale de « liberté » asymptotique !

... *j'écris ton nom* »

Et c'est bien la liberté qui se conquiert dans cette recherche toujours difficile, souvent ingrate, et parfois seulement couronnée de succès. Au fur et à mesure que la pratique scientifique s'affranchit des idées fausses d'une époque et que se développent les théories en fonction des découvertes et vérifications expérimentales, se constitue un ensemble de lois et de théories que l'on appelle le modèle standard*. Ce modèle standard rassemble tous les concepts qui, selon un consensus qui s'établit dans la discipline à une certaine époque donnée, ne seront plus invalidés par le développement ultérieur proche. Les concepts du modèle standard ne seront plus que confirmés ou dépassés. Ainsi, pendant une période qui peut être relativement longue, *le modèle standard constitue une norme que se donnent les scientifiques d'une discipline.* En physique des particules le modèle standard actuel est constitué par *la théorie de l'interaction électrofaible* et par *la chromodynamique quantique.*

On gardera ce modèle tant que l'on n'aura pas découvert une théorie au moins aussi bonne. Le caractère normatif suggéré par le qualificatif de standard n'est pas une entrave à la liberté, car cette norme n'est pas imposée de l'extérieur.

Cet appareil théorique, cet ensemble de concepts intégrés dans un formalisme mathématique abstrait nous interpelle fortement. C'est que les notions d'espace, de temps et de matière sont d'origine à la fois empirique et philosophique. Les convergences de la physique, de l'empirisme et de la philosophie pour appréhender ce qui nous entoure traduisent l'unité de la pensée. Certaines phrases ou paragraphes dans ce livre sembleront peut-être s'apparenter autant à la philosophie qu'à la physique des particules ; c'est que, selon nous, la philosophie est présente dans la physique. Et la réciproque est vraie.

Plus surprenants encore sont les points de rencontre entre la physique et la poésie. Le triomphe d'une théorie sur d'autres modèles concurrents ne se fonde pas que sur des critères opérationnels. Assurément, une théorie, pour être reconnue, doit s'appuyer sur une concordance des prédictions avec les faits expérimentaux et participer de la tendance à s'affranchir des idées fausses qui caractérise le mouvement de la connaissance. Mais elle doit aussi emporter l'adhésion par sa beauté conceptuelle et l'harmonie qu'elle inspire dans sa formulation. Dans cette formulation même, souvent abstraite, les physiciens s'emploient à utiliser un langage imagé, parfois purement symbolique et évocateur : la beauté, le charme, la couleur des quarks, la liberté asymptotique, l'expansion de l'univers, les fluctuations* quantiques du vide*. Ces mots, certes, désignent des concepts bien précis mais stimulent aussi un imaginaire toujours éveillé chez le physicien comme chez le poète.

L'unité de la physique

Réduction et déduction

C'est à partir de l'emboîtement des structures que nous avons donné une première situation de la physique des particules. Mais nous avons aussi affirmé que l'approche la plus adéquate pour faire comprendre l'objectif de celle-ci est de partir du terme de physique lui-même plutôt que de ceux de particules ou d'élémentaires.

L'ensemble des sciences physiques s'articule à partir de l'emboîtement des structures. La physique des particules, qui s'intéresse aux constituants de plus petite taille possible, est censée, selon l'hypothèse réductionniste, rechercher les lois les plus fondamentales de la matière. Mais l'hypothèse réductionniste ne signifie pas que la théorie d'un niveau donné de complexité puisse toujours se *déduire* de la théorie du niveau inférieur. Ce n'est même que très rarement que la déduction est à l'origine de découvertes nouvelles. Roger Balian (op. cit., p. 638) éclaire ce point essentiel : « La relation entre science et déduction présente ainsi un caractère paradoxal. Le réductionnisme vise à construire un édifice cohérent, déductif en principe, fondé sur quelques lois gouvernant la nature. Mais la démarche même suivie pour réduire une science à une autre va en *sens inverse* de la déduction : on ne trouve que très rarement des phénomènes nouveaux en essayant de les construire à partir des lois fondamentales simples. Au contraire, c'est le plus souvent en partant d'un phénomène nouveau, découvert à un niveau complexe par des recherches de type empirique, que l'on remonte vers les lois élémentaires. »

Et, plus loin, l'auteur d'ajouter (pp. 638-639) : « En définitive, l'existence d'une hiérarchie parmi les sciences n'implique pas qu'il suffise d'appliquer les plus fondamentales pour bâtir les autres. Chaque niveau nécessite une structure conceptuelle, des lois et même une méthodologie entièrement différentes. C'est ainsi que, à la différence des sciences physiques, la biologie ou l'informatique font usage d'une approche dite systémique mettant au départ l'accent plus sur la fonction que sur la structure des objets. »

Aussi, pour situer la physique des particules dans l'ensemble de la physique, ne suffit-il pas de noter que cette discipline s'intéresse à un niveau d'emboîtement extrême. Il convient assurément de prendre acte de ce rôle de discipline *en principe* la plus fondamentale, car, *en principe*, toute la physique peut s'en déduire. Mais il faut mesurer aussi que la physique fondamentale ne se réduit pas à la physique des particules.

Tout d'abord, selon l'hypothèse réductionniste, le niveau le plus fondamental est censé être le plus simple. La plus grande simplicité peut être recherchée en étudiant les plus petites parties constitutives de l'univers (l'histoire de la physique des particules a montré qu'en réalité ces plus petites parties constitutives n'ont rien de simple). Mais la simplicité peut être recherchée dans l'étude du plus « grand tout » qui puisse se concevoir, c'est-à-dire l'univers lui-même.

La *cosmologie*, qui est l'étude de l'univers comme formant un tout, a précisément cet objectif. Comme nous l'avons dit plus haut, à très grande échelle on peut concevoir un modèle relativement simple d'univers : en cosmologie moderne, l'univers est un « gaz parfait de galaxies, autogravitant et en refroidissement adiabatique ». Ce modèle, qui paraîtra sans doute ésotérique au lecteur non spécialiste, peut très bien servir de point de départ pour des déductions cohérentes en direction de niveaux plus complexes, car de moins grande échelle : genèse des superamas et amas de galaxies, genèse des galaxies...

D'autre part, le plus fondamental n'est pas nécessairement le plus simple. Il est possible, et c'est confirmé par les développements les plus récents de la physique, que se dégagent des lois fondamentales, universelles, dans le passage d'un niveau de complexité au niveau supérieur. Rien n'interdit — et c'est ce qui semble se confirmer — que les modalités de passage du simple au complexe, ou du microscopique au macroscopique, obéissent à des lois indépendantes du niveau de complexité. Une véritable branche autonome de la physique s'est constituée, relativement récemment, qui se fixe comme objectif l'étude du passage du simple au complexe. Il s'agit de la *physique statistique*, prolongement de la thermodynamique*, qui s'intéresse aux transitions* de phases, aux phénomènes critiques*, aux processus irréversibles et chaotiques, aux systèmes dynamiques*, aux structures dissipatives*, etc.

La tendance à l'unification

L'un des aspects les plus spectaculaires de l'évolution actuelle de la physique est la tendance à l'unification.

En même temps qu'elle tend à une unification interne, la physique des particules tend à interagir de plus en plus étroitement avec les deux autres branches que nous venons d'évoquer, la cosmologie et la physique statistique.

La cosmologie aussi s'est donné un modèle standard, celui du « big bang* », l'explosion primordiale intervenue il y a quelque quinze milliards d'années. En dépit des résistances d'ordre idéologique qu'il a suscitées, ce modèle rend compte de manière satisfaisante des principales données d'observation sur lesquelles se fonde la cosmologie moderne.

Selon ce modèle, l'univers, porté à une température proprement infernale au moment de l'explosion primordiale, est en expansion et en refroidissement. Actuellement il est à une température de 2,7° Kelvin (rappelons que le zéro absolu de l'échelle des températures est −273,15 degrés Celsius ou 0° Kelvin ; 2,7° Kelvin 2,7 K, correspond donc à −270,45 degrés Celsius). Mais, à des temps très proches du big bang, la température était telle que les effets quantiques et relativistes étaient dominants. A cette époque archaïque la dynamique de l'univers était gouvernée par la physique des particules. C'est pourquoi les interactions entre physique des particules et cosmologie se font de plus en plus étroites. Les observations astrophysiques fournissent à la physique des particules des « contraintes cosmologiques » qui restreignent fortement le champ des modèles acceptables. Par exemple, une des contraintes cosmologiques les plus célèbres concerne le nombre possible de types de neutrinos : alors que les neutrinos sont des particules difficiles à observer et que l'on en a déjà observé de trois types différents, une contrainte cosmologique interdit l'existence de plus de quatre types de neutrinos de masse invariante nulle. Des expériences précises de mesure du nombre de types de neutrinos seront possibles au futur collisionneur LEP au CERN *. Elles permettront de tester la fiabilité des deux modèles standard de la cosmologie et de la physique des particules.

Réciproquement, certains paramètres fondamentaux de la cosmologie ne peuvent être déterminés que grâce à la physique des particules. Ainsi, pour le devenir de l'univers, un paramètre essentiel, difficilement accessible, est la densité. Selon que cette densité est inférieure ou supérieure à une certaine valeur critique (la densité critique), l'univers continuera indéfiniment son expansion, ou connaîtra, après son expansion, une phase d'effondrement sous l'effet de sa gravitation. Les neutrinos (encore eux !), qui sont en très grand nombre dans l'univers (environ un milliard de fois plus nombreux que les protons), jouent un rôle déterminant pour la densité de l'univers.

Il suffirait que la masse invariante des neutrinos ne soit que de quelques électronvolts (cent mille fois plus petite que celle de l'électron) pour que la densité de l'univers soit supérieure à la densité critique. D'où l'acharnement avec lequel de nombreuses équipes essaient de déterminer la masse des neutrinos : l'enjeu de ces expériences n'est, ni plus ni moins, que de tenter de prédire l'avenir de l'univers.

Les interactions entre la physique des particules et la physique statistique ne sont pas moins étroites. Dès la fondation de la théorie quantique, il est apparu nécessaire d'avoir recours à la statistique. Tous les concepts de la théorie quantique ont une dimension statistique incontournable. Nous reviendrons, en y consacrant des développements assez étoffés, sur cette question qui est à l'origine de nombreuses confusions et incompréhensions. Même dans ses développements les plus actuels, la physique des particules interagit avec la physique statistique, et les échanges entre ces deux disciplines sont mutuellement enrichissants. Ainsi la théorie des exposants critiques, qui permet de décrire les fluctuations géantes qui affectent les systèmes critiques (systèmes comportant une transition de phase du second ordre), a fait au cours des quinze dernières années des progrès spectaculaires grâce à l'utilisation du groupe de renormalisation, un concept clé de la physique des particules. Réciproquement, c'est en s'inspirant des méthodes spécifiques à la physique statistique que l'on a mis au point l'approche la plus prometteuse pour comprendre la chromodynamique quantique à grande distance, la quantification sur réseau.

On pourrait, pour compléter le tableau des échanges interdisciplinaires, évoquer aussi les rapports entre cosmologie et physique statistique. Ces rapports existent : dans le cadre du modèle du big bang, l'évolution de l'univers obéit aux lois de la thermodynamique, les changements d'état de la matière sont décrits en termes de transitions de phases.

L'espace, le temps et la matière

Au total, il faut bien reconnaître que la caractérisation de chacune de ces grandes branches de la physique semble être assez difficile. Toutes les trois s'intéressent au simple et au complexe, toutes les trois à la réduction et à la déduction. Chacune interagit étroitement avec les deux autres. Et pourtant chacune possède une dynamique qui lui est spécifique et qu'il est très important de bien caractériser.

Pour y parvenir, il est nécessaire, nous semble-t-il, de revenir à ce qui fait l'essence de la physique, la rationalité expérimentale. Chaque branche de la physique est fondée sur une pratique expérimentale, justifiant un mode de raisonnement, et permettant la conception d'une des catégories fondamentales de la physique.

Considérons tout d'abord la cosmologie. La pratique expérimentale sur laquelle elle se fonde est la plus ancienne : *l'observation.*

Dès la préhistoire, sans doute, les hommes ont observé le ciel, le jour et la nuit. Ils ont empiriquement constaté des régularités à partir desquelles ils ont essayé de raisonner. L'observation est la pratique expérimentale à laquelle on est réduit lorsque l'on ne peut pas agir sur l'objet. C'est bien évidemment le cas lorsque l'on s'intéresse aux astres et aux galaxies qui se trouvent à des millions d'années-lumière de nous. Dans les développements de la science moderne, l'observation est une authentique pratique expérimentale dont la dynamique consiste à reculer le plus loin possible les limites de ce qui est est observable : le télescope orbital qui est actuellement en projet permettra de multiplier par dix la distance maximale d'observation.

La pratique expérimentale de l'observation est la source et le critère d'un mode de raisonnement spécifique, qui est celui de *l'extrapolation.* Le principe* cosmologique, selon lequel il n'y a rien de particulier à la terre en tant qu'observatoire, c'est-à-dire que l'univers nous apparaîtrait de la même façon qu'à tout observateur situé n'importe où ailleurs que sur la terre, permet, à partir des observations faites sur terre (ou dans son environnement immédiat), d'élaborer par extrapolation une théorie de l'ensemble de l'univers. Ce principe cosmologique semble tellement tomber sous le sens qu'il est rarement explicité dans la littérature. C'est pourtant un formidable acquis de l'esprit scientifique, une libération des marasmes de l'anthropocentrisme.

Observation et extrapolation supposent que *l'espace* puisse être traité comme objet. L'histoire de la cosmologie n'est-elle pas l'histoire d'une conception sans cesse affinée de l'espace ? Une conception qui s'est épanouie dans la théorie de la relativité générale d'Einstein. A partir de la critique des concepts d'espace et de temps absolus de la théorie de Newton, Einstein a complètement renouvelé la conception de l'espace. Dans la relativité restreinte, il a fait du temps une quatrième dimension de l'espace, et, dans la relativité générale, il a élaboré une théorie géométrique de la gravitation dans laquelle la matière est assimilée à de la *courbure d'espace-temps.*

Considérons maintenant la physique statistique. Au départ aussi, sa pratique expérimentale est celle de l'observation, mais une observation se combinant à la manipulation. Etudiant la matière sous ses formes macroscopiques, on commence à la décrire et à abstraire certaines propriétés caractéristiques. Ce faisant, on opère une *sélection* parmi les propriétés de la matière : certaines sont considérées comme plus importantes que d'autres. Face à une réalité dont la connaissance de tous les aspects est jugée impossible ou inutile on a recours à une nouvelle pratique expérimentale, celle de la *simulation.* Cette pratique consiste à remplacer la réalité que l'on veut étudier par un *modèle* (qui peut être matériel ou conceptuel), qui partagera avec la réalité objet de l'étude les propriétés considérées comme essentielles, mais qui sera beaucoup plus simple et dont le comportement sera prédictible.

Le mode de raisonnement qui s'appuie sur cette pratique expérimentale est celui de *l'anticipation* qui est au temps ce que l'extrapolation est à l'espace. Selon la formule de Roger Balian, « la méthode statistique [est l'] art de faire des prévisions lorsqu'on sait peu de chose ».

Que la physique statistique soit la physique du temps est la thèse épistémologique soutenue fortement par Ilya Prigogine, dans *Physique, temps et devenir* et dans *La nouvelle alliance*. Le déterminisme de la mécanique classique, déjà fortement ébranlé par la théorie quantique, fait place, grâce à la physique statistique, à une irréversibilité temporelle, intrinsèque, objective. Dans l'épistémologie de Prigogine la fécondité de la méthode statistique ne fait que démontrer l'objectivité du temps.

Tout ce que nous avons dit jusqu'à présent aidera le lecteur à deviner que nous voulons caractériser la physique des particules comme physique de *la matière*. Héritière de la conception atomiste, la physique des particules tente d'étudier les constituants fondamentaux de la matière. Cette discipline aussi dispose d'une rationalité expérimentale qui la caractérise. A la différence des deux autres disciplines, pour la physique des particules, ce n'est pas la pratique expérimentale qui fonde un mode de raisonnement ; c'est plutôt un enjeu d'ordre théorique qui motive la réalisation d'expériences. L'enjeu théorique est celui que nous avons évoqué plus haut : tester l'adéquation des concepts à la réalité, tester la fiabilité des lois physiques dans des conditions extrêmes de fonctionnement. La pratique expérimentale qui en découle est celle de la *manipulation* qui laisse le moins possible de place à l'empirisme, qui place la réalité à étudier dans des *conditions tout à fait non naturelles*. La pratique expérimentale de la physique des particules est celle dans laquelle *l'interaction entre l'objet et l'appareil de mesure est la plus forte, la plus étroite.*

La matière-espace-temps

Toute la problématique de la physique des particules est alors d'atteindre l'objectivité scientifique (matérialiste) malgré le caractère insécable de l'interaction entre l'objet et l'appareil d'observation.

Pour l'essentiel, la révolution qui a bouleversé la physique depuis le début du XXe siècle a consisté en une modification de la conception de l'espace, du temps et de la matière. Dans la physique contemporaine ces trois catégories forment une triade, dont chaque pôle peut être pensé à l'aide de ses rapports avec les deux autres et des rapports mutuels de ces derniers.

Ainsi, nous verrons que dans la théorie de la relativité l'espace est un *espace de symétrie*, mais la symétrie permet de penser *l'invariance* et elle conduit aux lois de conservation*. L'espace permet de penser les rapports de la matière avec ses propriétés invariantes, avec ce en quoi elle existe dans le temps.

Dans le chapitre de *La logique du vivant* consacré au temps, François Jacob expose la théorie de l'évolution de Darwin. Tout au long de ce chapitre apparaît comme un leitmotiv que l'évolution (le temps) résulte de l'interaction entre l'organisme (la matière) et son milieu (l'espace) : « L'émergence des êtres représente l'effet d'une longue lutte entre actions opposées, la résultante des forces qui se combattent, l'aboutissement d'un conflit entre l'organisme et son milieu » (p. 185), ou encore : « Car si le pouvoir de se reproduire est une qualité inhérente à l'organisme, sa réalisation dépend étroitement de toutes les variables du milieu. Ce qui est "choisi" c'est autant l'organisme par le milieu que le milieu par l'organisme », ou enfin « l'évolution devient alors le résultat de la rétroaction exercée par le milieu sur la reproduction » (p. 193).

Nous sommes volontairement passés de la physique à la biologie pour montrer l'ampleur de l'enjeu qu'est la maîtrise de la théorie des rapports matière-espace-temps. Dans tous les cas, la thèse épistémologique suggérée par le titre de notre ouvrage est celle d'*un espace-temps, conçu comme un milieu matériel, dont les propriétés varient en fonction de l'échelle d'observation et au sein duquel peut être définie une logique objective des particules élémentaires.*

DEUXIÈME PARTIE

LA PROBLÉMATIQUE

CHAPITRE III

Ce que dit la physique classique

Où le lecteur redécouvrira les concepts essentiels de la physique théorique classique et particulièrement ceux qui conservent une pertinence dans la physique contemporaine. Ainsi est analysée en détail la formulation lagrangienne de la mécanique rationnelle qui permet d'articuler relativité, invariance et lois de conservation ; les propriétés de symétrie *jouent un rôle décisif.*

Le panorama que nous avons présenté a sans doute plus soulevé de questions qu'il n'en a résolu. Tout le monde est prêt à admettre que le moindre morceau de matière qu'on peut toucher, observer, manipuler, contient un nombre gigantesque de particules. Mais il paraît difficilement concevable que l'on puisse isoler une ou deux particules, que l'on puisse provoquer des réactions élémentaires mettant en jeu un petit nombre de particules, et surtout qu'on puisse observer les résultats de ces réactions. Comment cela est-il possible ?

Mais il est tout à fait illusoire, sous le prétexte « d'être concret », de partir, pour expliquer la phénoménologie des particules, des faits expérimentaux, des données brutes. D'ailleurs, en physique moderne, le fait expérimental brut n'existe pas.

En physique des particules, comme dans toute recherche fondamentale contemporaine, les données expérimentales ont un contenu théorique considérable. Pour pouvoir réaliser une expérience il faut supposer la validité de tout un arsenal de lois et de concepts physiques, et, avons-nous dit, la spécificité de la physique des particules est justement qu'à seule fin de vérifier — ou de mettre en défaut — la validité de ces lois et de ces concepts certaines expériences sont montées.

L'information scientifique contenue dans les données expérimentales est également traitée dans une forme très élaborée : les quantités que l'on mesure dans une expérience de physique des particules n'évoquent rien, ou à peu près, à des non-spécialistes : « sections efficaces* », « durées de vie* », « polarisations* », « asymétries* »...

Nous aborderons donc la phénoménologie des particules sous l'angle de la physique théorique. Pour bien comprendre la portée de la révolution quantique et relativiste (qui ouvre la voie au monde des particules élémentaires) on ne peut pas faire l'économie d'une réflexion approfondie sur la physique théorique classique. C'est par une critique épistémologique du cadre théorique classique et par une prise en compte des contradictions de l'élémentarité qu'il est possible de construire un nouveau cadre théorique qui permette la conception et l'expérimentation des phénomènes élémentaires. Mais ce nouveau cadre continue de s'appuyer sur des principes fondamentaux de la physique théorique classique. C'est pourquoi, selon nous, il est nécessaire de prendre le temps de repérer, dans la formalisation théorique classique, les principes qui résisteront aux grands chambardements des quanta et de la relativité.

Par physique théorique classique nous entendons le cadre théorique général de la physique tel qu'il s'était constitué avant les transformations profondes qui ont été rendues nécessaires par la prise en compte des effets quantiques et relativistes. L'élaboration de ce cadre théorique est un processus qui a duré plusieurs siècles, de Copernic et Galilée jusqu'au début du XXe siècle. Ce qui nous intéresse ici n'est pas l'histoire de cette lente élaboration, mais la cohérence de ce cadre, une cohérence qui se maintient dans la physique moderne. C'est pourquoi nous serons amenés à prendre des libertés avec l'ordre historique.

Il y a toujours plusieurs formulations possibles d'une même théorie physique. Une formulation peut être préférable pour son caractère opératoire, c'est-à-dire pour les commodités d'application à la solution de problèmes pratiques ; une autre peut l'être dès lors que l'on vise à dépasser la théorie elle-même. Pour les besoins de notre argumentation, c'est, évidemment, ce deuxième type de présentation qui sera développé ici.

Comme la mathématisation de la physique s'est essentiellement développée à partir de la mécanique, c'est-à-dire de l'étude du mouvement des systèmes matériels dans l'espace et dans le temps, et qu'une très grande cohérence se dégage de cette mathématisation, on a très souvent assimilé physique classique et déterminisme mécanique. On en est arrivé à confondre la physique théorique classique avec la conception philosophique qui en est une extrapolation, le mécanicisme [1]. Devant la faillite de cette philosophie il est de bon ton de charger la physique classique de tous les maux. Nous n'enfourcherons pas ce cheval de bataille. De plus, le remaniement conceptuel opéré dans la physique moderne nous invite à une relecture non mécaniciste de la mécanique.

Une dernière remarque avant d'entrer dans le vif du sujet.

Les questions que nous allons aborder continuent à susciter des controverses, y compris parmi les spécialistes. Il est de notoriété publique que jusqu'à leur mort, les deux géants de la physique théorique du XXe siècle, Albert Einstein et Niels Bohr, n'ont pas réussi à réduire leur désaccord. Nous allons développer un certain point de vue, qui nous est propre. C'est d'ailleurs une chance que nous soyons d'accord, sur l'essentiel. Tous les physiciens ne seront pas nécessairement d'accord avec nous. Que les lecteurs non spécialistes ne s'en inquiètent pas. Il est normal que, sur le plan de l'interprétation, l'unanimité ne se réalise pas parmi les spécialistes alors qu'elle est de mise sur les règles qui régissent les pratiques scientifiques. Comme nous avons fait le choix, explicité plus haut, de tenter d'expliquer notre pratique scientifique en utilisant le langage naturel, nous sommes conduits à emprunter une

1. Une remarque terminologique s'impose ici. Nous utilisons le terme de mécanicisme (au lieu de celui de mécanisme, couramment utilisé) pour désigner une philosophie qui s'inspire de la mécanique.

épistémologie particulière. Nous prenons donc le risque d'être contredits par certains de nos pairs et, même, nous revendiquons un certain droit à l'erreur.

L'espace, la matière et le temps en physique classique

Entités fondamentales

Qu'est-ce que l'espace ? Qu'est-ce que le temps ? Qu'est-ce que la matière ? Qu'est-ce que la lumière ? Qu'est-ce qu'une loi physique ? La physique classique a sans doute forgé en nous, hommes du XXᵉ siècle, à la fois les termes de ces questions et leurs réponses spontanées. En effet, dans l'enseignement secondaire et technique tout au moins, dans la plupart des domaines techniques et industriels, et plus généralement dans la vie quotidienne de chacun de nous, les concepts, les termes des questions et les réponses de la physique classique sont le cadre dominant de la pensée scientifique.

Une bille qui roule, un oiseau qui vole, la lune qui se déplace dans le ciel, ce sont des observations de tous les jours. Ces éléments de réalité possèdent un point commun : le mouvement.

La pertinence et la spécificité de la démarche scientifique pour analyser les phénomènes où intervient le mouvement ont été et sont toujours de mettre en avant trois entités, les plus fondamentales, depuis la Renaissance, de toute l'activité scientifique : l'espace, le temps et la matière. Ces trois catégories constituent la base de la problématique scientifique moderne, en rupture avec les concepts dominants du passé (les quatre éléments).

L'espace et le temps sont le cadre du puzzle univers.

La matière et la lumière en constituent les pièces en physique classique. Enfin les lois physiques sont en quelque sorte le motif du puzzle. C'est ainsi que la problématique de la physique classique pourrait se résumer. (On aurait pu aussi utiliser l'analogie avec une pièce de théâtre : l'espace et le temps forment l'espace scénique, la scène nue du théâtre ; les acteurs sont la matière et la lumière ; le thème de la pièce, ce sont les lois physiques.)

Les principales caractéristiques de l'espace et du temps sont l'infinité et la continuité. L'espace s'étend continûment, partout, et même plus loin qu'on ne peut l'imaginer. L'espace et le temps ont, en physique théorique classique, une existence en soi ; ce sont des réalités indépendantes des objets qui y sont en mouvement et des sujets pensants que nous sommes. Le temps se déroule imperturbablement sans se préoccuper de la matière et de la lumière. L'espace est là de tout temps.

Pour ce qui concerne la matière, la physique classique s'accommode bien (à condition que l'on n'y regarde pas de trop près) de la conception atomiste : les atomes constituent le substrat des diverses formes que revêt la matière : solide, liquide et gazeuse.

En physique classique la matière se distingue de la lumière qui est interprétée comme un phénomène ondulatoire. Les phénomènes ondulatoires sont des phénomènes liés au mouvement des particules d'un milieu matériel. C'est pourquoi, en physique théorique classique, on avait induit l'existence d'un fluide matériel, qui serait le siège des ondes lumineuses, l'éther. L'infirmation de cette hypothèse par l'expérience de Michelson a provoqué un fort ébranlement du cadre de la physique classique. D'autre part, avec la théorie du photon on a mis en évidence l'aspect corpusculaire de la lumière. Il en résulte que la distinction matière/lumière devient superflue, tout au moins au niveau de la conceptualisation de base. C'est pourquoi, dans le présent chapitre, nous nous limiterons aux systèmes matériels, à l'exclusion des phénomènes lumineux, d'autant que nous serons amenés à revenir longuement sur la théorie électromagnétique qui inclut les phénomènes lumineux.

Les grandeurs physiques fondamentales

Les concepts en physique doivent, pour être opératoires, être associés à un processus de mesure. Cette mesure est effectuée par un personnage que l'on pourrait, dans l'analogie de la pièce de théâtre, assimiler aux éclairagistes, maquilleurs et autres professionnels qui n'interviennent qu'en coulisse et qu'on appelle *l'observateur*. L'observateur est un être abstrait, dont la subjectivité, l'histoire, les motivations sont hors du champ de la physique, qui manie des instruments de mesure en suivant des règles bien précises et qui obtient des nombres. Un des postulats fondamentaux de la physique (mais aussi de toute la rationalité expérimentale) est que le nombre obtenu est indépendant des caractéristiques spécifiques de l'observateur. C'est-à-dire que n'importe quel individu effectuant dans les mêmes conditions les mêmes gestes, avec les mêmes instruments, sur les mêmes objets, obtiendra les mêmes résultats numériques.

Ce postulat semble aller de soi. Il demande cependant certaines mises en garde. Jamais, à deux instants différents, les conditions expérimentales ne sont rigoureusement identiques. Il n'y a pas, d'autre part, de mesures parfaitement exactes. Tout instrument de mesure est nécessairement limité dans sa précision. Il y a toujours une certaine marge d'incertitude ; lorsque l'on refait une expérience, le nouveau résultat tombe dans une fourchette encadrant l'ancien résultat. Cela signifie que toute interprétation d'expérience en physique comporte une référence inévitable au calcul des probabilités, à la *méthode statistique*. Pour les besoins de la simplicité de l'exposé, nous omettrons cette nécessaire référence, en parlant d'une physique abstraite, idéale, dans laquelle les mesures se font à une précision infinie, dans des conditions parfaitement reproductibles. Il conviendra néanmoins de garder cette remarque en mémoire car elle nous permettra d'admettre plus facilement l'interprétation probabiliste de la mesure en théorie quantique.

Le processus de la mesure permet d'associer aux entités fondamentales, espace, temps et matière, des *grandeurs* physiques correspondant à des *quantités* susceptibles d'être mesurées. Ainsi la *longueur*, notée L, mesure la quantité d'espace sur une ligne entre deux points ; la *durée*, notée T, mesure la quantité de temps qui s'écoule entre deux instants ; la *masse*, notée M, mesure la quantité de matière contenue dans un certain volume. Des étalons, choisis par des conventions internationales, permettent de définir des systèmes d'unités pour quantifier les mesures en physique (par exemple, le mètre pour la longueur, la seconde pour la durée et le kilogramme pour la masse).

La longueur, la durée et la masse sont des grandeurs physiques complètement indépendantes, *non commensurables*. De plus elles forment un système complet de quantités fondamentales, en ce sens que toute quantité physique peut s'exprimer à partir d'elles.

Quantités dérivées. Contenu dimensionnel

Les quantités physiques qui s'expriment à partir des quantités fondamentales sont dites dérivées. L'une de leurs propriétés importantes est ce que l'on appelle le contenu dimensionnel*, c'est-à-dire les proportions dans lesquelles interviennent la longueur, la durée et la masse dans leur définition.

Considérons, par exemple, des quantités dérivées les plus simples, celles qui ne font intervenir que la longueur, comme l'aire ou le volume.

Les mathématiques élémentaires nous enseignent que l'aire d'un carré est égale au carré de la longueur de son côté, et le volume d'un cube au cube de la longueur de son côté. Nous dirons alors que le contenu dimensionnel de l'aire est celui d'une longueur au carré (ou à la puissance 2), noté $[L^2]$, que le contenu dimensionnel du volume est celui d'une longueur au cube (ou à la puissance 3), noté $[L^3]$. Le contenu dimensionnel apparaît dans l'expression de la mesure des quantités : les surfaces s'expriment en mètres *carrés*, les volumes en mètres *cubes* alors que les longueurs s'expriment en mètres.

La connaissance du contenu dimensionnel peut permettre une économie de moyens dans l'expression de certaines quantités. Ainsi, la hauteur de chute de pluie dans une région, qui s'exprime en centimètres, rend compte du volume de pluie qui tombe par unité de surface exposée : quand on dit qu'il est tombé « dix centimètres de pluie », on veut dire qu'il en est tombé cent litres par mètre carré. On exprime ainsi l'intensité de la chute de pluie à l'aide d'un seul chiffre au lieu de deux. On pourrait de la même façon exprimer la consommation d'une voiture en « millimètres carrés d'essence » : dix litres aux cent kilomètres font 0,1 millimètre carré. En général on n'exprime pas ainsi la consommation des voitures. C'est dommage car cela nous permettrait d'établir une relation entre la consommation de combustible et une caractéristique importante de la voiture, à savoir la surface de l'orifice du gicleur.

Une telle relation commencerait à ressembler à une loi physique. Les lois physiques, dont nous avons évoqué plus haut le contenu pratique et théorique, sont, d'un point de vue mathématique, des relations entre quantités physiques de même contenu dimensionnel. L'élaboration des quantités physiques est concomitante avec celle des lois physiques : une quantité physique est pertinente dans la mesure où elle intervient dans des lois physiques.

Quantités dérivées complexes

La quantité dérivée la plus simple qui relie deux des quantités fondamentales est la vitesse. La vitesse est la quantité d'espace parcourue par un mobile le long d'une ligne, par unité de temps. Son contenu dimensionnel est celui d'une longueur divisée par une durée, noté $[LT^{-1}]$.

Grâce au concept mathématique de dérivée*, il est possible, pour un mobile se déplaçant sur une courbe quelconque, de définir à chaque instant une *vitesse instantanée*, qui est la dérivée du déplacement par rapport au temps (voir l'encadré « Dérivée, intégrale*, vecteur vitesse »).

Notons une propriété mathématique essentielle de la vitesse, son caractère vectoriel. Il faut trois nombres pour caractériser une vitesse, parce que l'espace, en physique classique, a trois dimensions. La vitesse est un vecteur* (ou un trivecteur) défini par ses trois composantes ou projections sur des axes de coordonnées, ou par sa longueur (ou *valeur absolue*) et deux angles définissant son orientation. Pour un mobile se déplaçant sur une courbe, le vecteur vitesse instantanée est porté par la tangente à la courbe. La pertinence de la vitesse est liée à une loi physique fondamentale, qui est une loi de conservation : la vitesse d'un mobile qui ne serait soumis à aucune force se conserve ; le mobile en question, ayant une vitesse constante, se déplacerait en mouvement rectili-

Dérivée, intégrale et vecteur vitesse

La vitesse est le rapport d'une distance Δs par le temps de parcours Δt. Si cet intervalle de temps Δt est grand, la vitesse ainsi calculée est une vitesse moyenne. S'il est bref, on parlera plutôt de vitesse instantanée. Mathématiquement, on dira que la vitesse instantanée est la limite de la vitesse moyenne lorsque l'on fait tendre l'intervalle de temps vers 0 :

$$v = \text{limite de } \Delta s/\Delta t \text{ quand } \Delta t \rightarrow 0$$

C'est la dérivée de la distance par rapport au temps.

L'intégrale est l'opération inverse de la dérivée ; la distance est donc l'intégrale de la vitesse sur le temps, c'est la somme cumulée du produit de la vitesse instantanée par l'intervalle infinitésimal de durée. Elle est notée :

$$s = \int v\Delta t$$

Le déplacement correspondant à la distance parcourue se repère par trois coordonnées parce que l'espace classique a trois dimensions. Pour caractériser la vitesse de déplacement, c'est-à-dire pour déterminer à la fois son intensité et son orientation, il faut trois nombres qui sont les dérivées de chacune des coordonnées par rapport au temps. De même que le déplacement dans l'espace est représenté par un vecteur, la vitesse instantanée de déplacement est aussi représentée par un vecteur. Ce vecteur est porté par la tangente à la trajectoire.

gne et uniforme. C'est la loi de Galilée, précisée par Newton, que nous avons évoquée plus haut.

Après la vitesse, il est utile d'introduire l'accélération, qui n'est rien d'autre que la « vitesse de la vitesse », la dérivée de la vitesse par rapport au temps. Son contenu dimensionnel est noté $[LT^{-2}]$. Là encore l'intérêt du concept d'accélération provient d'une loi physique fondamentale qui conduit à l'introduction d'une autre quantité physique essentielle, la force ; il s'agit de la loi d'inertie énoncée par Newton et que nous avons évoquée plus haut : une accélération ne peut être provoquée que par une force ; l'accélération produite est proportionnelle à la force et inversement proportionnelle à la masse. D'où nous déduisons que le contenu dimensionnel de la force est $[MLT^{-2}]$. L'accélération et la force sont, comme la vitesse, des quantités vectorielles.

L'énergie, le concept central de la physique classique

Nous pouvons maintenant introduire le concept d'énergie. Une force « travaille » ou produit de l'énergie si elle déplace son point d'application. Le travail, ou l'énergie produite, est égal au produit de la force par le déplacement du point d'application. Comme la force et le déplacement sont des quantités vectorielles, il convient de définir le type de produit de ces deux quantités que l'on considère. Pour l'énergie, il s'agit de ce qu'on appelle le produit scalaire*, défini comme la somme des produits des composantes des deux vecteurs (voir l'encadré « Produit scalaire »). A la différence du déplacement, de la vitesse, de l'accélération et de la force qui sont des quantités vectorielles, l'énergie est une quantité scalaire.

Produit scalaire

Dans un système de coordonnées, un vecteur $\vec{v}$ est représenté par un ensemble de trois nombres (v_x, v_y, v_z). Des règles bien précises permettent de déterminer comment sont changés ces nombres sous l'effet d'un changement du système de coordonnées.

Le produit scalaire de 2 vecteurs, $\vec{v}_1$ (v_{x1}, v_{y1}, v_{z1}) et $\vec{v}_2$ (v_{x2}, v_{y2}, v_{z2}) est le nombre

$$P = \vec{v}_1 \ \vec{v}_2 = v_{x1} \ v_{x2} + v_{y1} \ v_{y2} + v_{z1} \ v_{z2}$$

On démontre que ce nombre est invariant sous l'effet d'un changement du système de coordonnées.

Le contenu dimensionnel de l'énergie est $[ML^2T^{-2}]$. Grâce à ce contenu dimensionnel qui fait intervenir les trois quantités fondamentales, l'énergie peut revêtir des formes multiples. Ainsi, on peut construire une énergie en multipliant une masse par le carré d'une vitesse : l'énergie cinétique* d'un mobile de masse m se déplaçant à la vitesse v est la quantité

$$E_c = 1/2\ m\ v^2,$$

dont on vérifie aisément qu'elle a le contenu dimensionnel d'une énergie.

De même, on peut obtenir une force à partir d'une énergie : on dit d'une force qu'elle dérive d'un potentiel s'il existe une énergie, dite potentielle, dont le gradient spatial est égal à la force (voir l'encadré « Énergie potentielle, gradient spatial »).

Energie potentielle. Gradient spatial

Si à chaque point de l'espace (x, y, z) on associe un nombre V(x, y, z), on peut définir en chaque point (x, y, z) les dérivées de V par rapport à x, y et z : dV/dx, dV/dy, dV/dz.

La fonction V(x, y, z) est appelée champ scalaire. Le vecteur de coordonnées dV/dx, dV/dy, dV/dz est appelé gradient spatial de V.

Lorsqu'une particule d'essai placée en un point (x, y, z) est soumise à une force $\vec{F}$(x, y, z), cette force a trois composantes : F_x, F_y, F_z. Si on peut exprimer cette force comme le gradient d'un champ scalaire V(x, y, z), c'est-à-dire si :

$$F_x = dV/dx \quad F_y = dV/dy \quad F_z = dV/dz,$$

on dira alors que la force $\vec{F}$ dérive du potentiel V, dit énergie potentielle. La particule placée au point (x, y, z) possède une énergie potentielle V(x, y, z).

La loi fondamentale de conservation de l'énergie stipule que pour un système isolé l'énergie totale est conservée, même si dans un mouvement elle change de forme. Considérons l'exemple d'un barrage hydro-électrique, et voyons comment les quelques lois physiques que nous avons évoquées jusqu'à présent nous permettent de comprendre le fonctionnement de ce système. Si une masse d'eau m, retenue par le barrage, chute d'une hauteur h, on libère une énergie égale au travail fourni par la pesanteur terrestre déplaçant de la longueur h son point d'application :

$$E = mgh$$

où g est l'accélération de la pesanteur.

Cette énergie, potentielle, est transformée en énergie cinétique. L'eau, au bout de la chute, acquiert une vitesse v telle que toute l'énergie potentielle est transformée en énergie cinétique :

$$1/2\ mv^2 = mgh, \text{ ou } v = \sqrt{2gh}$$

Celle-ci est alors communiquée à la turbine d'un alternateur. L'alternateur la transforme en énergie électrique qui est distribuée sur le réseau. Elle est ensuite retransformée par les utilisateurs pour des applications diverses, par exemple... pour accélérer des particules.

Au cours de tous ces processus l'énergie totale est conservée. Ce qui ne veut pas dire qu'il n'y ait pas de pertes dans l'énergie utilisable. Dans toutes ces transformations, il y a même toujours, inévitablement, une perte d'énergie utilisable. Cette perte s'effectue par dissipation de chaleur. Car la chaleur, c'est de l'énergie ; c'est l'énergie cinétique d'agitation des molécules qui composent la matière macroscopique. Lorsque, par exemple, l'eau parvient sur la turbine, toute l'énergie cinétique n'est pas transformée en énergie de rotation de la turbine. Une partie de celle-ci est perdue à chauffer l'eau et la turbine. De même, la rotation de la turbine est freinée par les forces de frottement. Là encore de l'énergie est dissipée sous forme de chaleur. Et ainsi de suite, à chaque étape de la transformation, une dissipation sous forme de chaleur intervient.

Malgré ces phénomènes de dissipation, la loi de conservation de l'énergie est l'un des fondements les plus importants de toute la physique. L'élaboration de cette loi est d'ailleurs exemplaire de la dynamique de progression de cette science : pour rendre compte des pertes apparentes d'énergie on a été amené à interpréter en termes d'énergie des phénomènes, comme la chaleur, qu'on ne savait pas décrire théoriquement. Jusqu'au XVIIIe siècle, on parlait d'un fluide, le « calorique* », pour rendre compte des phénomènes thermiques (encore un concept, qui, comme celui d'éther, a été rangé aux oubliettes de l'histoire des sciences).

D'un strict point de vue historique, c'est pour les besoins de la thermodynamique qu'a été élaboré le concept d'énergie ; en même temps a été introduite une différenciation dans la *qualité* de l'énergie : la perte d'énergie « utilisable » dans le processus de dissipation correspond à une dégradation de la qualité de l'énergie, du niveau supérieur (énergie mécanique) au niveau inférieur (énergie thermique). Une autre avancée de la physique du XIXe siècle a été l'élaboration du concept d'entropie* qui permet de rendre compte quantitativement de cette dégradation. A partir des concepts fondamentaux d'énergie et d'entropie, dont découlent respectivement ses deux principes (conservation de l'énergie et augmentation de l'entropie), la thermodynamique * s'est développée comme une branche essentielle, à l'origine de la physique statistique moderne.

Conservation de l'énergie et élémentarité

Laissons momentanément la thermodynamique et la physique statistique (nous serons amenés à y revenir), et retournons à l'étude de la mécanique.

A partir de l'introduction du concept d'énergie, la mécanique va aller en se rationalisant, en se mathématisant. La mécanique dite rationnelle est une théorie physique abstraite, idéale ; on y fait implicitement l'hypothèse que tous les phénomènes dissipatifs peuvent être négligés, que les corps en mouvement peuvent être complètement isolés du reste de l'univers, et que, en particulier, l'acte de mesure ne perturbe en aucune façon le système objet de l'étude physique. En réalité, la mécanique rationnelle fournit le cadre de pensée, idéal, dans lequel fonctionnent les lois les plus générales de la physique. C'est dans ce cadre que se trouvent les origines de toutes les interrogations qui constituent la physique des particules élémentaires.

La loi de conservation de l'énergie s'étend aux interactions élémentaires. Elle a tenu bon dans les grands bouleversements conceptuels de la théorie quantique et de la relativité. La relativité, par exemple, ne contredit pas la loi de transformation de l'énergie. Elle nous a permis, par contre, de découvrir une nouvelle forme que peut revêtir l'énergie. La fameuse relation d'Einstein, $E = mc^2$, nous enseigne que, même isolée, au repos, une particule de masse m renferme une certaine quantité d'énergie. En relativité, l'énergie et la masse peuvent se transformer l'une en l'autre. Dans une collision entre particules, il est possible que soient produites des particules nouvelles, pour peu que l'énergie totale dans l'état initial soit suffisante : de l'énergie cinétique peut se transformer en énergie de masse. En théorie quantique, aussi, la loi de conservation de l'énergie reste valide. Toutefois, dans ce qu'on appelle les « fluctuations quantiques » qui se déroulent pendant des temps très brefs, se produisent d'apparentes violations de cette loi de conservation. La théorie de la *renormalisation*, sur laquelle nous reviendrons, a pour objet de lever ce paradoxe.

La covariance galiléenne

L'impulsion ou quantité de mouvement

Une quantité physique dérivée, analogue à l'énergie, s'est révélée pertinente en mécanique et conserve son utilité en physique des particules. Il s'agit de *l'impulsion*, ou *quantité de mouvement*. C'est tout simplement, en mécanique classique, le produit de la masse d'un mobile par sa vitesse. Le contenu dimensionnel est donc $[MLT^{-1}]$. Comme la vitesse, l'impulsion est une quantité vectorielle.

Là encore, la pertinence de l'impulsion est liée au fait que cette quantité est conservée pour un système isolé. Cette loi n'est en réalité rien d'autre que la loi de conservation de la vitesse pour un système isolé de masse constante. Cette loi de conservation a des conséquences pratiques considérables, par exemple, c'est elle qui est à la base de la propulsion à réaction : l'éjection par le réacteur d'un avion à réaction de masse M, d'une masse gazeuse m à la vitesse V, communique à l'avion une vitesse v donnée par la loi de conservation de l'impulsion, $v = \frac{mV}{M}$, les directions des deux vitesses étant évidemment opposées.

C'est également cette loi qui régit les chocs élastiques des fameuses boules de billard que nous avons évoquées plus haut.

En physique des particules la conservation de l'impulsion reste vraie. La nouveauté, liée à la relativité, réside dans le fait que l'énergie et l'impulsion sont à considérer comme formant un vecteur à quatre composantes, un quadrivecteur*, dans un continuum à quatre dimensions, l'espace-temps. Les lois classiques de conservation de l'énergie et de l'impulsion fusionnent dans la loi relativiste de conservation du quadrivecteur énergie-impulsion. Nous reviendrons, bien sûr, sur cette modification.

Le moment cinétique

Le moment cinétique*, ou *moment angulaire*, est une quantité physique vectorielle dont la définition nécessite de faire un peu de géométrie dans l'espace (voir l'encadré « Moment cinétique »). Le moment cinétique d'un mobile d'impulsion $\vec{p}$ par rapport à un point O est le produit de l'impulsion par la distance du point O à la droite qui porte l'impulsion. Le contenu dimensionnel du moment cinétique est celui du produit d'une impulsion par une longueur, soit $[ML^2T^{-1}]$. Ce contenu dimensionnel est le même que celui d'une quantité dont le rôle est fondamental, qu'on appelle *l'action*, produit d'une énergie par un temps.

Le moment cinétique d'un système isolé est conservé. Cette fois encore, cette loi de conservation a de vastes conséquences pratiques. Tout le monde garde à l'esprit les magnifiques images des compétitions de patinage artistique dans lesquelles on voit des patineurs contrôler leur vitesse de rotation dans une pirouette en étendant plus ou moins les bras. C'est la loi de conservation du moment cinétique qui permet ce contrôle : des bras écartés donnent, avec une petite vitesse, le même moment cinétique que des bras rapprochés avec une grande vitesse. C'est aussi la loi de conservation du moment cinétique qui est à la base des « boussoles

Moment cinétique

Le moment cinétique est le produit vectoriel du vecteur position par le vecteur impulsion. Le produit vectoriel de deux vecteurs $\vec{v}_1$ et $\vec{v}_2$ de composantes (v_{x1}, v_{y1}, v_{z1}) et (v_{x2}, v_{y2}, v_{z2}) est un vecteur $\vec{v}=\vec{v}_1\times\vec{v}_2$ de composantes (v_x, v_y, v_z) :

$$v_x = v_{y1}\ v_{z2} - v_{z1}\ v_{y2}$$
$$v_y = v_{z1}\ v_{x2} - v_{x1}\ v_{z2}$$
$$v_z = v_{x1}\ v_{y2} - v_{y1}\ v_{x2}$$

Dans une opération de parité, c'est-à-dire de symétrie par rapport à l'origine, les coordonnées d'un vecteur sont transformées en leurs opposées :

$$\vec{v}_1 \rightarrow -\vec{v}_1 \text{ de coordonnées } (-v_{x1},\ -v_{y1},\ -v_{z1})$$
$$\vec{v}_2 \rightarrow -\vec{v}_2 \text{ de coordonnées } (-v_{x2},\ -v_{y2},\ -v_{z2})$$

Mais le produit vectoriel de $\vec{v}_1$ par $\vec{v}_2$ voit ses coordonnées inchangées. Son comportement n'est donc pas celui d'un vecteur dans une telle opération. On l'appelle un pseudo-vecteur.

gyroscopiques ». Un gyroscope, qui est une toupie dont la rotation est entretenue et qui est montée sur cardans, garde, par conservation du moment cinétique, son axe de rotation dans une direction constante qui joue le rôle de direction de référence.

En physique des particules, la loi de conservation du moment cinétique reste vraie et joue un rôle essentiel. Dans un système de particules, comme l'atome d'hydrogène, le moment cinétique se décompose en moment orbital* (moment cinétique de l'électron par rapport au proton) et en moment cinétique intrinsèque ou spin* de chacune des particules. La valeur du moment orbital caractérise, comme son nom l'indique, les orbites de l'électron autour du noyau. Quant au spin, il s'agit d'un concept spécifique à la théorie quantique (classiquement, une particule ponctuelle n'a pas de moment cinétique intrinsèque) que nous serons amenés à discuter plus attentivement.

Covariance et relativité

Dans notre liste de quantités physiques nous pouvons distinguer des quantités de deux types, les quantités scalaires, comme l'énergie, la masse, la durée et les quantités vectorielles comme le déplacement, la vitesse, l'accélération, la force, l'impulsion et le moment cinétique. Quelle est la propriété à laquelle renvoie cette caractérisation ? Il s'agit d'une propriété très importante pour la mathématisation de la physique. Pour repérer des événements physiques dans l'espace, il est nécessaire de choisir un système de coordonnées, un référentiel* défini par une origine et trois axes de coordonnées. Un point dans l'espace est repéré par ses trois coordonnées, ses projections sur les trois axes du référentiel. Le caractère scalaire ou vectoriel traduit la façon dont les quantités physiques varient lorsque l'on change de référentiel. Une quantité scalaire est *invariante* par changement de référentiel : en physique classique, la masse, la distance, la durée et l'énergie sont indifférentes aux choix des axes de coordonnées (cette propriété n'est plus vraie dans la théorie d'Einstein). Les quantités scalaires sont donc très importantes puisqu'elles mesurent des propriétés intrinsèques de la réalité, car elles sont invariantes par changement de référentiel.

Mais les quantités vectorielles, pour leur part, ne sont pas invariantes par changement de référentiel : si, par exemple, un vecteur est parallèle à l'axe des x, il suffit de tourner le repère de référence pour qu'il ne le soit plus. Rappelons que le choix du référentiel est entièrement subjectif, il est laissé à la liberté du physicien qui adaptera son référentiel aux besoins de son montage expérimental ou de son calcul théorique.

Est-ce à dire que les quantités vectorielles apportent moins d'informations sur les propriétés intrinsèques de la réalité ? Absolument pas. Ce n'est pas parce que les composantes du vecteur vitesse ou du vecteur impulsion changent par changement de référentiel que la vitesse ou l'impulsion ne sont pas des quantités intrinsèques ou objectives. Le caractère objectif des quantités vectorielles est lié au fait que l'on sait comment changent leurs composantes quand on change de référentiel, dès lors que la matrice* du changement de référentiel est connue. Cette forme plus subtile de l'invariance est appelée la covariance*.

Ce raisonnement joue un rôle déterminant en physique théorique : pour décrire une réalité, on doit mesurer certaines quantités ; l'objectivité des propriétés mesurées par ces quantités, c'est-à-dire leur indépendance par rapport aux conditions particulières de l'expérimentation, est définie par *relativité* : on change les conditions d'expérimentation d'une manière complètement définie et on recherche les quantités qui restent invariantes dans ce changement, une fois qu'ont été prises en compte les variations induites par le changement des conditions de mesure. Nous retrouverons cette démarche tout au long de cette partie de l'ouvrage et des suivantes. Elle en constitue un des fils conducteurs.

Une remarque d'ordre terminologique s'impose ici. Nous avons utilisé le terme de relativité à propos de cette démarche, alors que d'habitude il est réservé à la théorie d'Einstein. Comme Einstein le dit lui-même, il n'a pas inventé le principe de relativité ; il l'a étendu et généralisé. C'est pourquoi nous pensons légitime d'employer ce mot à propos de la mécanique classique, pré-einsteinienne. On pourrait, par exemple, qualifier cette relativité de galiléenne pour souligner la permanence, au travers de l'évolution de la physique théorique, de la validité du raisonnement qui articule relativité, covariance et lois de conservation.

C'est sur cette articulation que s'établit la cohérence de la mécanique rationnelle : les quantités physiques pertinentes sont celles qui sont observables, mesurables ; mais pour cela, ces quantités doivent rester invariantes, ou au moins être covariantes, par changement des conditions d'observation et en particulier par changement de référentiel ; mais l'invariance ou la covariance signifient que certaines grandeurs mesurant certaines propriétés se *conservent*, à condition que le système soit isolé. Ce raisonnement, à l'origine du rôle fondamental des propriétés de symétrie, fonctionne aussi bien en mécanique classique qu'en mécanique relativiste, qu'en mécanique quantique ou qu'en théorie des champs quantiques.

Les trois lois de conservation (pour un système isolé) de l'énergie, de l'impulsion et du moment cinétique constituent les fondements de la mécanique classique. On peut même dire qu'elles épuisent le contenu théorique de cette mécanique. On peut en effet démontrer mathématiquement que toutes les lois de la dynamique classique sont équivalentes à cet ensemble de lois de conservation. Nous pourrions donc nous en tenir à ces lois pour notre présentation de la mécanique classique. Mais comme le dépassement de la physique théorique classique implique la généralisation à d'autres symétries et lois de conservation, il nous faut présenter la formulation qui permet d'effectuer cette généralisation, la formulation lagrangienne*.

La formulation lagrangienne

Degrés de liberté, espace de phase et trajectoires

La formulation lagrangienne de la mécanique classique consiste à faire dériver les lois du mouvement (ou équations du mouvement) d'un principe unique, le principe* de moindre action. Cette globalisation constitue une synthèse théorique dont le contenu épistémologique est essentiel pour notre propos. Nous prendrons donc le temps de l'analyser avec soin.

Pour exprimer le principe de moindre action nous devons encore introduire quelques concepts utiles. On appelle *degré de liberté* un paramètre qui entre dans la définition de l'état d'un système physique dans l'espace. Ainsi, un point matériel dépend de trois degrés de liberté, ses trois coordonnées. Un solide dépend de six degrés de liberté : les trois coordonnées de son centre de gravité et trois angles pour fixer complètement son orientation dans l'espace.

On conçoit facilement que la plupart des systèmes physiques dépendent d'un très grand nombre de degrés de liberté. Ce nombre est tellement grand qu'on peut le considérer comme infini pour un milieu continu fluide (liquide ou gaz) : la position de chaque molécule du fluide correspond à trois degrés de liberté.

L'idée décisive de la formulation lagrangienne est de représenter un système dépendant de N degrés de liberté par un point dans un espace abstrait à N dimensions, l'espace de configuration*. En réalité, l'espace qui sert à décrire l'évolution d'un système physique est encore plus vaste, car aux N degrés de liberté on ajoute les N vitesses, ou dérivées par rapport au temps, de ces degrés de liberté. Le système physique est donc représenté par un point, appelé portrait* du système, d'un espace abstrait à 2N dimensions, appelé espace des phases*.

On appelle trajectoire* du système la ligne parcourue au cours du temps par son portrait dans l'espace des phases.

Le concept de trajectoire permet de rassembler les questions que l'on se pose sur un système physique en un problème formulé de manière précise : connaissant l'état d'un système à un instant donné, c'est-à-dire connaissant la valeur de ses degrés de liberté et de leurs dérivées à cet instant, connaissant d'autre part les forces qui agissent sur ce système, quelle est la trajectoire que va parcourir au cours du temps le portrait du système ? Ainsi, tout le problème de la mécanique classique se ramène à celui de la détermination d'une trajectoire. Or il est très commode de formuler un tel problème sous une forme dite variationnelle*. Une analogie peut permettre de comprendre l'intérêt d'une telle formulation : dans une compétition individuelle de ski (descente ou slalom), chaque skieur va essayer d'emprunter la meilleure trajectoire possible, compte tenu de son poids, de la position des piquets, de l'état de la neige, du fartage des skis, etc. pour réduire le plus possible le temps de son parcours. On se convaincra aisément que de nombreuses compétitions sportives conduisent aussi à une optimisation de trajectoire : courses automobiles, régates, transatlantiques, etc. Il est intéressant de noter que la méthode variationnelle ou l'optimisation, qui est la recherche d'une trajectoire qui rende une certaine quantité extrême, n'est pas toujours la recherche d'un minimum, mais peut être la recherche d'un maximum : ainsi, dans les compétitions de vol à voile, il s'agit de maintenir son planeur en l'air le plus longtemps possible.

L'intégrale d'action et le principe de moindre action

La quantité qu'il s'agit de rendre extrémale pour déterminer la trajectoire effectivement suivie par le portrait d'un système est appelée intégrale d'action. Il s'agit de l'intégrale sur le temps, le long de la trajectoire, d'une quantité appelée lagrangien qui est la *différence entre l'énergie cinétique et l'énergie potentielle.* Comme le lagrangien a le contenu dimensionnel d'une énergie, l'intégrale d'action a le contenu dimensionnel d'une énergie multipliée par une durée, celui d'une *action* $[ML^2T^{-1}]$. C'est celui, comme nous l'avons dit plus haut, d'un moment cinétique, une impulsion multipliée par une longueur.

L'intégrale d'action dépend de la trajectoire le long de laquelle elle est évaluée ; c'est une *fonctionnelle* de la trajectoire.

Le principe de moindre action stipule que parmi toutes les trajectoires possibles, celle qui est effectivement suivie par le portrait du système est celle qui rend minimum l'intégrale d'action. Il est possible de démontrer mathématiquement (mais cela ne présente aucun intérêt pour notre propos d'expliciter cette démonstration) que ce principe est complètement équivalent à l'ensemble des lois de la mécanique classique. Ce sont les équations d'Euler, Lagrange et Hamilton qui expriment cette équivalence.

Il est intéressant de remarquer que le principe de moindre action est rarement enseigné dans l'enseignement secondaire et dans le premier cycle de l'enseignement supérieur. Cette réticence vient sans doute du malaise que provoque la formulation lagrangienne en suggérant en quelque sorte que « la nature est paresseuse » (un peu comme, jusqu'au XVIIe siècle, elle avait horreur du vide).

La formulation lagrangienne ne conclut pas que la nature est paresseuse ; c'est le physicien qui utilise un moyen mnémotechnique pour résumer toutes les lois qu'il a découvertes empiriquement ou expérimentalement en un principe variationnel.

D'ailleurs, le terme même d'action se rapporte davantage à une pratique humaine qu'à une réalité naturelle : dirait-on de la nature qu'elle « agit » ? En réalité, l'action permet de quantifier le rapport expérimental qui s'établit entre un système physique et l'appareil qui sert à l'observer. La formulation lagrangienne est la relecture non mécaniciste de la mécanique classique, dont nous avons besoin pour préparer le terrain à un renouvellement des concepts : cette formulation permet d'une part de mettre en évidence le rôle fondamental des propriétés de symétrie et d'autre part elle possède suffisamment de flexibilité pour pouvoir s'adapter à la description des phénomènes élémentaires. Telles sont les deux propriétés que nous allons maintenant discuter.

Les propriétés de symétrie

Nous avons déjà rencontré les propriétés de symétrie dans la discussion sur la covariance galiléenne. Comme on souhaite que les équations du mouvement soient indépendantes du choix du référentiel spatial, on choisira un lagrangien qui soit une fonction scalaire, c'est-à-dire invariante par changement d'axes de coordonnées. De manière générale, le lagrangien devra obéir à toutes les propriétés d'invariance dont on pense qu'elles sont satisfaites par le système.

Concernant l'évolution spatio-temporelle des systèmes physiques, ces propriétés d'invariance se déduisent de la relativité. La relativité signifie l'impossibilité d'effectuer certaines mesures *absolues*, ou la non-observabilité de certaines entités absolues. Par exemple, on ne suppose pas qu'il y ait une origine absolue du temps, ou une origine absolue de l'espace, ou une direction absolument privilégiée dans l'espace. A chaque propriété de relativité correspond une invariance par rapport à une certaine transformation, c'est-à-dire une propriété de symétrie. Ainsi, l'absence d'une origine absolue du temps implique que si l'on refait une expérience, dans les mêmes conditions, à deux moments différents, on obtient le même résultat. Mathématiquement on formule cette propriété en termes d'invariance par translation* dans le temps.

La propriété de symétrie équivalente à l'absence d'une origine absolue de l'espace est, de la même façon, l'invariance par translation dans l'espace. Du point de vue de la pratique expérimentale, cette propriété de symétrie traduit le fait que les résultats des expériences sont indépendants, toutes choses égales par ailleurs, des lieux où se font ces expériences. Quant à l'absence d'une direction privilégiée elle est équivalente à l'invariance par rotation d'espace. Expérimentalement, une rotation d'ensemble des appareils de mesure et du système observé ne change rien aux résultats de l'expérience.

L'invariance par des transformations de symétrie implique, nous l'avons vu, que certaines quantités sont conservées au cours du mouvement. C'est le principal mérite de la formulation lagrangienne que d'établir mathématiquement, de manière précise, par le théorème d'Emma Noether *, la correspondance entre relativité* (non-observabilité de certaines entités absolues), *symétrie* (invariance par des transformations de symétrie) et *lois de conservation* (conservation et donc observabilité de certaines quantités). Là encore la démonstration explicite de cette correspondance n'apporterait rien à notre propos (le lecteur non spécialiste peut nous faire confiance concernant les démonstrations mathématiques ; nous nous exprimons sous le contrôle des spécialistes). Les correspondances de la mécanique classique sont résumées dans le tableau III, 1 :

Non observable	Symétrie	Loi de conservation
Origine du temps	Translation dans le temps	Energie : E
Origine de l'espace	Translation dans l'espace	Impulsion : $\vec{P}$
Direction privilégiée	Rotation	Moment cinétique : $\vec{J}$

Tableau III. 1

Le théorème de Noether

Au moyen du théorème de Noether, la formulation lagrangienne articule *relativité* (caractère non observable d'entités absolues), *symétrie* et *loi de conservation.*

— La conservation de l'énergie est équivalente à l'invariance par translation dans le temps et donc à l'inobservabilité d'une origine du temps ;
— La conservation de l'impulsion est équivalente à l'invariance par translation dans l'espace et donc à l'inobservabilité d'une origine de l'espace ;
— La conservation du moment cinétique est équivalente à l'invariance par rotation et donc à l'inobservabilité d'une direction privilégiée.

Les quantités physiques conservées au cours du mouvement peuvent être considérées comme les quantités pertinentes, car elles sont observables. Il est intéressant de noter que la correspondance que nous venons de discuter établit une sorte d'incompatibilité entre des observables : la conservation de l'énergie et donc son observabilité équivalent à l'inobservabilité du temps absolu ; il y a le même rapport d'incompatibilité entre l'impulsion et la position spatiale absolue, entre le moment cinétique et l'orientation spatiale absolue. Nous verrons plus loin que la théorie quantique fait jouer un rôle fondamental à ces relations d'incompatibilité.

Généralisation de la formulation lagrangienne

La puissance du raisonnement sous-jacent à la formulation lagrangienne, la capacité de cette formulation à prendre en compte les propriétés de symétrie permettent de généraliser le principe de moindre action à une grande variété de systèmes dynamiques.

On peut, par exemple, traiter des systèmes ouverts, c'est-à-dire non isolés, interagissant avec le reste de l'univers, en utilisant un lagrangien dépendant explicitement du temps. Pour les systèmes isolés, l'invariance par translation dans le temps est assurée par le fait que le lagrangien ne dépend du temps que par l'intermédiaire de la dépendance temporelle des degrés de liberté. Pour un système ouvert, la dépendance explicite du lagrangien par rapport au temps fixe une origine au temps, et induit une non-conservation de l'énergie : l'interaction avec le reste de l'univers se fait par échange d'énergie. Remarquons une fois de plus l'incompatibilité temps-énergie : lorsque le temps absolu est observable (c'est le cas lorsque le lagrangien dépend du temps), l'énergie n'est pas conservée et n'est donc pas observable.

Il apparaît aussi possible de tenir compte des forces de frottement grâce à l'introduction d'une dépendance des vitesses dans l'énergie potentielle (dans les cas les plus simples, l'absence de frottement apparaît dans le fait que l'énergie potentielle ne dépend que des positions). La conséquence de cette généralisation est l'apparition de trajectoires dans l'espace des phases qui spiralent autour de points qu'on appelle des « attracteurs » : ainsi, si l'on considère un pendule simple, la prise en compte des forces de frottement permet de comprendre pourquoi, quelle que soit la position initiale du pendule, après un temps suffisamment long, il finit par s'immobiliser dans sa position d'équilibre stable ; le portrait de cette position dans l'espace de phase est un attracteur.

La généralisation de la formulation lagrangienne la plus importante du point de vue de la physique des particules élémentaires est celle qui concerne l'électromagnétisme. Il est en effet possible de montrer que les équations de Maxwell, qui sont les équations fondamentales de l'électromagnétisme, découlent d'un principe de moindre action. On peut écrire un « lagrangien de Maxwell » en fonction du champ électromagnétique qui est traité comme un système dynamique dépendant d'un nombre infini de degrés de liberté, qui fait intervenir une « énergie cinétique » de propagation du champ.

Cette généralisation joue un rôle capital car elle permet de faire abstraction d'un hypothétique milieu qui serait le siège de la propagation des ondes électromagnétiques ou lumineuses. Elle marque en quelque sorte un retour à la conception des phénomènes lumineux qui prévalait avant la découverte des équations de Maxwell et qui était une conception corpusculaire : s'il n'y a pas de milieu porteur des ondes, il faut bien que ce qui se propage soit matériel, donc éventuellement corpusculaire. Alors que les équations de Maxwell sont de nature essentiellement ondulatoire, leur dérivation à partir d'un principe de moindre action leur confère une possible interprétation corpusculaire. Cette dualité onde-corpuscule que suggère la formulation lagrangienne de la théorie de l'électromagnétisme constitue en réalité l'un des fondements de la théorie quantique.

Mais cette théorie nouvelle n'a pu s'affirmer qu'en rupture avec la théorie classique. Des contradictions sont apparues en nombre dans la généralisation de la mécanique classique, et il est petit à petit devenu évident que ces difficultés ne pouvaient être levées qu'au prix d'un bouleversement complet du cadre théorique. Ce bouleversement affecte les fondements mêmes de la physique. Les contradictions nouvelles étaient et sont liées à la découverte de constantes universelles : la vitesse de la lumière c et le quantum d'action h. Or la vitesse et l'action sont des quantités dérivées. Si existent une vitesse et une action qui sont des constantes universelles, c'est que les quantités fondamentales, la longueur, la durée et la masse ne sont pas indépendantes : elles doivent obéir aux relations qui rendent constantes cette vitesse et cette action. On peut d'ailleurs utiliser un système d'unités (dites naturelles) où h et c sont égaux à 1. Ces relations impliquent que l'espace, le temps et la matière soient unifiés dans ce que nous appelons la matière-espace-temps.

CHAPITRE IV

Les contradictions de l'élémentarité

Lorsque l'on veut étendre le formalisme classique à la description de phénomènes microscopiques, on bute sur des problèmes dont la solution implique des remises en cause. La physique classique ne peut s'accommoder de l'absence d'interaction instantanée à distance, ni de la perturbation inévitable de l'objet microscopique par un appareil de mesure macroscopique. Une première modification du cadre théorique est donc nécessaire : ce sera la relativité restreinte.

La formulation lagrangienne de la mécanique classique représente un véritable triomphe de la physique théorique : à l'aide d'un formalisme rigoureux, concis, utilisant pleinement les outils les plus affinés fournis par les mathématiques, il est possible de décrire quantitativement une très grande variété de phénomènes allant du mouvement de systèmes plus ou moins complexes à l'ensemble des phénomènes électriques, magnétiques et lumineux. Les succès obtenus à l'aide de cette synthèse étaient tels qu'au début du XXe siècle d'éminents scientifiques pensaient et disaient que la physique était en voie d'achèvement, qu'elle allait atteindre le même niveau de rigueur que les mathématiques elles-mêmes.

Et pourtant, dès le début du siècle, la physique théorique s'est trouvée confrontée à des difficultés croissantes qui ont fini par la mettre en crise. Cette crise s'est résolue par un remaniement conceptuel majeur. Ce remaniement a des implications philosophiques et culturelles profondes, que nous allons essayer de faire comprendre.

Fidèles à la méthode que nous avons commencé à mettre en application, nous continuerons à prendre des libertés avec l'ordre historique. Il est inutile de décrire le cheminement et les tâtonnements qui ont précédé l'expression claire et synthétique des contradictions essentielles. Malheureusement cette méthode de présentation ne rend pas justice à l'œuvre des fondateurs de la théorie nouvelle qui justement ont eu à se confronter à ces difficultés. Nous ne rendrons jamais assez hommage à Planck, Einstein, Bohr, Heisenberg, Born, Pauli, de Broglie, Dirac, Fermi, et à tous ceux qui ont contribué à fonder la physique théorique moderne[1].

Nous nous attacherons à cerner ce que nous appelons les contradictions de l'élémentarité, c'est-à-dire les problèmes incontournables que l'on rencontre lorsque l'on veut étendre à la description des phénomènes élémentaires le cadre général de la physique théorique.

Ces difficultés sont, pour l'essentiel, liées à la signification du processus de mesure lorsqu'il met en jeu des phénomènes élémentaires. Il convient de ne jamais perdre de vue que, contrairement à l'idée que favorise la formulation lagrangienne, *la physique est une science expérimentale dont la base est fournie par des mesures de certaines quantités*. Or toute mesure est une interaction entre d'une part le système étudié et, d'autre part, l'ensemble des appareils qui servent à opérer la mesure. Pour atteindre les propriétés intrinsèques du système que l'on veut étudier, il est nécessaire de maîtriser le plus complètement possible les éventuelles perturbations qu'introduit le processus interactif de la mesure. Cette exi-

1. Le lecteur intéressé par les aspects historiques de cette période de mutation pourra se reporter à l'ouvrage d'Emilio Segré, *Les physiciens modernes et leurs découvertes*, publié dans la collection « Le temps des sciences » (Paris, Fayard, 1984).

gence est commune à toutes les sciences physiques (et aussi, d'ailleurs, à toutes les disciplines scientifiques expérimentales). Elle est particulièrement contraignante dans le cas de la mesure des processus élémentaires.

En effet, l'ambition ultime de la conception atomiste est d'unifier l'ensemble de la physique à l'aide d'un petit nombre de types de constituants fondamentaux dont les combinaisons diverses sont susceptibles de rendre compte de toutes les structures observables dans la nature. Mais il faut accepter alors l'idée que ce sont ces mêmes constituants élémentaires qui composent aussi bien l'objet étudié que l'appareil de mesure ; que ce sont les mêmes interactions fondamentales qui lient les constituants du système et ceux de l'appareil, et qui interviennent dans le processus de mesure ; qu'il faut un certain temps pour que ces interactions se propagent. Il est donc tout à fait clair que, dès qu'on s'intéresse aux processus élémentaires, il est impossible de se contenter de la description abstraite idéale à laquelle se limite la physique classique.

Absence d'interaction instantanée à distance

La covariance des équations de Maxwell

Une première difficulté de la physique classique est liée aux propriétés de covariance des équations de Maxwell. Il apparaît en effet que les propriétés de covariance de ces équations ne sont pas identiques à celles des équations qui régissent le mouvement des systèmes matériels. Pour les systèmes classiques les propriétés d'invariance par translation dans le temps et par translation dans l'espace sont complètement indépendantes ; on peut effectuer une translation d'espace sans que la mesure du temps en soit affectée. Des horloges identiques placées dans un train et dans une gare, réglées au moment où le train est à l'arrêt, resteront synchrones même si le train est en mouvement uniforme. Cette propriété d'invariance qui fait jouer au temps un rôle absolu, non relatif, indépendant du mouvement spatial, semble tomber sous le sens ;

en réalité cette propriété est sous-jacente à la mécanique galiléenne et newtonienne. Or cette propriété n'est pas satisfaite par les équations de Maxwell. Un examen attentif de ces équations montre qu'elles obéissent à une autre covariance, appelée covariance de Lorentz*, qui fait jouer au temps un rôle relatif aussi bien qu'à l'espace.

L'invariance de la vitesse de la lumière

La covariance des équations de Maxwell est liée à l'invariance de la vitesse de la lumière. Cette propriété inattendue a été clairement mise en évidence par l'expérience de Michelson. Cette expérience a montré que, pour la lumière, la loi classique de composition des vitesses ne s'applique pas. La loi de composition des vitesses en physique classique est connue de chacun d'entre nous. Lorsqu'un automobiliste dépasse une autre voiture, il sait que sa vitesse relative par rapport à celle-ci est égale à sa propre vitesse diminuée de celle de l'autre voiture. Inversement, dans un choc entre deux voitures venant en sens inverse, la vitesse relative des deux voitures est la somme des vitesses par rapport à la route. Or, la lumière qui nous parvient des étoiles nous parvient toujours à la même vitesse, il ne faut ni lui ajouter ni lui retrancher la vitesse de déplacement de la terre par rapport à ces étoiles. Ce fait expérimental contredit radicalement le modèle de l'éther. En revanche, il ne contredit pas la covariance des équations de Maxwell. Mais jusque-là la signification de l'invariance de la vitesse de la lumière reste aussi mystérieuse que la covariance des équations de Maxwell.

Signification physique

En réalité, un simple raisonnement peut nous permettre de deviner cette signification.

Si nous réalisons une expérience en un certain endroit, l'influence de ce que nous avons réalisé prend pour se propager à une distance finie non nulle un temps fini, non nul. Si nous admettons ce postulat, il est naturel d'admettre qu'il existe une limite supérieure absolue à toute vitesse dans tout l'univers. De plus, cette limite supérieure doit être indépendante évidemment du choix du référentiel, sinon, par simple changement de référentiel on pourrait la dépasser.

Le fait que l'on n'ait jamais observé quelque phénomène que ce soit se propageant à une vitesse supérieure à celle de la lumière dans le vide, c, amène à interpréter cette vitesse comme la constante universelle représentant la limite supérieure de toute vitesse et traduisant la propriété fondamentale de l'absence d'interaction instantanée à distance.

La grandeur de la vitesse de la lumière ($c = 2{,}99792458\ 10^8$ m/s) explique que dans la plupart des cas la théorie classique est adéquate. Mais le conflit entre d'une part l'absence d'interaction instantanée et, d'autre part, la loi de composition des vitesses, exige une remise en cause conceptuelle décisive. C'est cette remise en cause qu'a opérée Einstein avec la théorie de la relativité.

La théorie de la relativité

Intervalles d'espace-temps

Einstein a développé la théorie de la relativité en deux étapes, d'abord la relativité restreinte*, celle qui nous intéresse dans le présent chapitre, puis la relativité générale*, celle qui tient compte de la gravitation et que nous évoquerons plus loin. L'idée essentielle de la théorie de la relativité consiste à maintenir le principe selon lequel les lois de la physique s'expriment de la même façon dans deux référentiels en mouvement rectiligne uniforme l'un par rapport à l'autre. Mais pour que la vitesse de la lumière soit la même dans les deux référentiels il faut renoncer au caractère absolu du temps et au caractère absolu de la *métrique spatiale.*

Dans l'espace de la physique classique on définit la distance entre deux points par l'application répétée du théorème de Pythagore : le carré de la distance entre les deux points de coordonnées

$$(x_1, y_1, z_1) \text{ et } (x_2, y_2, z_2)$$

est donné par :

$$d^2_{12} = (x_1 - x_2)^2 + (y_1 - y_2)^2 + (z_1 - z_2)^2.$$

Cette équation définit ce qu'on appelle la métrique* spatiale. Comme somme de carrés, le carré de la distance est évidemment toujours positif. Dans un changement de référentiel la distance entre deux points, d'un solide par exemple, reste invariante. Cette distance est un scalaire (son carré est égal au produit scalaire du vecteur qui joint les deux points par lui-même). En mécanique galiléenne le temps et la métrique spatiale sont séparément invariants dans un mouvement rectiligne uniforme : des horloges identiques marquent la même heure, des règles identiques mesurent la même longueur dans deux référentiels en mouvement rectiligne uniforme.

La mécanique einsteinienne fait du temps la quatrième dimension de l'espace-temps de Minkowski. Les points de l'espace-temps sont des événements*, repérés par un lieu (trois coordonnées spatiales) et une date. Un référentiel d'espace-temps comprend un référentiel spatial et une horloge mesurant le temps. Le temps et la métrique spatiale ne sont plus invariants par changement de référentiel. Ce qui est invariant par changement de référentiel d'espace-temps, c'est la « distance d'espace-temps » entre deux événements. Entre les deux événements repérés par

$$(t_1; x_1, y_1, z_1) \text{ et } (t_2; x_2, y_2, z_2)$$

la distance d'espace-temps est définie par :

$$s^2_{12} = c^2(t_2 - t_1)^2 - (x_2 - x_1)^2 - (y_2 - y_1)^2 - (z_2 - z_1)^2$$

où c est la vitesse de la lumière, considérée comme une constante universelle, donnée une fois pour toutes ; s_{12} est appelé intervalle* d'espace-temps entre les événements 1 et 2.

Alors que la distance spatiale de la mécanique classique est euclidienne*, la distance d'espace-temps ne l'est pas, à cause des signes « – » qui sont devant les composantes d'espace dans l'équation qui définit s^2_{12}. A cause de ces signes « – », s^2_{12} n'est pas nécessairement positif. Trois cas sont possibles :

— s^2_{12} *est positif*, on dit alors que l'intervalle est du genre* temps. Cela signifie qu'il existe un référentiel d'espace-temps par rapport auquel les deux événements ont eu lieu au même endroit spatial. Dans ce référentiel le temps écoulé entre les deux événements est égal à s_{12}/c.

— s^2_{12} *est négatif*. On dit alors que l'intervalle est du genre espace ; cela signifie qu'il existe un référentiel d'espace-temps par rapport auquel les deux événements sont simultanés. Le carré de la distance spatiale ordinaire entre les deux points où ces événements ont eu lieu est égal, dans ce référentiel, à $-s^2_{12}$. Le lecteur attentif aura sans doute remarqué que s_{12} est un nombre plutôt bizarre, puisque son carré est négatif.

Dès le XVIIe siècle ont été inventés ces nombres dont le carré n'est pas positif, qu'on appelle nombres complexes*, (voir l'encadré « Nombres complexes »). Pour un intervalle du genre espace, s_{12} est complexe, plus précisément imaginaire* pur.

— s^2_{12} *est nul*, on dit alors que l'intervalle est du genre lumière ; cela signifie que, par rapport à n'importe quel référentiel d'espace-temps, un rayon lumineux peut relier les deux événements... à la vitesse c bien sûr.

Covariance de Lorentz

Le passage de l'espace ordinaire à l'espace-temps amène à modifier l'ensemble des propriétés de covariance. Dans l'espace-temps il est possible de définir des vecteurs, ce sont des quadri-vecteurs, à quatre composantes (voir l'encadré « Quadrivecteur »). On définit aussi le produit scalaire de deux quadrivecteurs. Le carré de l'intervalle que nous venons de discuter n'est autre que le produit scalaire du quadrivecteur qui relie les deux événements par lui-même. Tout comme les vecteurs ordinaires de l'espace de la mécanique classique ne sont pas invariants par changement de référentiel, les quadrivecteurs ne sont pas invariants par changement de référentiel d'espace-temps ; ils se transforment d'une manière con-

Nombres complexes

Les nombres complexes sont construits à partir des nombres réels « ordinaires » de la manière suivante :

1) Le nombre i est un nombre dit imaginaire pur dont le carré vaut -1 :

$$i^2 = -1$$

2) Tout nombre complexe z est formé à partir de deux nombres réels a et b :

$$z = a + ib$$

a et b représentent respectivement la partie réelle et imaginaire de z. Un nombre complexe dont la partie réelle est nulle est dit imaginaire pur.

3) Les règles d'addition et de soustraction s'obtiennent naturellement :

$$z_1 = a_1 + ib_1$$
$$z_2 = a_2 + ib_2$$
$$z_1 + z_2 = (a_1 + a_2) + i(b_1 + b_2)$$
$$z_1 z_2 = a_1 a_2 - b_1 b_2 + i(a_1 b_2 + a_2 b_1)$$

4) Le conjugué z^* de $z = a + ib$ est $z^* = a - ib$.

5) Le module* de z est $\sqrt{zz^*} = \sqrt{a^2 + b^2}$

6) Tout nombre complexe peut se mettre sous la forme :

$$z = a + ib = \varrho(\cos\theta + i \sin\theta)$$

On écrit aussi $z = \varrho e^{i\theta}$.

ϱ est le module de z et θ est la phase* de z.

nue dès lors qu'est connue la matrice du changement de référentiel.

Le *groupe de Lorentz* est le groupe des transformations d'espace-temps qui laissent invariants les produits scalaires et donc aussi le *carré de Lorentz* de tous les quadrivecteurs (le carré de Lorentz est le produit scalaire d'un quadrivecteur avec lui-même).

Quadrivecteur

Un point de l'espace-temps est défini par quatre coordonnées (ct, x, y, z). C'est un événement.

Le vecteur déplacement entre deux points de l'espace-temps est alors défini par ses quatre composantes ($c(t_2-t_1)$, x_2-x_1, y_2-y_1, z_2-z_1).

Le produit scalaire de deux quadrivecteurs $V_1(V_{t1}, V_{x1}, V_{y1}, V_{z1})$ et $V_2(V_{t2}, V_{x2}, V_{y2}, V_{z2})$ est :

$$V_1V_2 = V_{t1}V_{t2} - V_{x1}V_{x2} - V_{y1}V_{y2} - V_{z1}V_{z2}$$

On voit alors que le carré d'un quadrivecteur déplacement n'est rien d'autre que le carré de l'intervalle d'espace-temps :

$$s_{12}^2 = c^2(t_2-t_1)^2 - (x_2-x_1)^2 - (y_2-y_1)^2 - (z_2-z_1)^2$$

Le principe de relativité compatible avec la constance de la vitesse de la lumière stipule que la *dynamique de tout système isolé est invariante par les transformations du groupe de Lorentz*. Ce principe lève la contradiction entre la constance de la vitesse de la lumière et le principe de relativité selon lequel les lois de la physique s'expriment de la même façon dans deux référentiels spatiaux en mouvement rectiligne et uniforme. En effet, lorsque les référentiels spatiaux sont en mouvement rectiligne et uniforme, les référentiels d'espace-temps sont reliés par une transformation de Lorentz. Donc un intervalle du genre lumière dans le premier référentiel est aussi du genre lumière dans le second : la lumière se propage à la même vitesse c dans les deux référentiels.

Il est difficile de se représenter l'espace-temps parce que c'est un continuum à quatre dimensions. Si l'on veut visualiser la géométrie de l'espace-temps on peut imaginer un espace-temps fictif qui n'aurait que deux dimensions d'espace (voyez la figure IV, 1). Les événements qui forment avec l'événement origine O des intervalles du genre lumière sont situés sur un double cône de sommet O. L'intérieur du cône de temps positif contient les événements qui sont dans le *futur* de l'origine ; l'intérieur du cône de temps

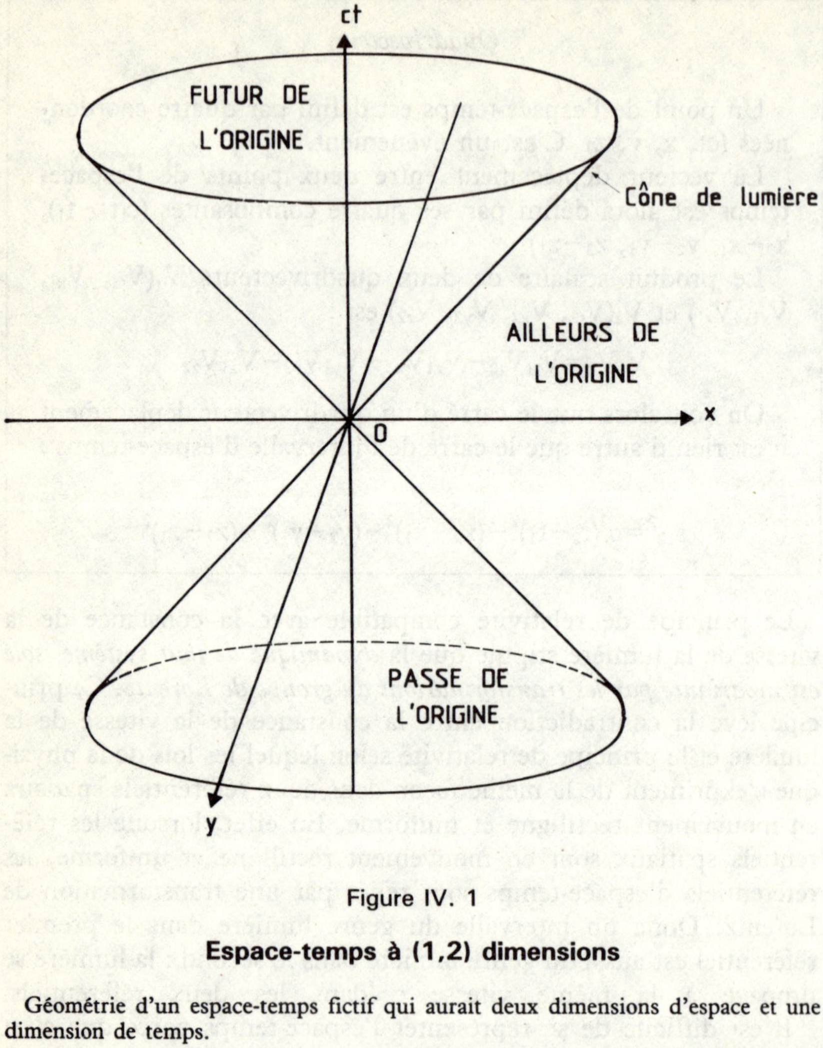

Figure IV. 1

Espace-temps à (1,2) dimensions

Géométrie d'un espace-temps fictif qui aurait deux dimensions d'espace et une dimension de temps.

négatif contient les événements qui sont dans le *passé* de l'origine. L'extérieur des deux cônes est *l'ailleurs* de l'origine. L'intervalle qui relie l'origine à un événement passé ou futur est du genre temps ; celui qui relie l'origine à un événement ailleurs est du genre espace.

La théorie de la relativité porte bien son nom : le temps, la métrique spatiale sont relatifs. Le concept de simultanéité lui-même est relatif : lorsque l'intervalle entre deux événements, 1 et 2, est du genre espace (l'un est dans l'ailleurs de l'autre), on peut, par simple changement de référentiel d'espace-temps, faire que 1 ait précédé 2, ou 2 précédé 1 ; ou que les deux événements soient simultanés. Le genre des intervalles d'espace-temps, pour sa part, ne varie pas, la vitesse de la lumière est constante. D'autre part il est possible de rendre la théorie de la relativité compatible avec la causalité, qui garantit que le signe des intervalles du genre temps est invariant (le passé et le futur ne peuvent s'interchanger). Il suffit de limiter l'invariance relativiste aux transformations de Lorentz orthochrones*, c'est-à-dire qui conservent le sens du temps.

Le quadrivecteur énergie-impulsion

La formulation lagrangienne s'adapte parfaitement à la théorie relativiste. L'intégrale d'action doit être un scalaire de Lorentz (indépendant du choix du référentiel d'espace-temps). Pour ne pas faire jouer un rôle privilégié au temps (qui n'est plus un scalaire mais une quatrième coordonnée) il est commode d'introduire une *densité de lagrangien*, scalaire de Lorentz, qui a le contenu dimensionnel d'une énergie divisée par un volume $[ML^{-1}T^{-2}]$, que l'on intègre sur l'espace-temps pour obtenir l'intégrale d'action, qui a le contenu dimensionnel d'une action $[ML^2T^{-1}]$. C'est là que l'on voit la puissance de la formulation lagrangienne : il suffit, pour un système physique quelconque, de choisir une densité de lagrangien scalaire de Lorentz pour être sûr que les équations du mouvement, dérivées du principe de moindre action, obéiront aux règles de la théorie de la relativité.

En physique classique, le système matériel le plus simple que l'on puisse imaginer est constitué d'un point matériel de masse m_0, isolé, se déplaçant en ligne droite à vitesse constante v. Le point matériel est l'idéalisation de ce que pourrait être, en physique classique, une particule élémentaire. On peut former la densité de lagrangien scalaire donnant l'intégrale d'action scalaire dont dérivent les quantités conservées (impulsion et énergie) et équations du mouvement du point matériel isolé. On trouve pour l'impulsion :

$$\vec{P} = \frac{m_o \vec{v}}{\sqrt{1 - v^2/c^2}}$$

et pour l'énergie :

$$E = \frac{m_o c^2}{\sqrt{1 - v^2/c^2}}$$

L'expression de l'impulsion n'est égale au produit de la masse par la vitesse que si l'on accepte l'idée que la masse n'est pas m_0 mais $m = m_0/\sqrt{1 - v^2/c^2}$. La masse n'est donc plus un scalaire, elle dépend du référentiel. Avec cette expression de la masse, on trouve $E = mc^2$, la célèbre équation d'Einstein. A la limite où la vitesse v est très petite devant la vitesse de la lumière on trouve, approximativement, pour l'énergie la somme d'une énergie de repos, m_0c^2, et de l'énergie cinétique classique $m_0 v^2/2$. Ainsi, la théorie relativiste est compatible, à faible vitesse, avec la mécanique classique.

L'énergie divisée par c et les trois composantes de l'impulsion forment un quadrivecteur, le quadrivecteur énergie-impulsion*, dont le carré de Lorentz est égal à $m_0^2c^2$. La masse m_0 est donc un scalaire, on l'appelle *masse au repos* ou *masse invariante* de la particule. En physique des particules, lorsque l'on parle d'une particule d'une certaine masse, il s'agit toujours de sa masse invariante, car seule cette masse est indépendante du référentiel. Le système d'unité adapté à la physique des particules est celui où la vitesse de la lumière est égale à 1. Une grandeur fondamentale est maintenant l'énergie, et une unité d'énergie adaptée à la physique des particules est le giga-électronvolt ou Gev*, qui est l'énergie communiquée à un électron par une différence de potentiel d'un milliard de volts. Dans le système d'unités où $c = 1$, la masse s'exprime dans la même unité que l'énergie, ou bien en Gev/c^2. Ainsi la masse du proton est de 0,94 Gev/c^2, celle de l'électron est de 0,5 Mev/c^2 (le Mev* ou méga-électronvolt vaut un millième de Gev).

Cinématique relativiste

On peut voir dans l'équation qui définit l'énergie que la vitesse de la lumière est bien une limite supérieure à toute vitesse : si v était supérieur à c, $1-v^2/c^2$ serait négatif et l'énergie ne serait plus un nombre réel puisqu'elle impliquerait la racine carrée d'un nombre négatif.

De même, on voit sur cette équation que si v est égal à c, l'énergie est infinie, sauf si m_0 est nul ; auquel cas l'énergie n'est plus définie par la même équation qui a la forme indéterminée 0/0. Cela signifie que seules des particules de masse invariante nulle peuvent se propager à la vitesse de la lumière.

Les propriétés des particules relativistes sont donc assez paradoxales. Pourtant, c'est pratiquement tous les jours que la physique des particules permet de vérifier la validité de la théorie de la relativité. Dans un accélérateur* de particules, lors de la phase d'accélération, un supplément d'énergie est fourni à chaque tour au paquet de particules qui circulent. Très rapidement les particules sont accélérées jusqu'à une vitesse proche de c. Mais elles ne la dépassent pas, sinon l'on raterait le rendez-vous avec elles à chaque tour. En réalité, le terme d'accélérateur n'est pas très bien adapté : ce n'est pas la vitesse des particules qui est accrue, c'est leur énergie.

La physique des particules est souvent appelée physique des hautes énergies, car l'un de ses objectifs est d'étudier comment de l'énergie cinétique peut se transformer en énergie de masse de nouvelles particules. Dans les expériences les plus classiques de physique des hautes énergies, un faisceau de particules est extrait d'un accélérateur et dirigé sur une cible fixe. Dans ce type d'expérience, toute l'énergie de l'état initial (l'énergie de masse des particules de la cible, celle des particules du faisceau et l'énergie cinétique des particules du faisceau) n'est pas disponible pour créer des particules nouvelles. La grande majorité de l'énergie est utilisée à entraîner le centre* de masse de la collision ; l'énergie disponible pour la création de nouvelles particules n'est que de l'ordre de la racine carrée de l'énergie cinétique fournie par l'accélérateur.

Mais dans les expériences avec anneaux de collision, où deux faisceaux entrent en collision frontale, toute l'énergie initiale peut être convertie en création de nouvelles particules. Ce nouveau type d'expérience a permis d'accomplir un bond dans la course aux très hautes énergies. Le collisionneur* proton-antiproton de Fermilab a permis récemment d'atteindre environ les 2000 GeV (2 TeV) disponibles pour la création de particules nouvelles. Pour avoir une énergie équivalente avec une cible fixe, il aurait fallu un accélérateur produisant des antiprotons de 2 000 000 GeV.

La théorie relativiste du champ électromagnétique

Avec une telle énergie, il serait possible, en principe, de produire plus de 10 000 mésons π. (Le méson π, ou pion, le plus léger des hadrons, a une masse invariante de 0,14 Gev/c^2.) De fait, des événements avec plusieurs centaines de particules dans l'état final ont été observés. La non-conservation du nombre de particules, une des conséquences de la relativité, pose un problème sérieux pour la description théorique des phénomènes élémentaires. A cause de cette non-conservation, aucune réaction ne peut être étudiée isolément. Il est nécessaire de considérer des systèmes de réactions couplées les unes aux autres. En fait, on conçoit facilement que, pour être complète, la théorie devra englober la description de systèmes infinis, dépendant d'un nombre infini de degrés de liberté, ce qu'on appelle des *champs*. D'autant plus que c'est cette notion qui permet de décrire l'interaction entre des particules : une particule crée un champ de forces ; toute particule se trouvant dans ce champ de forces est soumise à une certaine force. Réciproquement, la seconde particule crée aussi un champ qui agit en retour sur la première. En théorie relativiste, comme toute interaction se propage avec une vitesse limitée, le champ des forces devient une réalité physique dont la propagation obéit à des équations de mouvement. Le passage à la théorie quantique ira encore plus loin dans l'attribution d'un caractère concret au concept de champ, puisqu'il associera au champ d'interaction des particules, les bosons d'interaction. D'autre part, la théorie quantique associera aux particules de matière (les fermions) un champ de matière.

Pour le moment, en restant au niveau classique (non quantique), il convient de noter que la relativité a conduit à une théorie cohérente du champ électromagnétique. Cette théorie, qui s'exprime dans les équations de Maxwell, réalise, comme nous l'avons déjà souligné, une synthèse spectaculaire des phénomènes électriques, magnétiques et lumineux. Ces équations brisent la covariance galiléenne et obéissent plutôt à la covariance de Lorentz. Elles s'écrivent au moyen d'un quadrivecteur potentiel dont la donnée, en chaque point d'espace-temps, détermine le champ électrique et le champ magnétique. A partir du quadrivecteur potentiel, on peut construire la densité de lagrangien de Maxwell, qui est un scalaire de Lorentz, dont dérivent par principe de moindre action les équations de Maxwell. Si l'on considère une distribution de charges électriques, il est possible d'écrire la densité de lagrangien totale sous la forme d'une somme de trois termes : le terme du champ électromagnétique, le terme de propagation des charges, et le terme de couplage entre les charges et le champ électromagnétique. A partir de cette densité de lagrangien, il est possible de décrire de manière causale le mouvement de tout système de charges dans un champ électromagnétique.

Cette théorie constitue la forme la plus élaborée, la plus épanouie de la physique classique. La façon dont elle est confirmée expérimentalement apporte une vérification éclatante de la théorie de la relativité : tous les jours, dans les laboratoires de physique des particules, on vérifie que l'on a beau « accélérer » des particules, elles ne dépassent pas la vitesse de la lumière ; on vérifie que l'énergie peut se transformer en masse.

La perturbation introduite par la mesure

Le problème central de la physique de l'élémentarité

L'absence d'interaction instantanée à distance n'est pas, à proprement parler, une limite spécifique de la physique de l'élémentarité. La théorie relativiste, qui est la réponse de fond à cette contradiction, peut d'ailleurs être développée indépendamment de la physique microscopique. Sa forme la plus épanouie, la relativité générale, concerne au contraire la physique de l'infiniment grand : l'astrophysique et la cosmologie. Mais la théorie de la relativité intervient directement dans les fondements de la théorie des particules élémentaires.

Le problème que nous abordons maintenant est en réalité le problème central de la physique de l'élémentarité : existe-t-il une perturbation minimum, incompressible, introduite par le processus même de la mesure ? Dans un premier temps nous aborderons ce problème indépendamment des aspects relativistes (liés à l'absence d'action instantanée à distance).

Des difficultés supplémentaires interviennent lorsque l'on tient compte des deux contradictions simultanément. Nous y reviendrons assurément, mais il faut sérier les problèmes pour pouvoir les résoudre.

Dans une expérience concernant des phénomènes élémentaires, si l'on obtient un résultat, quel qu'il soit, il faut qu'au moins une particule ait émis un certain signal et qu'au moins une particule ait reçu ce signal. Même si l'on admet que le signal reçu par la particule réceptrice puisse être amplifié jusqu'à donner un effet macroscopique mesurable, sans affecter davantage la particule émettrice, il faut bien que la particule émettrice ait émis le signal. Si l'on considère la particule émettrice comme étant l'objet physique étudié et la particule réceptrice comme appartenant à l'instrument de mesure, on constate qu'il n'y a pas de résultat possible d'une mesure sans qu'il soit arrivé « quelque chose » à l'objet étudié.

Cette perturbation de l'objet étudié (la particule émettrice) est à l'échelle même du phénomène observé et n'est donc pas marginale. Tel est donc le problème central de toute la physique des particules : comment atteindre à l'objectivité scientifique dans ce domaine, si, dans le processus même de la mesure, surgissent des effets qui perturbent inévitablement et de manière non marginale l'objet étudié ? La modification du cadre théorique consiste précisément à le rendre apte à faire la part de cette perturbation inévitable. Le premier problème est de rendre compte de manière quantitative de cette perturbation.

Le quantum d'action

C'est là que le concept d'*action*, sur lequel nous avons mis l'accent plus haut, va trouver toute son utilité. Considérons un système d'échelle microscopique, et essayons de mesurer certaines de ses propriétés physiques. Essayons de procéder à ces mesures, en perturbant le moins possible le système. Le perturber le moins possible, cela signifie lui communiquer le moins d'énergie possible. Comme on veut néanmoins obtenir un résultat de mesure, cette énergie minimum communiquée au système, que nous notons ΔE, peut-elle être rendue arbitrairement petite ? Pour le savoir, il faut faire intervenir le facteur temps. Moins l'on veut communiquer d'énergie au système, plus il faut prendre de précautions, plus il faut être méticuleux. Cela prend d'autant plus de temps. Soit alors ΔT la durée de l'expérience conduisant au transfert d'énergie ΔE au système étudié. L'existence d'une perturbation minimum introduite par la mesure se traduit par le fait que *c'est l'action* $\Delta A = \Delta E\ \Delta T$ *qui ne peut pas être rendue arbitrairement petite*. S'il en est ainsi, en effet, ΔE peut être rendue arbitrairement petite mais à condition que ΔT soit augmentée en proportion inverse. Réciproquement, ΔT peut être rendue arbitrairement petite mais alors ΔE doit être accrue.

Mais si l'action ΔA ne peut être rendue arbitrairement petite, c'est qu'il existe une quantité d'action, un *quantum d'action*, qui est une nouvelle constante universelle, qui représente le minimum absolu de toute action. Telle est la signification fondamentale de la constante découverte par Planck, h, qui intervient dans la relation $E = h\nu$ où E est une énergie et ν une fréquence, c'est-à-dire l'inverse d'une durée.

La découverte du quantum d'action illustre très clairement les disjonctions qui peuvent surgir entre l'ordre historique et l'ordre logique. Lorsque Planck a découvert sa fameuse constante, il s'agissait d'une curiosité tout à fait incompréhensible. Le rayonnement électromagnétique d'un corps noir* à température donnée ne se laisse décrire théoriquement que si l'on admet que l'énergie portée par le rayonnement est quantifiée en fonction de la fréquence, par la formule $E = h\nu$. Une fois admises cette quantification et cette formule, le spectre de rayonnement prédit théoriquement est en excellent accord avec les observations expérimentales. A la suite de sa découverte, Planck affirmait lui-même qu'il n'y avait que deux possibilités : soit sa formule était un simple artifice coïncidant accidentellement avec une explication plus adéquate encore à découvrir, soit sa formule était exacte, auquel cas la constante h, nouvelle constante universelle, annoncerait de grands bouleversements théoriques. Si, pour introduire le quantum d'action, nous avions dû respecter l'ordre historique, il aurait été nécessaire de décrire la théorie de Planck du rayonnement du corps noir, une théorie difficile pour des non-spécialistes.

C'est donc sous la forme du quantum d'action h qu'apparaît le discontinu dans la physique de l'élémentarité. S'il est vrai qu'il fallait bien s'attendre à une telle apparition (puisque l'hypothèse atomiste implique l'existence d'entités irréductibles, insécables), il faut bien reconnaître que le discontinu n'apparaît pas là où on l'attendait. L'existence du quantum d'action marque une limite à la divisibilité de la matière, mais ce qui est insécable ce n'est pas une chose, c'est une action. L'insistance avec laquelle nous avons mis en évidence le rôle du concept d'action dans la formalisation de la physique classique nous permet maintenant d'être compris lorsque nous affirmons que l'existence d'un quantum d'action a des conséquences considérables sur l'ensemble du cadre formel de la physique.

Quelles sont ces conséquences ?

La physique classique comme une approximation

Notons tout d'abord qu'il peut paraître paradoxal que ces conséquences soient si grandes alors que la quantité d'action contenue dans la constante de Planck est si petite : $6{,}6\ 10^{-34}$ joule seconde.

Le joule (J) est une unité d'énergie, c'est l'énergie acquise par une masse d'un kilogramme chutant de 10 centimètres. Autant dire que l'action correspondant à h n'est qu'une « pichenette ».

Mais la petitesse du quantum d'action permet de comprendre que les effets spécifiques de l'élémentarité n'apparaissent pas dans des conditions ordinaires : la physique mettant en jeu des actions très grandes devant h sera traitée classiquement, par contre les effets nouveaux, « quantiques », apparaîtront quand on s'intéressera à des actions d'un ordre de grandeur comparable à h. En d'autres termes, l'existence d'une action minimum va nous forcer à inventer une physique nouvelle, la physique quantique. Cette physique nouvelle va dépasser la physique classique au sens que nous avons défini plus haut. C'est-à-dire que la physique classique restera valable, mais comme une *approximation* de la physique quantique. Cette approximation consiste à négliger h ; c'est-à-dire que l'approximation classique est la limite de la physique quantique, à la limite où h tend vers zéro.

Les observables incompatibles : les inégalités de Heisenberg

Nous avons déjà noté, sans toutefois pouvoir leur donner une signification quantitative précise, les rapports d'incompatibilité que le principe de moindre action implique entre certaines observables : énergie et temps, impulsion et position spatiale, moment cinétique et orientation angulaire. L'existence du quantum d'action va donner un contenu quantitatif à ces relations d'incompatibilité, sous la forme des inégalités de Heisenberg*.

La première inégalité de Heisenberg est en fait à la base du raisonnement qui nous a permis d'introduire le quantum d'action : si on appelle ΔE et ΔT les incertitudes sur l'énergie et le temps respectivement dans une mesure de processus microscopique, ΔE et ΔT ne peuvent être rendues simultanément arbitrairement petites à cause de l'inégalité [1].

$$\Delta E \, \Delta T \geq h$$

1. En théorie quantique il apparaît que le vrai quantum d'action n'est pas la constante de Planck h, mais plutôt la constante qui vaut $h/2\pi$. Pour simplifier nos notations nous utiliserons le même symbole h pour désigner la constante de Planck ou le quantum d'action.

Si l'on veut faire tendre vers zéro l'énergie communiquée au système par la mesure (ce qui est bien l'incertitude sur la mesure de l'énergie), la durée de l'expérience doit alors s'allonger en proportion (la durée de l'expérience est bien l'incertitude sur la mesure du temps).

De manière identique, l'incertitude ΔP sur la mesure de l'impulsion d'une particule et l'incertitude ΔQ sur la mesure de sa position sont contraintes par l'inégalité de Heisenberg

$$\Delta P \, \Delta Q \geq h$$

Une troisième inégalité de Heisenberg concerne les incertitudes sur la mesure du moment cinétique J et sur la mesure de l'orientation α

$$\Delta J \, \Delta \alpha \geq h$$

Les trajectoires fractales

Malgré son apparence anodine, l'inégalité de Heisenberg concernant l'impulsion et la position a comme conséquence dramatique de détruire complètement le cadre de la physique théorique classique, en rendant inadéquat le concept de trajectoire.

Considérons le mouvement d'une particule, par exemple un électron dans l'espace ordinaire. (Pour une particule ponctuelle isolée, l'espace ordinaire coïncide avec l'espace de configuration ; les trois degrés de liberté sont les trois coordonnées de la particule.) A partir de la seconde inégalité de Heisenberg, on peut facilement montrer que la trajectoire de cet électron présente des propriétés très curieuses.

Essayons de déterminer cette trajectoire avec des instruments de mesure de plus en plus précis. Lorsque la précision est faible au point que le produit des incertitudes sur la position et la vitesse (ou l'impulsion) est très grand devant h, la trajectoire apparaît lisse. Mais si on améliore la précision au point de buter sur l'inégalité de Heisenberg, on s'aperçoit qu'il n'est plus possible de mesurer simultanément la position et la vitesse de l'électron. En effet, à cause de la définition même de la vitesse (dérivée de la

Figure IV.3
Photographie d'une chambre à bulles

CHARGE
50T.

Ill. II. 1 : **Des formes et des couleurs**

Détecteurs scintillants pour la physique des particules élémentaires.

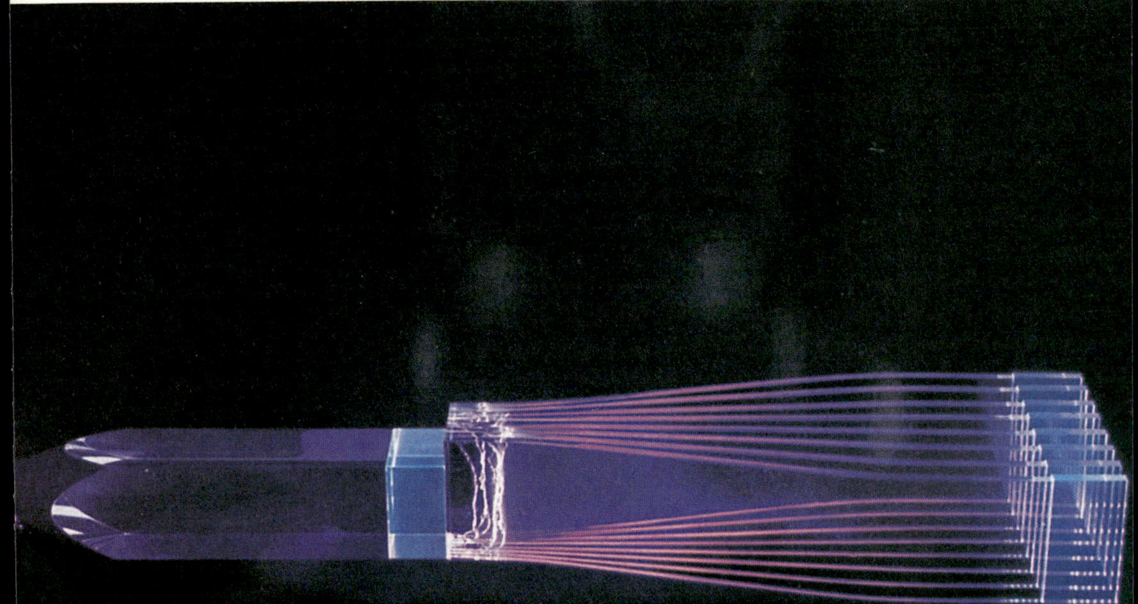

3
4
5
T12
T10

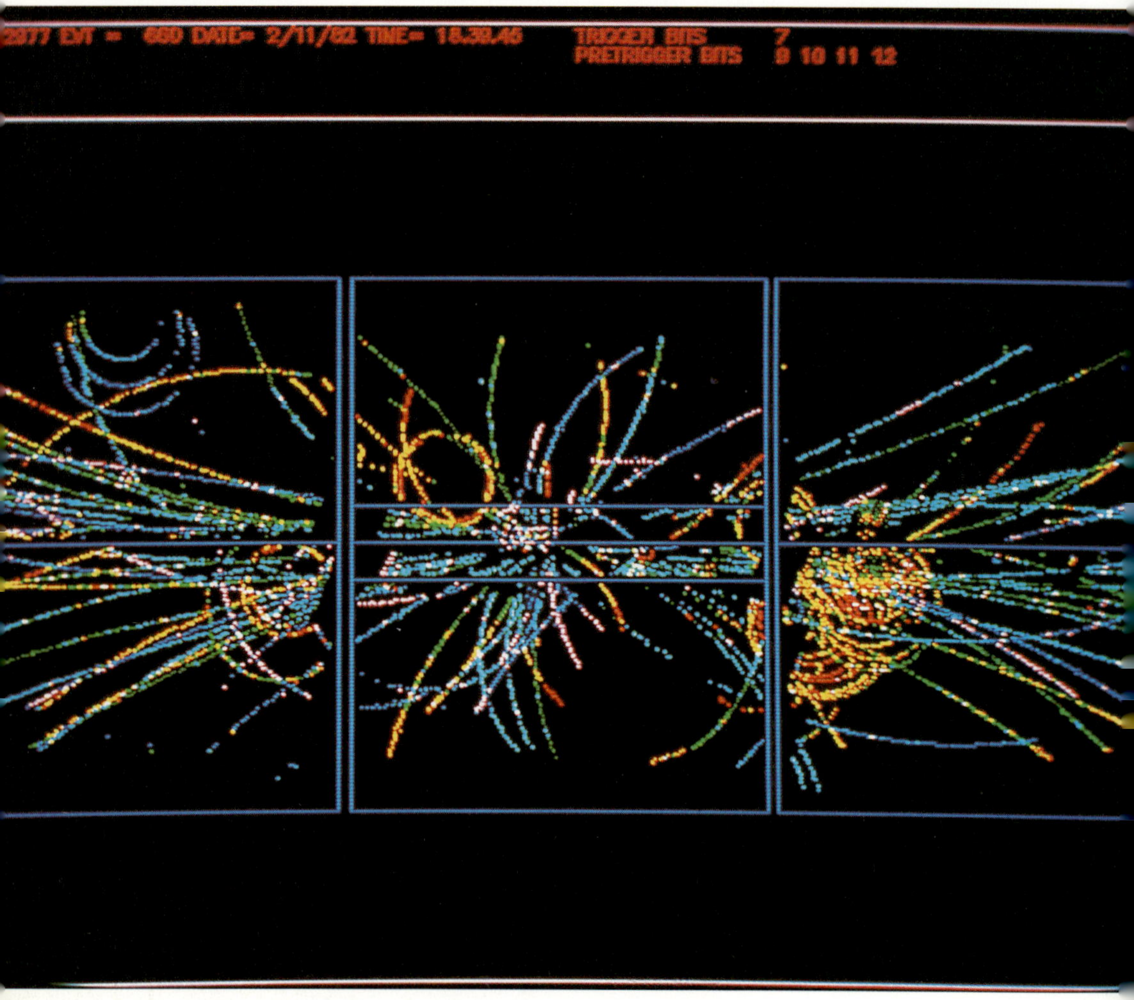

Ill. IX. 1

Production de particules

Production de particules dans une collision d'un proton et d'un antiproton de haute énergie (270 GeV contre 270 GeV). Il s'agit là d'une reconstitution par ordinateur d'un événement enregistré par le détecteur UA1. Une collision proton-proton donnerait sensiblement le même spectacle. (Voir aussi ill. IX, 1).

Ill. IX. 4

Page précédente : **détecteur de neutrinos au CERN**

Détecteur utilisé par la collaboration CERN, Dortmund, Heidelberg, Saclay pour l'étude des interactions de ν au CERN. Ce détecteur est constitué d'aimants toroïdaux en fer (le fer sert aussi de cible aux neutrinos), de scintillateurs et de chambres à dérive. Sa masse totale est d'environ 1 600 tonnes.

III. IX. 17

Un des deux appareillages ayant permis la découverte des bosons intermédiaires

C'est l'appareillage UA2 qui est ici montré.

III. X. 4

Expérience de recherche de la désintégration éventuelle d'un proton, dans le laboratoire souterrain de Modane.

Cette expérience est réalisée par une collaboration Aix-la-Chapelle, Ecole Polytechnique, Orsay, Saclay et Wuppertal. Le détecteur a une masse totale de 900 tonnes et est placé dans le tunnel de Fréjus qui relie la France à l'Italie.

position par rapport au temps), pour obtenir une certaine précision sur sa mesure, nous devons disposer d'une précision comparable dans la mesure de la position. Cette exigence est incompatible avec l'inégalité de Heisenberg. Il en résulte que la trajectoire de l'électron, qui apparaît lisse à basse résolution, présente des anfractuosités persistantes quand on augmente le pouvoir de résolution (voir la figure IV, 2).

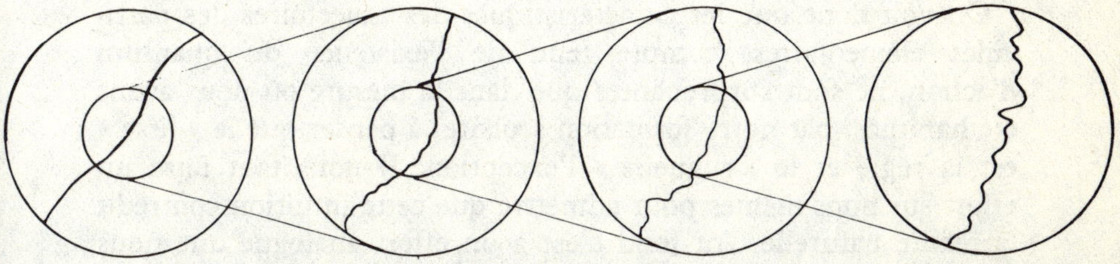

Figure IV. 2

Les trajectoires fractales

Trajectoire fractale d'une particule quantique : quand on améliore la résolution, la trajectoire apparaît de plus en plus chaotique.

Le mathématicien Benoît Mandelbrot s'est intéressé aux courbes, objets et structures qui, comme la trajectoire quantique, présentent des anfractuosités à toutes les échelles auxquelles on les observe. Il leur a donné le nom général de fractals*. Partant d'une remarque très profonde de Jean Perrin, Mandelbrot développe l'idée que, contrairement à ce que l'enseignement traditionnel des mathématiques tend à faire croire, les fractals sont beaucoup plus fréquents dans la nature que les objets lisses et sans anfractuosités, sur lesquels se penchent des générations d'élèves et lycéens studieux.

D'ailleurs on peut imaginer une analogie très intéressante pour comprendre les paradoxes de la trajectoire quantique. Considérons une île, et posons-nous la question de la détermination de la longueur de sa côte. Pour déterminer cette longueur, la première idée qui vient à l'esprit est d'utiliser une carte de l'île, de mesurer la longueur de la côte sur la carte puis de diviser le résultat obtenu par l'échelle de la carte. Ce faisant nous obtiendrons un résultat non fiable : si on avait utilisé une carte de plus grande échelle (de meilleure résolution), le contour de la côte sur la carte aurait montré plus de détails et la longueur de la côte obtenue par la division par l'échelle aurait été plus grande. Ce paradoxe est dû au fait que la côte d'une île est un fractal présentant des anfractuosités à toutes les échelles.

On voit donc que les caractéristiques des trajectoires des particules élémentaires, compte tenu de l'existence du quantum d'action, ne sont surprenantes que dans la mesure où nous avons été habitués, par notre formation scolaire, à penser que le « lisse » est la règle et le « rugueux » l'exception. Il nous faut faire un effort sur nous-mêmes pour admettre que cette intuition contredit la réalité naturelle. Au fond c'est à un effort analogue que nous invitent les contradictions de l'élémentarité : le cadre de la physique théorique classique a été bâti sur l'optimisation de trajectoires, la recherche de trajectoires bien lisses, avec le moins d'à-coups possible. Or, l'existence du quantum d'action implique que les trajectoires soient infiniment compliquées, contournées, chaotiques dans l'espace ordinaire. De plus, comble de la difficulté, ces trajectoires n'existent même pas dans l'espace des phases : lorsque la valeur d'un degré de liberté est connue avec précision, la dérivée par rapport au temps de ce degré de liberté est indéterminée, et réciproquement. C'est pourquoi le portrait d'un système quantique ne peut pas être localisé sur une trajectoire dans l'espace de phase. Si l'on voulait décrire l'évolution d'un système quantique dans l'espace de phase, il faudrait faire appel au concept de nuage de points. Nous verrons bientôt qu'il est préférable de renoncer à l'espace de phase et d'introduire de nouveaux espaces qui ne sont plus des espaces de points mais des espaces *fonctionnels*, l'espace de Hilbert* et l'espace de Fock*.

Pour résumer, nous voyons donc que l'existence du quantum d'action a des conséquences contradictoires. D'une part elle donne un contenu quantitatif précis aux relations d'incompatibilité entre des couples d'observables que nous avions mentionnées en physique classique et dont nous avions souligné le caractère imprécis, mais, d'autre part, elle prive la physique théorique du concept fondamental de la formulation lagrangienne, le concept de trajectoire dans l'espace des phases. Comme dans le cas de la limite due à la constance de la vitesse de la lumière, la seule issue à cette difficulté est dans une remise en cause radicale du cadre formel de la physique théorique. Mais, alors que nous avions pu présenter la théorie de la relativité en quelques paragraphes, deux chapitres nous seront nécessaires pour expliquer la révolution quantique.

Différences d'échelles entre objet et appareil de mesure

Il est, enfin, une limite supplémentaire liée à la différence d'échelles qui existe entre l'objet étudié et l'appareil de mesure. Les phénomènes élémentaires mettent en jeu des distances de l'ordre du fermi (10^{-13} cm) et des temps de l'ordre de celui nécessaire à la lumière pour parcourir cette distance (soit environ 10^{-23} seconde). Il est bien évident qu'il n'existe aucun appareil de mesure capable de repérer et mesurer directement des distances de l'ordre du fermi, ni d'avoir un temps de réponse de l'ordre de 10^{-23} seconde. L'électronique la plus rapide a un temps de réponse de l'ordre de la fraction de nanoseconde (10^{-9} seconde) ; à l'horizon de quelques années on entrevoit d'atteindre la picoseconde (10^{-12} seconde) ; mais c'est encore loin des 10^{-23} seconde. Quant aux distances, les meilleurs microscopes électroniques permettent d'atteindre la fraction d'angström* (soit 10^{-8}cm).

Expérimentalement, on résout cette difficulté en s'appuyant sur des phénomènes physiques qui réalisent une médiation entre les processus élémentaires et les phénomènes macroscopiques donnant des réponses observables dans les appareils de mesure. Des phénomènes d'amplification (en général hautement non linéaires) se trouvent au cœur de l'ensemble des techniques de détection utilisées en physique expérimentale des particules. Un détecteur est en général constitué par un système en équilibre très instable qui peut se trouver être le siège de phénomènes macroscopiques provoqués par une perturbation microscopique. Ainsi, une chambre à bulles* est constituée par un liquide, maintenu grâce à la pression d'un piston à l'état liquide bien que la température soit supérieure à la température d'ébullition. Lorsque la pression est relâchée, le liquide est amené à la limite de l'ébullition. Une particule chargée, traversant la chambre à ce moment, va ioniser des atomes le long de son passage ; les atomes ionisés constituent des germes pour la formation de bulles gazeuses ; ces bulles vont grossir très rapidement jusqu'à devenir visibles sur une photographie ; la trajectoire de la particule qui a provoqué l'ionisation est matérialisée sous la forme d'un chapelet de petites bulles ; il suffira, après la photographie, de comprimer la chambre à bulles (voir l'ill. IV, 3 dans le cahier d'illustration) pour faire disparaître les bulles, c'est-à-dire pour effacer la trace du passage de la particule et être prêt pour un nouvel événement. Ce ne sont pas, dans ce cas, les inégalités de Heisenberg qui déterminent la précision de mesure des trajectoires, mais la taille des bulles, taille macroscopique.

Mais, et c'est cela qui nous intéresse ici, la difficulté liée à la différence d'échelles entre les processus élémentaires et les appareils de mesure n'est pas qu'expérimentale, elle est aussi théorique.

Nous avons, à plusieurs reprises, annoncé que des bouleversements conceptuels majeurs étaient nécessaires pour résoudre les problèmes liés à l'existence du quantum d'action. Mais ces bouleversements ne doivent pas affecter la description de l'appareil de mesure qui est d'échelle macroscopique.

Le problème nouveau qui surgit est celui de la coexistence, éventuellement conflictuelle, de deux cadres théoriques : l'un, nouveau, pour décrire les processus élémentaires, objets de la physique quantique, l'autre, classique, pour décrire de manière causale les réponses macroscopiques des appareils de mesure. Cette difficulté fondamentale est notée par Landau et Lifshitz qui expliquent que dans le passage de la théorie classique à la théorie quantique, la théorie classique ne joue pas seulement le rôle d'une approximation de la théorie quantique, mais qu'elle intervient dans les axiomes mêmes qui fondent cette théorie nouvelle. Elle est aussi notée par Niels Bohr (« Causality and complementarity », *Dialectica*, 1948, n° 7/8, p. 313) : « Dans cette situation, nous sommes confrontés à la nécessité d'une révision radicale des fondements de la description et de l'explication des phénomènes physiques. A ce propos, il est par-dessus tout nécessaire de reconnaître que, aussi éloignés que soient les effets quantiques du domaine de validité de l'analyse physique classique, le compte rendu des arrangements expérimentaux et l'enregistrement des observations doivent toujours être exprimés en langage commun, agrémenté de la terminologie de la physique classique. Il s'agit d'une simple exigence logique, puisque le mot "expérience" ne peut, par essence, être utilisé que pour se rapporter à une situation où nous pouvons dire aux autres ce que nous avons fait et ce que nous avons appris. »

Le problème est donc de trouver une interface, un plan de jonction entre la théorie nouvelle (quantique, décrivant les processus mettant en jeu des actions de l'ordre de h) et la théorie ancienne (classique, qui décrit l'instrument de mesure et qui sert à la communication des résultats).

TROISIÈME PARTIE

PENSER CONCRÈTEMENT L'ÉLÉMENTARITÉ

CHAPITRE V

La complémentarité

Où le lecteur sera initié aux principes de la résolution des contradictions de l'élémentarité. L'idée de la complémentarité est au cœur de la théorie quantique qui permet de résoudre les problèmes liés à l'existence du quantum d'action. Cette théorie représente un vaste remaniement concernant le statut même des concepts physiques, la conception des phénomènes, la dualité onde-corpuscule, la dimension statistique intrinsèque de la théorie quantique, la conception de l'espace et même de l'objectivité.

Voici venu le temps d'expliciter les principes de la résolution des contradictions que nous avons présentées précédemment. Ces principes sont le fruit d'efforts patients, d'abstractions minutieuses, de recherches méticuleuses. Difficiles, ils sont pourtant les clés qui ouvrent aujourd'hui à notre discipline les portes de ses ambitions nouvelles.

Un nouveau statut des concepts physiques

S'inclure dans la connaissance scientifique

Les trois difficultés que nous avons décrites dans le chapitre précédent, l'absence d'interaction instantanée à distance, l'existence d'une perturbation incompressible due à la mesure, la différence d'échelle entre l'objet étudié et l'appareil de mesure, semblent à priori n'avoir aucun rapport entre elles. Et pourtant elles renvoient toutes les trois au même problème fondamental : comment atteindre à l'objectivité scientifique alors que le rapport entre l'objet étudié et l'appareil d'observation ne peut pas être complètement défait ? Le problème sera résolu en *assumant jusque dans le formalisme* cette inséparabilité pour pouvoir exploiter pleinement la liberté que nous avons de varier à l'infini les conditions de l'expérimentation. En variant les points de vue, en jouant sur le grossissement des microscopes, sur les performances des appareils, on s'efforce de dégager des propriétés objectives, intrinsèques. Mais la condition sine qua non pour atteindre ce résultat réside dans une maîtrise *parfaite* des modifications que l'on a décidé d'opérer. Il s'agit en somme de s'inclure dans la connaissance scientifique. En réalité, comme nous l'avons dit plus haut, un tel souci est déjà présent en physique classique, au travers des propriétés de covariance et des lois de conservation. Le passage à la théorie relativiste marque une étape supplémentaire dans la prise en compte de la relation entre la réalité et l'observateur. C'est ce que notent avec beaucoup de pertinence Ilya Prigogine et Isabelle Stengers dans *La nouvelle alliance* (p. 222) : « Le fait que la relativité se fonde sur une contrainte qui ne vaut que pour des observateurs physiques, pour des êtres qui ne peuvent être qu'en un seul endroit à la fois et non partout simultanément, fait de cette discipline une physique *humaine*, ce qui ne veut pas dire subjective, produit de nos préférences et de nos convictions, mais une physique soumise aux contraintes intrinsèques qui nous identifient comme appartenant au monde physique que nous décrivons. Et c'est cette physique, supposant un observateur situé dans le monde, et non l'autre physique théoriquement concevable, la physique de l'absolu, que ne cesse de confirmer l'expérimentation. Notre dialogue avec la nature est bien mené de l'intérieur de la nature et ici la nature ne répond positivement qu'à ceux qui explicitement reconnaissent qu'ils lui appartiennent. »

Mais le passage à la théorie de la relativité n'est pas suffisant. En relativité restreinte non quantique, les conditions de l'observation continuent à être éliminées du formalisme. Les concepts continuent à représenter des objets, en soi, isolés. C'est cela qu'il va falloir maintenant changer.

Les phénomènes élémentaires

Cette modification nécessite une très grande rigueur intellectuelle. Il est nécessaire de faire la chasse à toute ambiguïté dans la définition des concepts, et donc dans la terminologie. C'est cette rigueur qui est la caractéristique la plus marquante de la contribution de Niels Bohr. Dans chacune de ses nombreuses interventions dans les débats qui se développaient lors de la fondation de la théorie quantique, Niels Bohr répétait la nécessité d'utiliser des concepts non ambigus. Donnons-lui la parole : « On parle quelquefois, à ce propos, de perturbation du phénomène par l'observation ou de création par les mesures d'attributs physiques des objets atomiques. De telles expressions risquent cependant de créer une confusion, car des mots comme phénomène et observation, attribut et mesure, sont employés ici d'une manière qui n'est compatible ni avec le langage courant, ni avec leur définition précise. Il est en effet plus correct, dans une description objective, de ne se servir du mot de phénomène que pour rapporter des observations obtenues dans des conditions parfaitement définies, dont la description implique celle de tout le dispositif expérimental. » (*Physique atomique et connaissance humaine*, p. 118.)

C'est cette nouvelle conception des phénomènes qui est peut-être l'innovation la plus importante apportée par la théorie quantique. *Les concepts quantiques ne se rapportent plus à l'objet en soi, mais ils se rapportent à des phénomènes*. Un phénomène* est une réalité physique placée dans des conditions bien définies d'observation.

La définition de ces conditions d'observation implique la maîtrise complète de toutes les étapes de l'acte de mesure : la préparation du système et de l'appareil, la détermination de tous les états expérimentalement observables et la détection des signaux émis lors du couplage entre le système et l'appareil. Le phénomène quantique ainsi conçu est tout le contraire d'un événement passivement observé, c'est un fait expérimental consciemment construit et élaboré.

Ce que la théorie quantique dit et ce qu'elle ne dit pas

Cette modification du statut des concepts marque une telle nouveauté par rapport à la démarche scientifique habituelle qu'elle a suscité de très nombreuses confusions et incompréhensions.

Adapter les concepts à la description des phénomènes ne revient pas à nier l'existence d'une réalité objective, indépendante de l'observation. C'est simplement prendre acte du caractère non fiable des concepts classiques qui prétendent décrire directement la réalité indépendante. En théorie quantique on ne renonce pas à l'objectivité ; l'objectivité est atteinte au prix de tout un travail, tout un cheminement. Aucun concept quantique, pris isolément, n'épuise la totalité de la réalité qui est l'objet de recherche, mais la part d'information que chaque concept quantique nous donne sur cette réalité est fiable, utilisable pour composer, avec d'autres concepts, des *représentations* de plus en plus fidèles de la réalité. De plus, selon l'idée fondamentale de la *complémentarité*, la réalité quantique ne peut être épuisée par une représentation unique, mais par une dualité de représentations, contradictoires l'une avec l'autre mais se complétant l'une l'autre.

La plupart des incompréhensions persistantes que suscite la théorie quantique sont dues, à notre avis, à la sous-estimation de la modification qu'opère cette théorie sur le statut des concepts physiques. Lorsque l'on veut appliquer un modèle classique pour décrire ou simplifier un phénomène quantique, ce modèle peut s'appliquer correctement jusqu'à certaines limites, mais, inévitablement, les concepts classiques vont buter sur une limite infranchissable. Si alors on s'acharne à vouloir néanmoins les utiliser, on s'expose à des déboires sévères, ou on peut dériver vers des spéculations parascientifiques (négation de l'existence d'une réalité objective, action à distance, possibilité de remonter le temps...).

De l'analogie à la synthèse méthodologique

C'est la raison pour laquelle nous avons soigneusement évité, autant que faire se pouvait, le recours à des analogies pour tenter de nous faire comprendre. A partir d'analogies avec des systèmes classiques, on risque de se laisser entraîner, à force de vouloir pousser l'analogie le plus loin possible, à ce genre de spéculations qui ne font qu'alimenter la confusion. Lors des grands débats qui accompagnaient la fondation de la théorie quantique, il arrivait que, pour souligner le caractère paradoxal de tel ou tel aspect, certains physiciens inventassent des fantasmagories comme le démon de Maxwell ou le chat de Schrodinger. Si, dans le contexte de ces débats de haut niveau qui se déroulaient à cette époque, de telles allégories pouvaient être utiles, par exemple pour détendre l'atmosphère, on voit mal quelle utilité elles pourraient avoir à notre époque.

En revanche, lorsque nous avons comparé la trajectoire d'une particule quantique à la côte fractale d'une île, nous avons utilisé l'analogie plus comme une méthode de raisonnement scientifique que comme un moyen de vulgarisation. Le concept de fractal, qui n'est pas un concept quantique, partage avec les concepts quantiques leur propriété essentielle, la référence sous-jacente aux conditions d'observation. Une courbe fractale n'est pas une courbe « classique » dont la forme est donnée en soi, puisque sa forme ne peut être définie que par référence à l'échelle à laquelle on l'observe. Comme la côte d'une île est une réalité qui est bien concrète, bien signifiante, comparer la trajectoire d'un électron à une courbe fractale peut aider à dédramatiser les paradoxes de la théorie quantique. D'autre part, ce type d'analogie ne fait que traduire la tendance à l'unification méthodologique qui caractérise le mouvement scientifique actuel ; il aide donc à populariser la démarche scientifique elle-même.

La dualité onde-corpuscule

L'effet photo-électrique

La théorie quantique ne se réduit pas à la modification du statut des concepts. Pour décrire des effets observés expérimentalement, il a été nécessaire de créer toute une série de concepts nouveaux, qui ont tous cette caractéristique de représenter des phénomènes quantiques. L'appareil conceptuel de la théorie quantique est imposant. Pour comprendre un tant soit peu la signification de la recherche en physique des particules, il est indispensable d'acquérir une certaine familiarité avec certains concepts. Dans ce qui suit, nous nous en tiendrons à l'essentiel.

La théorie classique de l'électromagnétisme constitue la base de toute l'expérimentation en physique des particules : accélération et détection mettent en jeu les interactions de particules chargées avec des champs électromagnétiques. Cela signifie qu'à l'origine du signal macroscopique obtenu par amplification se trouve toujours un signal microscopique de nature électromagnétique. On s'attend donc que le discontinu et le discret apparaissent dans la description des phénomènes électromagnétiques mettant en jeu des actions de l'ordre de h.

L'effet photo-électrique est justement une première manifestation de ce caractère discontinu. Cet effet consiste en la production d'un courant électrique par l'irradiation d'un métal photo-électrique par un faisceau lumineux. Ce courant correspond à l'arrachement d'électrons par le rayonnement. Le caractère discontinu de l'effet photo-électrique réside dans l'existence d'un seuil de fréquence. En dessous de ce seuil l'effet photo-électrique ne se produit pas quelle que soit l'intensité du rayonnement. Au-dessus de ce seuil l'effet intervient et persiste même si l'on diminue à l'extrême l'intensité du rayonnement. Par ailleurs, l'énergie cinétique des électrons expulsés ne dépend pas de l'intensité du rayonnement mais de l'écart de sa fréquence par rapport au seuil. De tels effets sont totalement incompréhensibles en théorie classique. L'interprétation proposée par Einstein en 1905 consiste à supposer que l'énergie du champ électromagnétique est transmise aux électrons par grains, par quanta. Si ν est la fréquence du rayonnement, l'énergie portée par ces grains de champ électromagnétique, ou photons, est égale à $E = h\nu$.

L'effet photo-électrique n'intervient que si cette énergie est supérieure à l'énergie de libération des électrons E_{lib}. D'où l'existence d'un seuil de fréquence $\nu_{seuil} = E_{lib}/h$.

D'où aussi la persistance de l'effet à faible intensité : l'intensité étant proportionnelle au nombre de photons, même en petit nombre les photons éjectent des électrons si leur énergie est suffisante. L'énergie cinétique emportée par chacun des électrons est égale à l'énergie $h\nu$ du photon incident diminuée de l'énergie de seuil $h\nu_{seuil}$.

Le concept de photon représente une extraordinaire nouveauté dans la physique théorique : qu'une particule puisse être associée à une interaction, à une force, voilà qui va modifier de fond en comble la conception de la mécanique et celle de la physique dans son ensemble.

La théorie du photon est confirmée par deux autres effets expérimentalement mis en évidence. Dans l'*effet Compton* on peut observer le recul d'électrons soumis à un rayonnement électromagnétique. Ce recul obéit rigoureusement aux lois de conservation (énergie et impulsion) qui régissent la cinématique des collisions entre particules. Dans l'effet Compton l'électron subit réellement le choc d'une particule.

L'autre effet confirmant la théorie du photon est en quelque sorte réciproque de l'effet photo-électrique, il s'agit de l'existence de spectres atomiques discrets. Les électrons qui gravitent autour des noyaux dans les atomes se trouvent sur des orbites caractérisées par des niveaux d'énergie bien déterminés. L'état d'énergie le plus bas est appelé *niveau fondamental*. Les états d'énergie plus élevés correspondent à des *niveaux excités*. Lorsque des électrons sont arrachés, l'atome est dit ionisé. La transition entre un niveau excité et un niveau d'énergie plus bas (excité inférieur, ou fondamental) se fait par émission d'un rayonnement de fréquence bien déterminée par la relation :

$$\Delta E = E_i - E_f = h\nu$$

où ΔE est la différence d'énergie entre les états initial et final.

Cette transition correspond à l'émission d'un photon. Réciproquement un atome peut être excité à un niveau supérieur d'énergie par absorption d'un photon.

Interférences quantiques

On voit donc émerger, à propos des phénomènes électromagnétiques, la possibilité de deux descriptions alternatives, l'une en termes de particules, l'autre en termes d'ondes. Dans certaines situations cette possibilité peut paraître extrêmement paradoxale. C'est le cas des situations faisant apparaître des phénomènes d'interférence.

En physique classique, les effets d'interférence sont la signature d'une dynamique ondulatoire. L'expérience la plus classique qui mette en évidence des effets d'interférence est l'expérience de Young. Elle consiste à faire passer un faisceau lumineux, monochromatique *, à travers un cache percé de deux petites trous et à observer l'image produite sur un écran.

Lorsque cet écran est placé à une distance suffisamment grande, on observe sur l'écran une image d'interférence * avec des oscillations de l'intensité. Cette expérience traduit le fait que le champ électromagnétique en un point de l'écran est la somme de deux contributions, chacune correspondant au passage par l'un des trous. La somme s'entend au sens de somme de nombres complexes ; l'intensité est maximale lorsque les deux contributions sont *en phase* et minimale lorsqu'elles sont *en opposition de phase.*

Jusque-là cette expérience, tout à fait classique puisqu'elle date de près de deux siècles, s'interprète de manière tout à fait claire en physique classique. Elle reflète le caractère superposable des phénomènes ondulatoires : lorsque deux ondes se rencontrent elles se combinent de manière additive ; il y a toujours une quantité, appelée amplitude*, qui caractérise les phénomènes ondulatoires et qui a une propriété d'additivité. Pour un grand nombre de phénomènes ondulatoires (en particulier pour le champ électromagnétique) l'amplitude est représentée par un nombre complexe, comportant une partie réelle et une partie imaginaire, ou caractérisé par un *module* et une *phase*. Les nombres complexes que nous avons évoqués plus haut à propos de la relativité sont remarquablement bien adaptés à la description des phénomènes d'interférence.

Des effets nouveaux apparaissent lorsque l'on diminue l'intensité du rayonnement jusqu'à ce que les photons porteurs du champ électromagnétique parviennent sur l'écran un par un. On sait, de nos jours, réaliser des sources de photons d'énergie bien définie, et d'intensité variable, de même que des détecteurs capables d'enregistrer des impacts de photons un par un. Ce qui est nouveau, c'est que les impacts aléatoires finissent par construire, si l'on poursuit l'expérience pendant un temps suffisamment long, l'image typique des effets d'interférence.

Autant les phénomènes d'interférence sont compréhensibles en termes d'ondes, autant ils paraissent curieux en termes de particules : on est tenté de dire que les photons passent soit par un trou soit par l'autre ; mais si l'accumulation des impacts finit par reproduire une image d'interférence, cela semble signifier que les passages par tel ou tel trou sont corrélés les uns aux autres par quelque mystérieuse influence à distance.

Il est encore plus surprenant d'obtenir le même effet en remplaçant le faisceau lumineux par un faisceau d'électrons (voir fig. V, 1).

Il nous faut accepter l'idée que le champ électromagnétique, de nature ondulatoire selon la conception classique, manifeste dans certaines conditions une nature corpusculaire, et que les électrons, à priori de nature corpusculaire, peuvent produire des effets d'interférence typiques d'une nature ondulatoire.

C'est cette ambivalence qu'exprime la dualité* onde-corpuscule.

C'est de Broglie qui, complétant cette idée de dualité après que Planck et Einstein eurent associé les photons au champ électromagnétique, a proposé d'associer à des particules comme les électrons des *ondes de matière*. (Sur les relations qui expriment quantitativement la dualité onde-corpuscule, voyez l'encadré « Dualité onde-corpuscule ».)

Petit à petit nous voyons donc émerger une conception complètement nouvelle : au niveau quantique, une même réalité peut

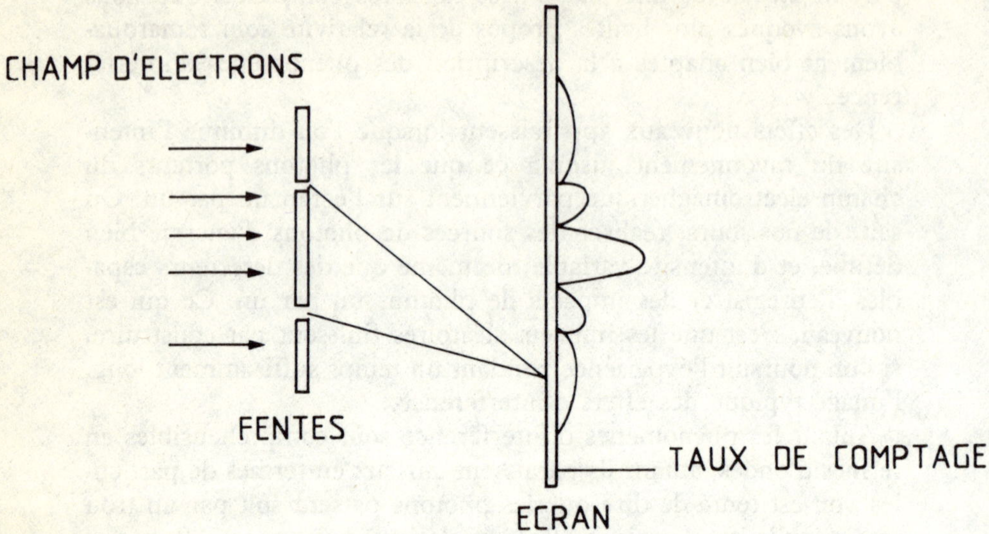

Figure V. 1

Expérience de Young

Des électrons d'impulsion bien déterminée touchent une paroi percée de deux fentes. Les électrons diffractent et interfèrent. Un écran récepteur enregistre tour à tour leurs arrivées. Une figure d'interférences se dessine au niveau de l'écran.

présenter, au travers de phénomènes différents, des aspects contradictoires et complémentaires. L'être quantique n'est ni une onde ni un corpuscule, mais il peut être impliqué dans des phénomènes ondulatoires et dans des phénomènes corpusculaires, et c'est au travers de la complémentarité de ces deux catégories de phénomènes que peut se dessiner l'objectivité quantique. Encore faut-il pour y parvenir disposer d'outils théoriques, de concepts opératoires.

Dualité onde-corpuscule

L'analogie entre les interférences observées avec un faisceau d'impulsion $\vec{p}$ et d'énergie cinétique E, et celles observées avec une onde plane électromagnétique de longueur d'onde λ et de fréquence ν, a amené Louis de Broglie à associer à un faisceau d'électrons une onde, dite onde de de Broglie, avec les relations simples :

$$\lambda = h/p$$
$$\nu = E/h$$

Cette onde (fonction d'onde) est représentée par un nombre complexe dépendant du temps t et de la position $\vec{r}$, en analogie avec une onde électromagnétique :

$$\Psi \alpha e^{-i(Et - \vec{p}\vec{r})/h}$$

De même qu'en électromagnétisme il faut sommer les amplitudes (ce qui entraîne des interférences) puis prendre le module carré pour avoir la densité d'énergie, ces fonctions d'ondes, complexes, sont des amplitudes de probabilité. Pour un phénomène pouvant se produire par plusieurs voies indiscernables, l'amplitude de probabilité totale sera la somme des diverses amplitudes, et la probabilité sera le module carré de l'amplitude totale.

Le recours à la statistique

La correspondance statistique

Une première question qui se pose concerne l'attribution d'amplitudes à des corpuscules. Autant le concept d'amplitude additive est naturel dans le domaine ondulatoire, autant il semble complètement étranger à la dynamique corpusculaire. C'est le recours à la statistique, en réponse à la troisième contradiction de l'élémentarité, qui apportera la solution à ce problème.

La troisième contradiction de l'élémentarité concerne, rappelons-le, la différence d'échelles entre l'objet étudié et l'appareil de mesure. Rappelons d'autre part que les concepts quantiques sont censés représenter des phénomènes relatifs à une réalité placée dans des conditions d'observation bien définies. Ainsi, dans un phénomène quantique coexistent et interagissent deux sortes de processus d'échelles très différentes. Or, si l'on essaie d'abstraire ce qui fait l'essence du *hasard*, on constate que c'est précisément l'interaction, le couplage de processus d'échelles différentes. A ce propos, dans son ouvrage *La philosophie du hasard*, Jacques Bonitzer écrit (p. 140) : « Sur la caractérisation du hasard, qu'avons-nous appris ? Les phénomènes qui en relèvent sont des phénomènes composites, associant un ensemble de phénomènes "microscopiques" et un "phénomène macroscopique". Ces phénomènes ont leur autonomie, ce qui veut dire qu'ils sont régis, les uns et les autres, par leurs lois propres. En même temps, ils sont en interaction (ou "couplés") ; les phénomènes microscopiques influencent le déroulement du phénomène macroscopique, tandis que c'est la loi de celui-ci qui agrège les phénomènes microscopiques ou, en d'autres termes, leur impose "son point de vue". Les lois propres des deux types de phénomènes ne sont pas en général des "lois du hasard", celles-ci sont seulement des lois de leur interaction. »

Le lecteur aura sans doute noté que cet auteur n'utilise pas le terme de phénomène dans le même sens que nous, mais cette caractérisation du hasard, qui a été proposée à partir de processus aléatoires qui, pour la plupart, ne relèvent pas de la physique quantique mais plutôt de la pratique quotidienne (contrôles de qualité, jeux de hasard...), répond tout à fait aux problèmes qui nous préoccupent. Dans un phénomène quantique, le processus macroscopique est bien sûr l'acte de mesure, dont le protocole expérimental impose un « point de vue ». La dualité onde-corpuscule n'est-elle pas une relation d'équivalence entre deux points de vue différents ? Quant aux processus microscopiques, il s'agit des interactions élémentaires mettant en jeu des actions de l'ordre de h.

Lorsque nous avons décrit le problème de la perturbation incompressible, nous avons assimilé l'objet étudié à la particule émettrice du signal élémentaire. Mais il est évident qu'il ne peut y avoir aucune prédétermination pour choisir parmi les quelques centaines de 10^{23} particules de l'appareillage celle précisément qui sera l'objet étudié ! N'avons-nous pas là l'exemple même du processus aléatoire ?

En réalité, le recours à la statistique est la seule façon de préserver la notion de causalité en théorie quantique. Le principe de causalité est à la base de la démarche scientifique. La physique théorique classique avait justement permis de rendre compte de manière précise de ce principe. Mais elle y était parvenue en éliminant complètement des concepts théoriques tout ce qui dépend de l'acte de mesure. Comme nous l'avons dit à plusieurs reprises, la physique théorique classique s'intéresse à l'objet en soi, et c'est à ce titre qu'elle fournit une description causale des processus.

Mais une difficulté surgit : à cause de la perturbation minimum nous ne pouvons pas séparer l'objet quantique de l'appareil de mesure, nous devons utiliser des concepts adaptés aux phénomènes qui incluent la définition des conditions de l'observation. D'autre part nous avons dit que l'appareil de mesure obéit à la physique classique et que, pour rendre compte de manière intelligible des expériences, nous devions utiliser un langage compréhensible, à la rigueur agrémenté des concepts de la physique classique. Mais les concepts classiques éliminent l'appareil de mesure. Comme, de plus, l'interaction entre l'objet microscopique et l'appareil macroscopique comporte une part aléatoire inévitable, ne risque-t-on pas de tomber dans l'indéterminisme le plus complet ?

Loin d'être un renoncement à une description causale scientifique, le recours aux méthodes statistiques répond de manière pleinement satisfaisante au problème que nous venons de soulever. Comme le note avec beaucoup de force Léon Rosenfeld dans *Louis de Broglie physicien penseur* (p. 58) : « Probabilité ne veut pas dire *hasard* sans règle, mais juste l'inverse : ce qu'il y a de réglé dans le hasard. Une loi statistique est avant tout une *loi*, l'expression d'une régularité, un instrument de prévision. La portée du calcul des probabilités n'est pas moindre que celle des méthodes classiques ; elle est en fait beaucoup plus grande, puisque ce calcul s'applique à une immense variété de situations où les lois déterministes, à supposer qu'elles existent, ne sont d'aucun secours. [...] Voyez comme les prévisions statistiques de la mécanique quantique sont parfaitement adaptées à l'interprétation des résultats expérimentaux. Elles sont toutes susceptibles de vérification et elles ne laissent dans l'ombre aucun détail de ce que l'expérience nous révèle. Ni trop, ni trop peu : que veut-on encore ? »

Le recours à la statistique permet de tenir compte de l'inséparabilité dans les phénomènes quantiques de l'objet et de l'instrument de mesure, sans pour autant faire intervenir explicitement l'instrument de mesure. L'objet quantique en interaction avec l'instrument de mesure est remplacé par un ensemble de *potentialités*. La causalité, en théorie quantique, concerne non pas les événements qui ont été actualisés mais les potentialités d'actualisation de ces événements actualisés, la causalité concerne des lois de répartition statistique, des valeurs moyennes, des lois de corrélations, etc., obtenues à l'aide d'échantillonnages suffisamment importants. C'est ce qu'explique Fock, cité par Tarassov dans *Physique quantique et opérateurs linéaires* (p. 113) : « La probabilité de ce qu'une microparticule se comporte d'une certaine manière dans des conditions externes données dépend aussi bien des propriétés internes de la microparticule que des conditions dans lesquelles elle se trouve. Cette probabilité représente une estimation quantitative des potentialités de comportement de la microparticule et se manifeste par le nombre relatif de cas actualisés d'un comportement donné. Ce nombre représente une valeur moyenne mesurée. Ainsi la probabilité concerne chacune des microparticules et caractérise ses potentialités, mais pour déterminer sa valeur numérique on doit disposer d'une statistique des cas d'actualisation de ces potentialités, ce qui présuppose une répétition multiple des mêmes expériences. »

La subtilité de ce type de raisonnement explique à elle seule que la théorie quantique suscite tant d'incompréhensions. C'est parce qu'on ne peut pas défaire le rapport objet/appareil de mesure, et parce que l'on doit pouvoir faire abstraction de l'acte de mesure dans le compte rendu de l'expérience, qu'on attribue la probabilité à chaque particule comme une estimation de potentialité de comportement. C'est à ce propos qu'il convient de ne pas oublier que le statut des concepts quantiques est différent de celui des concepts classiques. La *probabilité est attribuée à chaque particule comme élément d'un ensemble illimité de phénomènes possibles.* Si on oublie cette distinction et qu'on attribue le caractère statistique à chaque particule isolément, en soi, on aboutit à des absurdités comme le « libre arbitre des électrons ».

Les amplitudes de probabilité

L'outil mathématique qui permet de rendre compte de la dualité onde-corpuscule (et donc ainsi d'associer une amplitude additive à des corpuscules), tout en assumant la part aléatoire inévitable liée à la différence d'échelles entre l'objet étudié et l'instrument de mesure, est le concept *d'amplitude de probabilité.*

Nous avons déjà expliqué qu'il était impossible de définir une trajectoire pour une particule quantique.

On pourrait être tenté, compte tenu du caractère statistique inévitable de la théorie quantique, de remplacer le concept de trajectoire par celui de « champ de probabilité », qui définirait, en chaque point de l'espace et à chaque instant, la probabilité qu'un système quantique se trouve dans un état donné. Mais l'information de nature statistique qu'il est possible de recueillir sur l'état d'un système quantique ne se résume pas au concept de probabilité. En effet, une probabilité est toujours un nombre réel, positif et inférieur ou égal à 1. En ajoutant des probabilités on ne peut pas produire d'effets d'interférence.

En théorie quantique, une amplitude de probabilité est une amplitude complexe, comparable à l'amplitude d'un champ ondulatoire classique, dont le module au carré est une probabilité. On distingue deux types d'amplitudes de probabilité, les amplitudes d'état* et les amplitudes de transition*. Le module carré de l'amplitude d'état d'un état donné est la probabilité que le système quantique soit dans l'état considéré. Le module carré de l'amplitude de transition entre un état initial et un état final donnés est égal à la probabilité de transition entre ces deux états.

Avec le concept d'amplitude de probabilité il est possible de rendre compte quantitativement des effets d'interférence quantique. Encore faut-il élaborer un mode d'emploi de cet outil.

AMPLITUDES DE PROBABILITÉ ET QUANTUM D'ACTION

A partir de certains raffinements de l'expérience fondamentale, mettant en évidence les interférences quantiques, nous voulons illustrer l'adéquation du concept d'amplitude de probabilité et de son mode d'emploi à la description des phénomènes quantiques.

Reprenons l'expérience de Young avec un faisceau d'électrons, celle qui met le plus en évidence le caractère paradoxal des interférences quantiques. Les électrons parvenant un par un sur l'écran sont passés soit par un trou soit par l'autre. Comment peuvent-ils interférer ? On peut imaginer des modifications du dispositif expérimental permettant de savoir par quel trou est passé un électron donnant un impact sur l'écran. Par exemple, on éclaire les trous par un faisceau lumineux (voir la figure V, 2) et on observe la lumière diffusée par un électron passant par un trou. On choisit un trou, on éclaire suffisamment ce trou pour que tout électron passant par ce trou diffuse de la lumière sur un détecteur et on demande une coïncidence entre l'impact sur l'écran et la diffusion de cette lumière sur le détecteur. Comme on pouvait s'y attendre, on n'observe plus dans cette expérience modifiée l'image d'interférence. D'autre part, on observe la même image que l'on ait ou pas obturé l'autre trou. Ce qui montre au passage qu'il n'y a pas d'influence à distance : si l'électron est passé par un trou, il n'est pas passé par l'autre !

Mais, ce qui est plus surprenant, si on relâche la condition de coïncidence en continuant à éclairer les deux trous, on n'observe pas d'interférence. Autrement dit, se donner la possibilité de savoir par quel trou passent les électrons, même si on ne l'utilise pas (ce qui se passe lorsque l'on relâche la condition de coïncidence), suffit à supprimer l'effet d'interférence quantique.

Mais cette constatation n'est surprenante que si on oublie le statut des concepts quantiques : quand on éclaire les trous pour se donner la possibilité de savoir par quel trou passe l'électron, on produit un *autre phénomène* que le phénomène initial (expérience

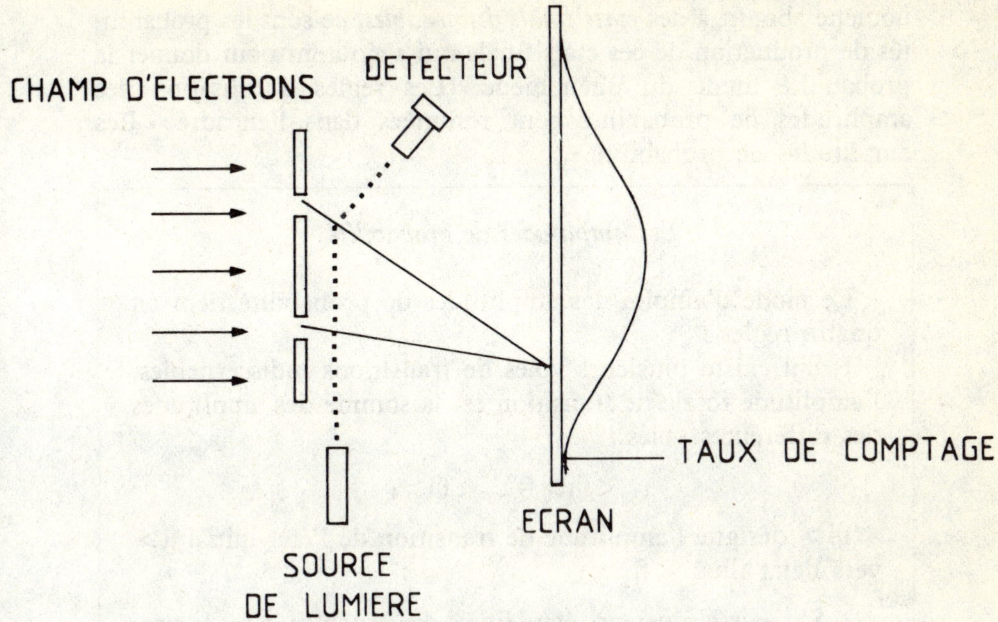

Figure V. 2

Expérience de Young modifiée

Même expérience que celle montrée sur la figure V.1, mais cette fois-ci on cherche à savoir par quel trou chaque électron passe (au moyen de la diffusion de la lumière sur les électrons). Les interférences disparaissent.

de Young sans faisceau lumineux éclairant les trous). Les photons du faisceau lumineux agissent sur les électrons, les perturbent ; ils détruisent la cohérence quantique responsable des effets d'interférence. Ainsi voyons-nous ressurgir le problème de la perturbation minimum : *il est impossible de concevoir un dispositif expérimental permettant de déterminer par quel trou passent les électrons et ne détruisant pas l'effet d'interférence.*

De ce principe découle le mode d'emploi des amplitudes de probabilité. Si dans un phénomène quantique existent plusieurs *voies indiscernables de transition*, l'amplitude de probabilité du phénomène est obtenue en sommant les amplitudes de chacune de ces voies. Dans ce cas les processus correspondant à ces voies indiscernables peuvent produire des interférences. Si en revanche le phénomène aboutit à des *états finals discernables*, ce sont les probabilités de production de ces états finals qui s'ajoutent pour donner la probabilité totale du phénomène. (Les règles d'utilisation des amplitudes de probabilité sont résumées dans l'encadré « Les amplitudes de probabilité ».)

Les amplitudes de probabilité

Le mode d'emploi des amplitudes de probabilité tient en quatre règles :

1. S'il existe plusieurs voies de transitions indiscernables, l'amplitude totale de transition est la somme des amplitudes des différentes voies :

$$<f|i> = \Sigma_k <f|i>_k$$

$<f|i>$ désigne l'amplitude de transition de l'état initial $|i>$ vers l'état final $<f|$

2. S'il existe plusieurs états finals discernables, c'est la probabilité totale qui est la somme des probabilités de transition vers les états finals individuels :

$$|<f|i>|^2 = \Sigma_k|<f_k|i>|^2$$

3. Si la transition s'effectue par un état intermédiaire v, l'amplitude de transition se factorise :

$$<f|i> = <f|v> <v|i>$$

4. Lorsque deux particules effectuent chacune et indépendamment une transition, l'amplitude se factorise :

$$<f_1f_2|i_1i_2> = <f_1|i_1> <f_2|i_2>.$$

Lorsque l'on utilise « les yeux fermés » ces quatre règles, tous les paradoxes de la théorie quantique se résolvent. Toutefois, nous ne pensons pas que toute la réponse aux difficultés de la théorie quantique tienne dans une application automatique de règles de calcul. C'est pourquoi nous avons séparé ce mode d'emploi du reste du texte qui représente, selon nous, l'essentiel de l'argumentation.

L'INDISCERNABILITÉ QUANTIQUE. BOSONS ET FERMIONS

Le concept d'indiscernabilité* est de nature spécifiquement quantique : *l'indiscernabilité dans un phénomène ne peut être levée qu'au prix d'une perturbation qui détruit le phénomène.* Il s'agit d'une propriété fondamentale. Selon la conception atomiste classique, les atomes, ou particules, existent en un petit nombre de types différents ; mais les particules d'un même type sont partout rigoureusement identiques : rien, en principe, ne permet de distinguer un proton sur terre d'un proton dans une galaxie à un milliard d'années-lumière. Une telle identité, tout le monde est prêt à l'admettre. Mais l'indiscernabilité quantique est beaucoup plus subtile. Classiquement, dans la théorie cinétique des gaz par exemple, on peut (même si c'est seulement par la pensée) numéroter, étiqueter chaque molécule et suivre sa trajectoire. Ce n'est pas le cas quantiquement : si on considère la collision élastique de deux particules identiques, il est impossible de décider à laquelle des particules initiales correspond chacune des particules finales, tout simplement parce qu'il est impossible de suivre la trajectoire de chacune des particules (nous avons vu d'ailleurs qu'il n'y a pas de trajectoire quantique). En théorie quantique, même par la pensée, les particules identiques ne sont pas étiquetables (voir figure V, 3). Mathématiquement, cette propriété s'exprime dans une propriété de symétrie des amplitudes d'état des états à plusieurs particules, par permutation de particules identiques : les amplitudes d'état sont invariantes, *à un signe près*, par permutation de particules identiques. Si le signe est plus, l'amplitude d'état est *symétrique* par permutation, les particules identiques sont appelées bosons (on dit aussi qu'elles obéissent à la « statistique » de Bose-Einstein) ; si le signe est moins l'amplitude d'état est *antisymétrique* par permutation, les particules identiques sont appelées fermions (on dit aussi qu'elles obéissent à la « statistique » de Fermi-Dirac). La différenciation matière/interaction réside dans le fait que les particules de matière sont des fermions et que les particules d'interaction sont des bosons. L'antisymétrie par permutation de fermions qui annule l'amplitude d'état lorsque deux fermions sont dans le même état quantique est à l'origine du principe

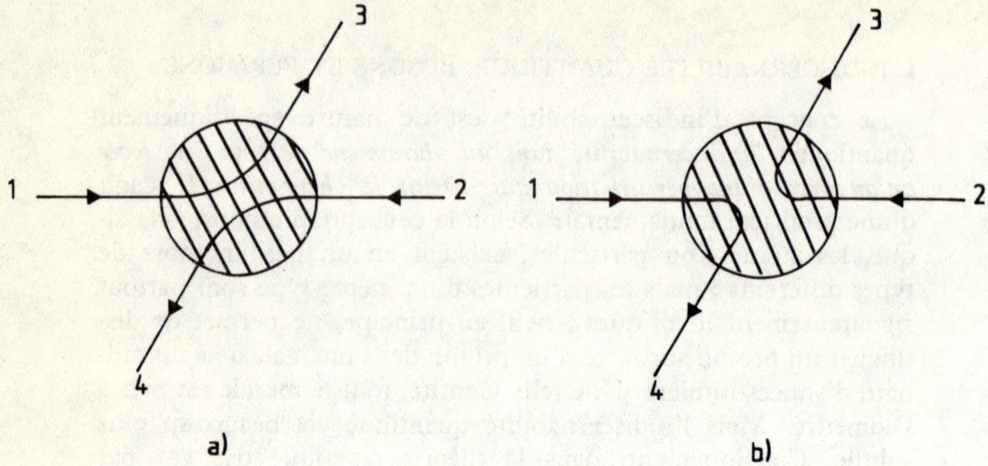

Figure V. 3

Indiscernabilité de particules identiques

Deux voies indiscernables de transition : si les particules 1, 2, 3 et 4 sont toutes identiques, les deux voies a) 1→3, 2→4 et b) 2→3, 1→4 sont indiscernables. Les amplitudes de probabilité sont symétriques ou antisymétriques par permutation de particules identiques.

d'exclusion* de Pauli : deux fermions ne peuvent coexister dans le même état, au même lieu, au même instant. Ce caractère impénétrable des fermions, particules de matière, garantit l'existence macroscopique de la matière : en fait, on a pu montrer qu'en l'absence du principe d'exclusion de Pauli, les noyaux et les atomes se ratatineraient pour atteindre des tailles si petites que la gravitation deviendrait importante et que la matière imploserait.

La symétrie par permutation de bosons traduit par contre le caractère superposable des forces d'interaction. De plus, on peut montrer que pour un état à plusieurs bosons, plus nombreux sont les bosons dans le même état et plus grand est le module de l'amplitude d'état et donc plus grande est la probabilité de l'état. Cet effet, purement quantique, a de spectaculaires conséquences macroscopiques : le rayonnement du corps noir, la superfluidité de l'hélium 4 et l'effet laser, entre autres.

L'espace de Hilbert

États et vecteurs, observables et opérateurs

Le remaniement conceptuel impliqué par le quantum d'action, amorcé par la modification du statut des concepts, poursuivi par l'élaboration du concept d'amplitude de probabilité, atteint sa forme achevée, épanouie, avec *l'espace de Hilbert*. Rarement autant qu'à l'occasion de ce remaniement l'harmonie a été aussi bonne entre les besoins du développement de la physique théorique et les moyens que fournissent les mathématiques. L'espace de Hilbert est, au départ, une pure construction mathématique, mais qui se trouve répondre parfaitement à ce qui était nécessaire à l'élaboration de la théorie quantique. Si l'espace de Hilbert n'avait pas été découvert, il aurait fallu l'inventer pour les besoins de la théorie quantique !

Mathématiquement, l'espace de Hilbert représente une généralisation du concept d'*espace vectoriel métrique* (l'espace ordinaire et l'espace-temps de Minkowski sont des espaces vectoriels métriques). L'espace de Hilbert est un espace *vectoriel de fonctions*. C'est un espace à nombre infini de dimensions. Les éléments de l'espace de Hilbert sont des vecteurs. Les transformations qui agissent sur des vecteurs de l'espace et les transforment en d'autres vecteurs du même espace sont des opérateurs*. Vecteurs et opérateurs ont des propriétés de linéarité : toute combinaison linéaire, à coefficients complexes, de vecteurs est un vecteur ; un opérateur transforme un vecteur en un autre vecteur, et toute combinaison linéaire de vecteurs en un vecteur. Le produit scalaire de deux vecteurs associe à ces deux vecteurs un nombre complexe qui dépend linéairement de chacun des deux vecteurs. Ce produit scalaire généralise les produits scalaires que nous avons rencontrés dans l'espace ordinaire et l'espace-temps de Minkowski. Dans l'espace de Hilbert, le produit scalaire se définit à l'aide de l'intégrale du produit des deux fonctions qui représentent les deux vecteurs.

Comme les concepts quantiques sont adaptés à la description des phénomènes, le formalisme de la théorie quantique s'intéresse d'une part aux *états* du système physique et d'autre part aux grandeurs physiques *observables* relativement à ce système. Les états sont associés aux vecteurs d'un espace de Hilbert, et les observables aux opérateurs qui agissent dans cet espace. Cette double association répond à tous les problèmes que nous avons évoqués plus haut : les amplitudes d'état sont les vecteurs de l'espace de Hilbert, la linéarité de l'espace de Hilbert assure l'additivité des amplitudes d'état ; l'amplitude de transition entre deux états est associée au produit scalaire des deux vecteurs qui les représentent ; l'association d'un opérateur à une observable permet de prendre en compte l'effet sur le système de l'acte de mesure : mesurer une observable relativement à un système dans un état donné modifie, en général, l'état du système de la même façon qu'un opérateur transforme un vecteur en un autre vecteur. C'est pourquoi tout état du système ne permet pas nécessairement la mesure de toute observable. Mais une notion essentielle des espaces de Hilbert nous permet de définir les états permettant la mesure des observables. Un vecteur de l'espace de Hilbert est dit vecteur propre* d'un opérateur si l'action de cet opérateur sur ce vecteur consiste à le multiplier par un nombre appelé valeur propre.

Vecteurs propres et valeurs propres sont très utiles si on veut associer vecteurs et états, opérateurs et observables : puisque, à une constante multiplicative près, un vecteur propre est laissé invariant par l'action de l'opérateur, l'état physique associé à ce vecteur permet la mesure de l'observable associée à l'opérateur dont le vecteur est vecteur propre. Quant à la valeur propre, on pourra l'associer à la valeur de l'observable mesurée dans l'état. Comme la valeur d'une grandeur physique mesurable est un nombre réel, les opérateurs associés aux observables doivent avoir des valeurs propres réelles ; les opérateurs qui ont cette propriété sont dits hermitiques*.

L'opérateur le plus important de la théorie quantique est l'opérateur hermitique associé à l'énergie totale du système, le hamiltonien*. L'ensemble des valeurs propres du hamiltonien est appelé spectre du système. Pour un système atomique, le spectre comporte une suite discrète de valeurs propres, correspondant aux niveaux d'énergie de l'atome (niveau fondamental et niveaux excités), et un continuum correspondant à l'ionisation par arrachement d'électron.

Complémentarité et relations de commutation

En théorie classique, les observables (les quantités physiques à mesurer) ne sont pas associées à des opérateurs mais à de simples nombres. Le produit de deux nombres est commutatif :

$$ab = ba$$

par contre, le produit de deux opérateurs n'est pas nécessairement commutatif. On dit que deux opérateurs A et B commutent si leur commutateur* noté $[A,B] = AB - BA$ est nul.

Si deux opérateurs commutent, les vecteurs propres de l'un sont vecteurs propres de l'autre. Puisque des opérateurs qui commutent partagent leurs vecteurs propres, on peut dire que les observables qu'ils représentent sont compatibles : on peut mesurer ces observables dans le même état. En revanche, on voit clairement qu'une caractéristique de l'incompatibilité entre des observables est la non-commutation des opérateurs qui les représentent. Supposons que deux observables soient quantiquement incompatibles, comme par exemple la position et l'impulsion d'une particule que nous notons q et p, les opérateurs qui les représentent Q et P ne commutent pas. Un vecteur propre de Q par exemple représente un état dans lequel la position peut être mesurée. Mais ce vecteur propre n'est pas vecteur propre de P. L'action de P sur ce vecteur le transforme en un vecteur qui n'a rien de commun avec lui. Cela signifie qu'on ne peut pas mesurer l'impulsion dans un état où la position peut être mesurée, et vice versa. C'est l'expression rigoureuse de l'inégalité de Heisenberg que nous avons mentionnée au chapitre précédent.

La commutation (et surtout la non-commutation) des observables est l'une des propriétés les plus spécifiques de la théorie quantique. C'est elle qui permet de donner un sens précis à l'idée de la complémentarité. Une représentation est définie par un ensemble* complet d'observables qui commutent. Les vecteurs propres communs à toutes ces observables définissent une base* de l'espace de Hilbert. Si l'ensemble d'observables qui commutent est bien complet, la base de l'espace de Hilbert est aussi complète. Cela signifie que tout vecteur de l'espace de Hilbert, c'est-à-dire l'amplitude d'état de tout état possible du système, peut être obtenu par combinaison linéaire des vecteurs de base. Autrement dit, une représentation est déterminée par un ensemble complet d'observables compatibles, fournissant toute l'information qu'il est possible de recueillir sur un système quantique.

Ce qui est nouveau par rapport à la théorie classique, c'est qu'il peut exister une deuxième représentation, c'est-à-dire un deuxième ensemble complet d'observables qui commutent, mais qui ne commutent pas avec celles de la première représentation. On dit alors que les deux représentations sont *complémentaires*.

L'espace de Hilbert et la complémentarité représentent une généralisation de la conception de l'espace, de la conception de la covariance et de la conception de l'objectivité face aux contradictions de l'élémentarité. Si on considère l'espace comme un *espace d'objectivité*, permettant d'appréhender les propriétés intrinsèques, indépendantes de la réalité, l'existence du quantum d'action rend insuffisant l'espace ordinaire de la physique classique pour penser la nouvelle objectivité quantique. C'est l'espace de Hilbert qui est l'espace de l'objectivité quantique. Quant à la complémentarité, elle généralise, dans cet espace, le concept de covariance qui fonctionnait dans l'espace ordinaire, les ensembles complets d'observables qui commutent jouant le rôle de référentiels.

CHAPITRE VI

Relativité quantique

Des difficultés supplémentaires surgissent lorsque l'on tient compte simultanément de l'absence d'interaction instantanée à distance et du quantum d'action. Ce sont les concepts nouveaux rassemblés dans le formalisme de la seconde quantification qui apportent les réponses à ces difficultés : espace de Fock, antiparticules, diagrammes de Feynman, particules et transitions virtuelles. Le lecteur découvrira la théorie de la renormalisation qui a permis d'élaborer un critère opératoire d'élémentarité, ouvrant la voie à l'unification des interactions fondamentales.

Le véritable cadre théorique de la physique des particules élémentaires est celui de la relativité quantique. C'est-à-dire qu'il ne suffit pas pour « penser concrètement l'élémentarité » de résoudre le problème central de la perturbation incompressible. En effet, lorsque l'on combine la modification relativiste et la modification quantique de la théorie classique, des difficultés nouvelles surgissent.

Les fondateurs de la théorie quantique ont été conscients de ce surcroît de difficultés ; c'est pourquoi ils ont remis à plus tard la résolution des problèmes de la relativité quantique. En fait, ce n'est que très récemment (vers la fin des années soixante-dix) que ces problèmes ont été, pour l'essentiel, résolus. Et encore faut-il admettre que seuls les problèmes de la relativité restreinte quantique aient été résolus. Ceux de la relativité générale quantique constituent le grand défi théorique actuel.

La seconde quantification

Les difficultés de la relativité quantique

La première difficulté de la relativité quantique est liée à la non-conservation du nombre de particules induites par l'équivalence relativiste entre la masse et l'énergie. Comme nous l'avons souligné lorsque nous avons décrit la théorie de la relativité, des particules peuvent être créées dans une collision entre particules pour peu que l'énergie initiale soit suffisante. D'autre part, d'après l'inégalité de Heisenberg $\Delta t \; \Delta E \geq h$, l'énergie d'un système quantique (comme d'un champ électromagnétique) peut ne pas être bien déterminée pendant une durée suffisamment courte, de telle sorte que le nombre de quanta n'est pas déterminé. Ainsi, pour le champ électromagnétique quantique, on peut établir une inégalité de Heisenberg selon laquelle la phase du champ et le nombre de photons sont des observables incompatibles : $\Delta\varphi \; \Delta N \geq 1$ (voir l'encadré « Inégalité phase/nombre de particules ». Malgré l'absence du quantum d'action dans cette inégalité, il s'agit d'un effet réellement quantique. D'après cette inégalité, un rayonnement cohérent*, c'est-à-dire de phase bien déterminée (comme celui issu d'un laser), correspond à un flux régulier de photons, qui ne sont donc pas en nombre déterminé.

La seconde difficulté de la relativité quantique concerne la conception du temps. D'après la relativité, le temps est la quatrième dimension de l'espace-temps ; il y a, en relativité, une sorte de symétrie entre l'espace et le temps. Par contre, en théorie quantique, le temps est fondamentalement différent de l'espace. Ainsi, alors que la position spatiale, qui est une observable, corres-

Inégalité phase/nombre de particules

Cette inégalité et sa limite dans la théorie classique sont discutées dans le livre *Quantique* de Françoise Balibar et Jean-Marc Lévy-Leblond.

La durée d'un éclair monochromatique est entachée d'une erreur Δt en raison de la nature même des phénomènes d'allumage et d'extinction. Il en résulte une incertitude sur la phase $\Delta\varphi = 2\pi\nu\Delta t$. Comme l'énergie de l'éclair est véhiculée par N photons d'énergie $h\nu$, on déduit de $\Delta E = h/\Delta t$ l'inégalité $\Delta N \Delta\varphi > 1$.

Dans le cas de fermions (électrons par exemple), puisqu'il ne peut y avoir plus d'un fermion dans le même état à cause du principe d'exclusion de Pauli, $\Delta N < 1$ et donc $\Delta\varphi > 1$.

On ne peut donc pas construire de système fermionique à phase bien déterminée.

pond à un opérateur hermitique, la date d'un événement, qui est aussi une observable, ne peut pas correspondre à un opérateur. En théorie quantique, on ne sait pas encore construire un *opérateur temps.* L'inégalité de Heisenberg temps-énergie ne peut pas être associée à la non-commutation de deux opérateurs puisque le temps n'est pas un opérateur. En fait, à part le contenu statistique du formalisme quantique, on peut dire que la conception du temps n'a pas beaucoup été modifiée par la théorie quantique non relativiste : les amplitudes de probabilité (par exemple les amplitudes d'état) obéissent à une équation d'évolution aussi déterministe que celles de la théorie classique, il s'agit de *l'équation de Schrödinger* (voir l'encadré « Équation de Schrödinger »).

Lorsque l'on passe à la relativité quantique on se heurte à la dissymétrie de traitement du temps et de l'espace par la théorie quantique. Cette deuxième difficulté est reliée à la première : comme nous le verrons la non-conservation du nombre de quanta crée une sorte d'irréversibilité qui est spécifique à la relativité quantique.

Équation de Schrödinger

Le contenu probabiliste de la théorie quantique réside entièrement dans l'amplitude de probabilité ou fonction d'onde du système. Cette fonction d'onde, ψ, du système à un instant t_0 de sa préparation ne peut être connue de l'observateur qu'en effectuant une mesure à l'instant t_0 sur un grand nombre de systèmes identiques préparés tour à tour dans des conditions identiques.

L'équation de Schrodinger décrit l'évolution dans le temps de la fonction d'onde. Cette évolution est déterministe. Connaissant l'amplitude de probabilité à l'instant t_0, le potentiel dans lequel est placé le système, on en déduit l'amplitude de probabilité à tout instant t en résolvant l'équation de Schrodinger. Celle-ci est gouvernée par l'opérateur associé à l'énergie totale du système, le hamiltonien H.

Les questions que nous venons de soulever sont très difficiles et, surtout, elles ne sont pas encore complètement résolues. Par exemple, ainsi que nous l'avons déjà dit, on ne sait toujours pas construire un opérateur temps ; peut-être faudra-t-il avoir résolu les problèmes de la relativité générale quantique pour y parvenir. Nous voulons néanmoins montrer les étapes de l'élaboration d'une théorie globalement cohérente de la relativité restreinte quantique.

L'espace de Fock

La quantification du champ électromagnétique est, bien évidemment, un problème de la relativité quantique, puisque les photons se meuvent à la vitesse de la lumière. L'idée essentielle est de traiter comme un opérateur quantique le *quadrivecteur potentiel* du champ électromagnétique. La complémentarité s'applique au champ électromagnétique quantifié : la description en termes de particules (photons) correspond à *la représentation en impulsions*, la description ondulatoire (donnée du champ électrique et du champ magnétique en tout point d'espace-temps) correspond à *la représentation en positions.*

La principale nouveauté par rapport au cas non relativiste (que l'on appelle la première quantification) tient au fait qu'on ne peut plus se contenter de l'espace de Hilbert des états à une particule ou à un nombre fini de particules. Pour décrire les états d'un champ électromagnétique, dans la représentation en impulsions, on a recours à un espace plus vaste que l'espace de Hilbert, l'espace de Fock, qui est une superposition infinie d'espaces de Hilbert, comprenant d'abord le vide, espace à zéro photon, puis l'espace à un photon, puis l'espace à deux photons, etc.

Dans cet espace de Fock, le champ électromagnétique est représenté par des opérateurs dits de création* et d'annihilation* de photon : l'opérateur a_k^+ crée un photon d'impulsion k, et l'opérateur a_k annihile un photon d'impulsion k. L'opérateur de création fait passer de l'espace de Hilbert à n photons à celui à $n+1$ photons ; et l'opérateur d'annihilation fait, à l'inverse, passer de l'espace de Hilbert à n photons à celui à $n-1$ photons (sur le vide, l'action d'un opérateur d'annihilation donne zéro). On peut définir un *opérateur nombre de photons.* Tout état à n photons est représenté par un vecteur propre de l'opérateur nombre de photons avec la valeur propre n.

La dualité onde-corpuscule, étendue par de Broglie aux ondes de matière, conduit aussi au concept proprement quantique de *champ de matière.* Un champ quantique de matière est un ensemble d'opérateurs, de création et d'annihilation de fermions. Le concept d'espace de Fock peut être étendu aux fermions et aussi aux systèmes mixtes, comportant des fermions et des bosons.

En fait, le formalisme de l'espace de Fock que nous avons introduit à propos de la relativité quantique s'est révélé d'une très grande utilité pour décrire les systèmes quantiques statistiques (à grand nombre de particules), même en dehors des effets relativistes. (C'est d'ailleurs la raison pour laquelle on parle, à propos des particules indiscernables, des *statistiques* de Bose-Einstein et de Fermi-Dirac.) L'espace de Fock permet en effet de décrire statistiquement un système quantique à grand nombre de particules en l'absence d'interaction. En théorie statistique, il est très important qu'en l'absence d'interaction il n'y ait pas de corrélations. Or, les effets quantiques induisent des corrélations même en l'absence d'interaction : les propriétés de symétrie ou d'antisymétrie par permutation de particules identiques impliquent l'existence de telles corrélations. Avec le formalisme de l'espace de Fock, on met l'accent, non plus sur les particules qui sont dans tel ou tel état, mais sur les états qui sont occupés ou pas par des particules. L'espace de Fock est un ensemble multiplement infini d'états, chaque état étant caractérisé par un nombre* d'occupation. Si les particules sont des bosons, le nombre d'occupation est un entier arbitraire positif ou nul, si les particules sont des fermions, le nombre d'occupation vaut zéro ou un (à cause du principe d'exclusion de Pauli). Si on a un système sans interaction, les états peuvent être remplis ou vidés des particules qui les occupent, indépendamment les uns des autres : dans l'espace de Fock, ainsi conçu, il n'y a pas de corrélation quantique en l'absence d'interaction.

Alors que l'espace de Hilbert constitue la généralisation quantique de l'espace de la mécanique classique, on peut avancer l'idée que l'espace de Fock est la généralisation quantique de l'espace-temps de la relativité. Les dimensions spatiales sont représentées par la complémentarité qui fonctionne dans chacun des espaces de Hilbert, tandis que la dimension temporelle serait liée au nombre de particules.

Le spin

Déjà en première quantification, la théorie quantique du moment cinétique est à l'origine de nombreux effets nouveaux. Le moment cinétique a le contenu dimensionnel d'une action. On s'attend donc que chaque composante du moment cinétique ne puisse prendre comme valeur qu'un multiple entier du quantum d'action h. Cela signifie que les opérateurs associés aux composantes du moment cinétique ont des valeurs propres qui sont des multiples entiers de h. En fait, lorsque l'on établit de manière précise la théorie quantique du moment cinétique, on trouve que ces valeurs propres peuvent être des multiples demi entiers de h. Ce fait peut paraître paradoxal car il suggère l'existence d'un demi-quantum d'action. Mais ce paradoxe est levé grâce à l'introduction du concept de *spin* ou moment cinétique intrinsèque. Il est possible en effet d'étendre à la relativité quantique la loi de conservation du moment cinétique, à condition d'attribuer à chaque particule un moment cinétique intrinsèque (aussi appelé spin). Mais, alors que le moment cinétique orbital (il s'agit du moment angulaire relatif pour un système d'au moins deux particules) est toujours entier, le spin peut être demi entier (dans des unités où $h = 1$).

Le spin (qu'il soit entier ou demi entier) est un concept purement quantique : classiquement, le moment angulaire intrinsèque d'une particule ponctuelle ne peut être que nul.

En termes de champs quantiques, le spin est relié au nombre de composantes du champ. Si S est le spin du champ, le nombre de composantes est égal à $2S + 1$. Ainsi, un *champ scalaire* est un champ à une composante (un opérateur défini en chaque point de l'espace-temps). Les quanta associés sont des particules de spin zéro. Un champ vectoriel* (comme le champ électrique, par exemple) est un champ à trois composantes (un triplet d'opérateurs en chaque point d'espace-temps). Les quanta associés sont des particules de spin 1. Les particules de spin 1/2 sont les quanta d'un champ à deux composantes, ou champ spinoriel*. Un champ tensoriel* est un champ à cinq composantes ; les quanta associés sont des particules de spin 2.

Grâce à la loi de conservation du moment cinétique, il n'y a pas de problème de « demi-quantum d'action » : si, dans une transition, le moment cinétique est demi entier dans l'état initial, il l'est aussi dans l'état final et, donc, toute interaction implique un multiple nécessairement entier du quantum d'action.

Cette loi de conservation du caractère demi entier du moment cinétique suggère que les particules de spin demi entier renferment une propriété en quelque sorte indestructible. De fait, les particules de matière, les fermions, sont toutes des particules de spin demi entier, alors que les quanta des champs d'interaction, les bosons, sont des particules de spin nul ou entier.

La connexion* spin-statistique, qui stipule que les fermions ont un spin demi entier et les bosons un spin entier, peut se démontrer de manière rigoureuse dans le cadre de la théorie de la relativité quantique. Le principe d'exclusion de Pauli pour les fermions traduit, comme nous l'avons dit, l'impénétrabilité de la matière, et la connexion spin-statistique qui attribue un spin demi entier aux fermions traduit l'indestructibilité de la matière.

Le vide. Particules et antiparticules

Pourtant, le nombre total de fermions n'est pas conservé.

C'est grâce à une nouvelle conception du vide, et à l'introduction du concept essentiel d'*antiparticule*, que la relativité quantique devient réellement cohérente.

Pour un champ de bosons, l'interprétation évidente du vide est d'être l'espace de Hilbert à zéro particule. Pour un champ de fermions, Dirac a inventé une interprétation beaucoup plus subtile. Voulant généraliser à l'électron relativiste l'équation de Schrodinger (l'équation d'évolution dans le temps de l'amplitude d'état), Dirac a buté sur une difficulté : son équation admet des solutions d'énergie négative qui bien sûr sont physiquement inacceptables. La solution de Dirac à ce problème est essentiellement la suivante : on va appeler « vide », ou état fondamental, une configuration de l'espace de Fock où tous les états possibles d'énergie négative sont occupés chacun par un électron. Comme les électrons sont des fermions et que les états d'énergie négative sont déjà occupés il est impossible de mettre ne serait-ce qu'un seul électron dans un état d'énergie négative. Tout se passe donc comme si les états d'énergie négative n'existaient pas.

Supposons, par contre, qu'un des états d'énergie négative ne soit pas occupé, qu'il y ait en quelque sorte un « trou » dans le continuum d'énergie négative. Dirac propose d'interpréter ce trou comme une particule d'énergie positive, qu'il appelle un positron ou antiélectron. Comme il y a un trou, un électron peut y tomber. Eh bien, c'est qu'il a rencontré un antiélectron avec lequel il s'est *annihilé*, puisqu'une fois tombé dans le trou il s'est perdu dans le vide.

Réciproquement, un photon d'énergie suffisante peut éjecter un électron du continuum d'énergie négative en laissant un trou : on dira alors que le photon s'est matérialisé en une paire électron-positron.

Cette idée prodigieusement élégante de Dirac s'est révélée parfaitement exacte. On a observé les antiparticules de toutes les particules connues. Le processus de matérialisation* de photons en paires électron-positron est quotidiennement observé (c'est ce processus qui permet la détection des photons très énergiques) ; il a trouvé une application biomédicale spectaculaire dans la caméra à positrons. Nous tenions à mentionner cette magnifique retombée de la relativité quantique pour rendre un chaleureux hommage à Paul Dirac dont la disparition récente a endeuillé la communauté scientifique.

Une particule et son antiparticule ont même masse (il n'y a pas de particule de masse négative), même spin, mais elles ont des charges opposées. De manière générale les *nombres quantiques additifs* (qui généralisent la charge électrique) sont opposés pour une particule et son antiparticule. Par exemple les baryons, qui sont des hadrons fermioniques, ont un nombre baryonique (nombre quantique additif, algébriquement conservé) égal à $+1$; le proton est un baryon de spin 1/2 de charge électrique $+1$; l'antiproton est un antibaryon (de nombre baryonique égal à -1,), de spin 1/2, de même masse que le proton, de charge électrique -1. L'antiproton existe. On sait produire des antiprotons, les stocker, les accélérer et les faire entrer en collision avec des protons.

On a généralisé le concept d'antiparticules aux bosons. L'équation de Klein-Gordon, qui généralise à la relativité quantique l'équation de Schrodinger dans le cas des bosons, comporte aussi des solutions d'énergie négative : un boson d'énergie négative est interprété comme un *antiboson* d'énergie positive, et le tour est joué. Comme toujours en théorie quantique, on utilise un opérateur, appelé opérateur conjugaison* de charge, qui transforme une particule en son antiparticule. Des bosons neutres peuvent être des états propres de cet opérateur. Ainsi le méson π^0 (rappelons que les mésons sont des hadrons bosoniques) est un état propre de la conjugaison de charge avec la valeur propre $+1$, et le photon un état propre de valeur propre -1. Dans le cadre du modèle dit de Majorana, les neutrinos (ou certains neutrinos) pourraient être des états propres de la conjugaison de charge.

Cette théorie des antiparticules, remarquablement confirmée par les découvertes expérimentales, a deux conséquences fondamentales.

1. Elle achève la cohérence du formalisme de la relativité quantique. La première condition que doit satisfaire ce formalisme est de fournir une description réversible de n'importe quel système de champs quantiques et relativistes, en l'absence de couplage, toutes les particules se propageant librement, indépendamment les unes des autres. En effet la situation d'absence de couplage peut être assimilée à la limite classique de la relativité quantique, et la physique classique est formellement réversible. Dans la formulation lagrangienne les équations du mouvement sont formellement invariantes par renversement* du sens du temps.

Mais il apparaît que la seule réversibilité par rapport à laquelle la relativité quantique soit invariante ne consiste pas seulement à renverser le sens du temps, encore faut-il en plus changer de signe les coordonnées d'espace (on appelle parité* d'espace cette opération) et changer toutes les particules en leurs antiparticules. En d'autres termes le formalisme est élaboré en imposant la condition que toutes les amplitudes de probabilité soient invariantes par l'application de l'opérateur PCT*, produit des trois opérateurs P (associé à la parité d'espace), C (associé à la conjugaison de charge) et T (associé au renversement du sens du temps). Alors que le « théorème PCT » n'a jamais été mis en défaut, les découvertes que ces trois symétries sont violées séparément ont provoqué de grandes surprises, dans les années cinquante pour la violation de la parité, et dans les années soixante pour la violation de CP (et donc de T).

2. Par conservation de l'énergie impulsion, l'annihilation d'un fermion et d'un antifermion produit de nouvelles particules qui sont des bosons. Puisque des fermions et antifermions peuvent s'annihiler en bosons et que, réciproquement, des bosons peuvent se matérialiser en paires fermion-antifermion, il devient possible de *coupler* champs de matière et champs d'interaction. Dès lors, la relativité quantique devient la *théorie quantique et relativiste des champs en interaction*, qui est le cadre théorique de la physique actuelle des particules élémentaires, que nous allons discuter dans la suite de ce chapitre.

Particules et transitions virtuelles

Diagrammes et amplitudes de Feynman

Nous sommes maintenant en mesure d'expliquer plus clairement la signification des diagrammes de Feynman que nous avons évoqués au tout début de l'ouvrage. Classiquement, le concept de champs avait été introduit pour tenir compte de la propagation à vitesse finie des interactions. Avec les champs quantiques il devient possible de décrire quantitativement les interactions au niveau élémentaire, c'est-à-dire mettant en jeu des actions de l'ordre du quantum d'action. Ainsi, par exemple, une particule de matière (un fermion) émet un boson d'interaction qui est absorbé par un autre fermion. Le boson véhicule l'interaction entre les deux fermions.

Le diagramme de Feynman (figure VI, 1) permet une visualisation symbolique de ce processus élémentaire. Au point d'espace-temps I, le fermion 1 qui a une quadri-impulsion P_1 émet un boson b de quadri-impulsion k ; il lui reste alors une quadri-impulsion $P'_1 = P_1 - k$. Le fermion 2, qui a une quadri-impulsion P_2, absorbe le boson au point d'espace-temps II, sa quadri-impulsion devient alors $P'_2 = P_2 + k$. Les points I et II sont appelés des vertex*, les lignes du diagramme sont appelées propagateurs*. Le processus décrit par ce diagramme est une réaction élastique, conservant l'énergie-impulsion : $P_1 + P_2 = P'_1 + P'_2$.

Lorsque cette réaction est cinématiquement possible, le quadrivecteur k est du genre espace : on trouve en effet que $k^2 = (P_1 - P'_1)^2 = (P_2 - P'_2)^2$ est négatif. (Rappelons qu'il s'agit de carré de Lorentz de quadrivecteurs, et que c = 1). Cela signifie que l'intervalle (I II) est du genre espace et donc que par changement de référentiel d'espace-temps on peut, au choix, faire que I précède II, ou que II précède I, ou que I et II soient simultanés. Si c'est I qui précède II on dira que le boson b est émis en I et absorbé en II. Si c'est II qui précède I on dira que c'est l'anti-boson $\bar{b}$ qui est émis en II et absorbé en I. Dans le référentiel où I

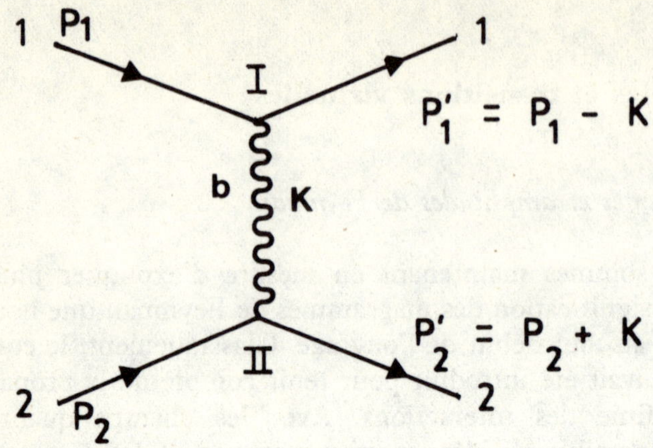

Figure VI. 1

Echange d'un boson virtuel

Diagramme de Feynman associé à la diffusion de deux particules par échange d'un boson virtuel. Ce diagramme est censé décrire le déroulement spatio-temporel de la transition. L'axe des temps est dans la direction horizontale. On n'a pas porté les axes représentant les dimensions de temps et d'espace, car l'amplitude associée au diagramme de Feynman est un scalaire (indépendant du choix du référentiel). Comme k^2 est négatif, l'intervalle (I II) est du genre espace. Les lignes orientées représentent des fermions ; l'orientation permet de distinguer les particules des antiparticules (voir, par exemple, la figure I, 7).

et II sont simultanés on retrouve la description classique, en termes de potentiel ne dépendant que des positions.

Les particules correspondant aux propagateurs joignant deux vertex sont dites *virtuelles*. Ainsi le boson b échangé est dit virtuel parce que le carré de Lorentz de sa quadri-impulsion n'est pas égal au carré de sa masse invariante : $k^2 < 0 \leq m^2_b$. On dit aussi que le boson virtuel b est « hors de sa couche de masse pendant la transition ».

Les inégalités de Heisenberg permettent d'évaluer la durée approximative de cette transition : l'écart par rapport à la couche de masse mesure « l'incertitude » sur l'énergie du boson virtuel, $\Delta E \sim \sqrt{||k^2| - m^2_b|}$. Dans le système d'unités ou $h = c = 1$, la durée ΔT de la transition est alors de l'ordre $\Delta T \sim 1/\Delta E$. Cette durée mesure aussi la distance (puisque $c=1$) à laquelle porte l'interaction, que l'on appelle *portée* de l'interaction. La distance d'interaction est maximum lorsque ΔE est minimum, c'est-à-dire lorsque $k^2=0$ (ce qui correspond, pour une collision élastique, à un angle de diffusion nul). Dans ce cas la portée ΔT (ou plutôt $\Delta L = c\Delta T$) vaut $1/m_b$.

C'est ce raisonnement qui a permis à Yukawa d'anticiper l'existence du méson π comme médiateur de l'interaction nucléaire forte. Partant de l'observation de la taille moyenne des noyaux (un rayon de l'ordre de 1 fermi $= 10^{-13}$ cm), il a émis l'hypothèse de l'existence d'un boson d'interaction véhiculant une interaction responsable de la cohésion du noyau, et donc d'une portée de l'ordre du fermi. Il s'attendait donc que la masse invariante de cet hypothétique boson fût de l'ordre de 1 fermi^{-1}, soit une centaine de Mev. Cette hypothèse a été confirmée par la découverte du méson π.

Le diagramme de Feynman n'est pas qu'un simple moyen de visualiser un processus élémentaire. Les *règles de Feynman* permettent d'associer à chaque diagramme une amplitude de transition. Pour le processus que nous venons de discuter, on trouve, d'après les règles de Feynman, une amplitude de transition égale à g_{b1} $g_{b2}/(k^2 - m^2_b)$, où g_{b1} et g_{b2} sont des constantes* de couplage, caractérisant l'intensité des couplages à chaque vertex.

Particules virtuelles du genre temps

Les diagrammes et amplitudes de Feynman peuvent être généralisés à la description d'autres processus. Ainsi dans le diagramme de Feynman de la figure VI, 2, la particule virtuelle (celle dont le propagateur relie deux vertex) est du genre temps. La conservation de l'énergie-impulsion s'écrit, à chaque vertex : $P_1 + P_2 = P$; $P = P_3 + P_4$. Si la réaction $1 + 2 \rightarrow 3 + 4$ est cinématiquement possible, $P_1 + P_2 = P_3 + P_4$ et $P^2 = (P_1 + P_2)^2 = (P_3 + P_4)^2$ est positif et supérieur au maximum de $(m_1 + m_2)^2$ et $(m_3 + m_4)^2$. L'intervalle (I II) est du genre temps ; quel que soit le référentiel d'espace-temps, l'événement II est intervenu après l'événement I. Si m_v est la masse invariante de la particule virtuelle, l'amplitude de Feynman asso-

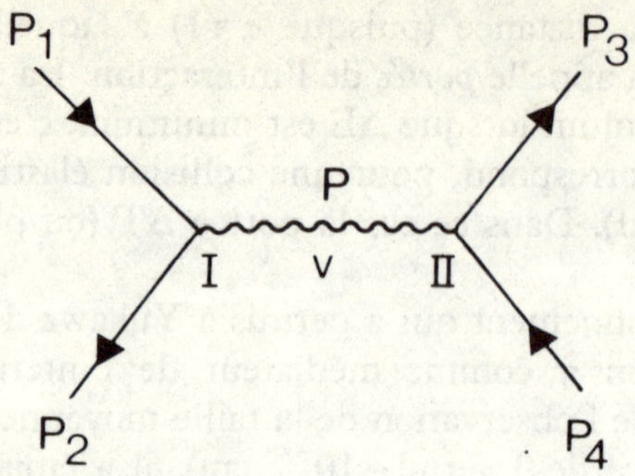

Figure VI. 2

Formation d'un boson virtuel

Diagramme de Feynman impliquant une particule virtuelle du genre temps. Comme $p^2 = (p_1 + p_2)^2 = (p_3 + p_4)^2$ est positif, l'intervalle I II est du genre temps.

ciée au diagramme est $g_{v12}\ g_{v34}/(p^2 - m^2{}_v)$, qui est une généralisation évidente de l'amplitude de Feynman correspondant à l'échange d'une particule virtuelle du genre espace. De même, la durée approximative de la transition peut être évaluée à $\Delta T \sim 1/\sqrt{|p^2 - m^2{}_v|}$.

Deux cas sont possibles :

— m_v est inférieur à $m_1 + m_2$ et $m_3 + m_4$; v est alors ce que l'on appelle un état lié de 1 et 2 ou de 3 et 4 ; $m_1 + m_2 - m_v$ et $m_3 + m_4 - m_v$ sont les défauts de masse liés respectivement aux énergies de liaison de 1 et 2 dans v et de 3 et 4 dans v ;

— m_v est supérieur à $(m_1 + m_2)$ et $(m_3 + m_4)$; dans ce cas la particule n'est pas vraiment virtuelle puisque p^2 peut être égal à m_v^2 lorsque la réaction est cinématiquement possible. Mais si cette égalité était exacte, alors l'amplitude de transition et la durée de la transition seraient infinies. En réalité ce n'est jamais le cas, car m_v n'est pas complètement réel mais contient une petite partie imaginaire : $m_v = m_R + i\Gamma$, où m_R et Γ sont réels ; p^2 qui est réel ne peut jamais être égal à m_v^2. Dans le cas considéré on a un état métastable pour $\sqrt{p^2} = m_R$, dont la durée de vie est égale à $1/\Gamma$. L'amplitude de Feynman n'est pas infinie mais elle donne une probabilité de transition qui présente une bosse, caractéristique d'une résonance*, centrée à $\sqrt{p^2} = m_R$ et de largeur à mi-hauteur égale à Γ (voir la figure VI, 3).

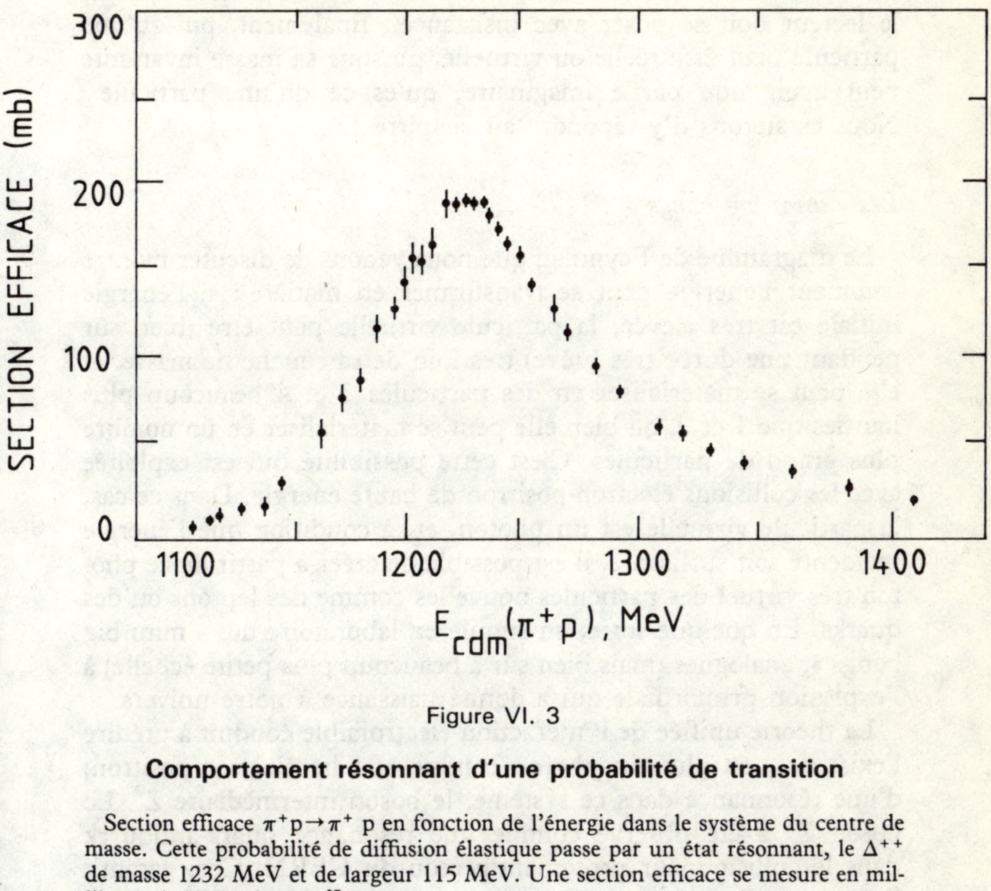

Figure VI. 3

Comportement résonnant d'une probabilité de transition

Section efficace $\pi^+ p \rightarrow \pi^+ p$ en fonction de l'énergie dans le système du centre de masse. Cette probabilité de diffusion élastique passe par un état résonnant, le Δ^{++} de masse 1232 MeV et de largeur 115 MeV. Une section efficace se mesure en millibarns (mb). 1 mb $= 10^{-27}$ cm².

Un nombre considérable de résonances hadroniques a été découvert dans les années soixante et soixante-dix. Comme les résonances peuvent être assimilées à d'authentiques particules, la physique hadronique n'a cessé de se compliquer. C'est le principe dit de « démocratie hadronique », évoqué plus haut, qui a permis de gérer cette prolifération de la famille des hadrons et qui a préparé le terrain au modèle des quarks.

En tous les cas, la discussion que nous venons de présenter ne peut pas nous dispenser de répondre clairement à la question que le lecteur doit se poser avec insistance : finalement, puisqu'une particule peut être réelle ou virtuelle, puisque sa masse invariante peut avoir une partie imaginaire, qu'est-ce qu'une particule ? Nous essaierons d'y répondre au chapitre IX.

Les « mini big bangs »

Le diagramme de Feynman que nous venons de discuter montre comment l'énergie peut se transformer en matière : si l'énergie initiale est très élevée, la particule virtuelle peut être (bien sûr pendant une durée très brève) très loin de sa couche de masse, et elle peut se matérialiser en des particules 3 et 4 beaucoup plus lourdes que 1 et 2, ou bien elle peut se matérialiser en un nombre plus grand de particules. C'est cette possibilité qui est exploitée avec les collisions électron-positron de haute énergie. Dans ce cas, la particule virtuelle est un photon, et, à condition que l'énergie incidente soit suffisante, il est possible de créer à partir de ce photon très virtuel des particules nouvelles comme des leptons ou des quarks. En quelque sorte, on simule en laboratoire des « mini big bangs », analogues (mais bien sûr à beaucoup plus petite échelle) à l'explosion primordiale qui a donné naissance à notre univers.

La théorie unifiée de l'interaction électrofaible conduit à prédire l'existence, en plus du photon comme état lié électron-positron, d'une résonnance dans ce système, le boson intermédiaire Z^0. Le boson Z^0 a été observé comme une résonance quark-antiquark dans le collisionneur proton-antiproton du CERN. Ceci garantit l'existence d'une bosse résonnante au collisionneur LEP qui permettra de produire (vers la fin des années quatre-vingt), avec un fort taux de comptage, quantité d'événements intéressants.

Transitions virtuelles

Les diagrammes de Feynman nous permettent d'expliquer de manière beaucoup plus précise la nature des difficultés de la relativité quantique en présence d'interactions entre les champs. Le diagramme de Feynman de la figure VI, 4 représente ce que l'on appelle une transition* virtuelle : un fermion émet en I un boson qu'il réabsorbe en II. Entre les deux vertex le boson et le fermion sont virtuels. On dit que l'on a une transition virtuelle si le diagramme de Feynman comporte une boucle*. Si p est la quadri-impulsion du fermion incident, la conservation de l'énergie-impulsion aux vertex ne contraint pas les quadri-impulsions du boson et du fermion virtuels, si ce n'est que la somme des deux quadri-impulsions doit être égale à p ; si k est la quadri-impulsion du boson virtuel, la quadri-impulsion du fermion virtuel est p−k ; mais k peut prendre n'importe quelle valeur. La contribution totale à l'amplitude d'état des transitions virtuelles représentées par le diagramme est l'intégrale sur tous les k possibles de l'amplitude de Feynman de l'émission et réabsorption d'un boson de quadri-impulsion k.

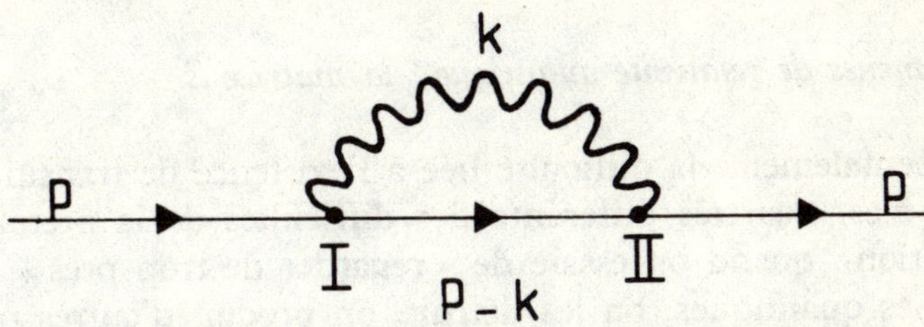

Figure VI. 4

Transition virtuelle

Un exemple de transition virtuelle : un fermion (par exemple un électron) de quadri-impulsion p émet en I un boson (par exemple un photon) de quadri-impulsion k, qu'il réabsorbe en II.

Là encore, les inégalités de Heisenberg permettent d'évaluer la durée approximative de ces transitions virtuelles : on trouve l'inverse de l'écart par rapport à la couche de masse. C'est là que se trouve la grande difficulté de la théorie quantique et relativiste des champs en interaction : plus le temps est déterminé avec précision, et moins l'état du système est déterminé ; l'énergie, l'impulsion, le nombre de particules ne sont plus déterminés. Tarassov (dans *Théorie quantique et opérateurs linéaires*) compare cette situation paradoxale au conte de fées de Cendrillon : à condition que ce soit pendant une durée limitée, la citrouille devient carrosse et l'électron change de masse, émet et réabsorbe des photons de masse différente de zéro... Mais ces transitions virtuelles ont-elles des conséquences physiques observables ? Y a-t-il en relativité quantique une « pantoufle de vair », trace tangible dans le monde réel des vagabondages virtuels ? La théorie de la renormalisation que nous abordons maintenant apporte une réponse affirmative à cette question.

La théorie de la renormalisation

Les phénomènes de relativité quantique : la matrice S

Fondamentalement, la difficulté liée à l'existence de transitions virtuelles n'est pas très différente des difficultés de la première quantification : quand on essaie de « regarder de trop près » des phénomènes quantiques, on les détruit, on produit d'autres phénomènes. Simplement, en relativité quantique, le temps n'est pas seulement incompatible avec l'énergie, mais encore avec tous les observables dynamiques (impulsion, et aussi nombre de particules). En toute rigueur, dans la représentation corpusculaire, les caractéristiques dynamiques ne peuvent être définies que pour des particules libres, sans interaction.

Le formalisme de la matrice* S permet de poser avec rigueur et sans ambiguïté les problèmes de la relativité quantique. Ce formalisme s'inspire du point de vue de la « boîte noire » : dans un phénomène de relativité quantique, un certain nombre de particules incidentes, libres au temps $t=-\infty$, entrent en interaction, une interaction dont sortent un certain nombre de particules finales, libres au temps $t=+\infty$. Les temps $-\infty$ et $+\infty$ sont en fait des temps caractéristiques des appareils macroscopiques, c'est-à-dire des temps grands devant les durées typiques des phénomènes quantiques. Les états de particules libres entrantes et sortantes forment des espaces de Fock engendrés par des champs asymptotiques* libres entrants et sortants. La matrice S (ou matrice de diffusion ; en effet S est l'initiale de « scattering » qui signifie diffusion en anglais) est l'opérateur qui transforme l'espace de Fock entrant en espace de Fock sortant. Un élément de matrice de la matrice S est une amplitude de transition (au sens des amplitudes de probabilité défini plus haut) entre un état initial de particules libres et un état final de particules libres. L'ensemble de tous les éléments de matrice de la matrice S est l'objet de la physique des particules élémentaires. La matrice S est le réceptacle de toutes les informations expérimentales et théoriques que la physique des particules est susceptible de produire.

Le concept de matrice S est, bien évidemment, un concept quantique ; les mises en garde que nous avons développées au chapitre précédent à propos de la signification des concepts quantiques s'appliquent donc à elle. L'information contenue dans la matrice S *peut et doit* être traitée pour permettre la connaissance de la réalité objective. Il est essentiel d'éviter toute interprétation positiviste de cette approche : comme outil phénoménologique quantiquement fiable, la matrice S ne dispense pas du travail théorique nécessaire à une appréhension toujours perfectible de la réalité objective, elle est au contraire un moyen de cette recherche.

Le formalisme de la matrice S marque une étape importante dans l'élaboration d'une théorie conséquente de la relativité quantique. Initié par Heisenberg et Landau, ce cadre formel a été précisé et consolidé par de nombreux théoriciens dans les années soixante et soixante-dix, et certains, comme Chew, ont tenté une approche nouvelle, originale, dans l'espoir de déboucher sur une théorie de la matrice S. Ce programme ambitieux consiste tout d'abord à repérer les propriétés générales, en quelque sorte axiomatiques, que satisfait la matrice S. Ensuite, on tente d'extraire de ces propriétés générales des contraintes théoriques qui pourraient déterminer de manière unique la matrice S, ou tout au moins certains de ses éléments de matrice. Inutile de dire que ce vaste programme est loin d'avoir abouti. Cependant cette approche originale a permis au moins de préciser clairement les propriétés générales que doit satisfaire toute théorie de la relativité quantique et elle a donné naissance à un nouveau mode de raisonnement, le raisonnement par autocohérence ou raisonnement du « bootstrap* » (voir l'encadré « Bootstrap »).

Bootstrap

Dans la théorie de la matrice S hadronique, la stratégie dite du « bootstrap » consiste à tenter de déterminer les amplitudes de transition à partir d'arguments d'autocohérence, un peu comme si l'on tentait de s'élever dans l'air grâce à ses « tirants de bottes » (signification du mot anglais « bootstrap »).

Cette stratégie s'appuie essentiellement sur le principe de démocratie hadronique, selon lequel tous les hadrons sont à égalité du point de vue de l'élémentarité. Tous les hadrons peuvent être échangés, dans des diagrammes de Feynman, comme particules virtuelles du genre temps, ils peuvent donc *tous* être considérés comme états liés ou résonances hadroniques. D'autre part, *tous* les hadrons peuvent être échangés comme des particules virtuelles du genre espace et ils peuvent donc être *tous* considérés comme des quanta élémentaires véhiculant l'interaction forte.

Demander que tous les hadrons soient à la fois élémentaires et composites de tous les autres implique que la matrice S hadronique obéisse à des équations très contraignantes. Certes l'espoir que ces contraintes suffisent à déterminer directement les amplitudes hadroniques ne s'est pas réalisé. Cependant, cette idée du « bootstrap » a été à l'origine de la *dualité* (évoquée au chapitre I), qui a elle-même aiguillé la recherche vers la chromodynamique quantique et vers les théories de cordes et de « supercordes » (voir le chapitre XI), considérées actuellement comme pouvant déboucher sur la théorie unitaire de toutes les particules et de toutes les interactions.

La somme sur toutes les trajectoires

Malgré son caractère attrayant et les acquis dont on lui est redevable, le programme de Chew n'a pas pu fournir une réponse directe aux problèmes de l'interaction des champs quantiques. S'il est vrai que seul le cadre de la matrice S respecte complètement les principes quantiques, nous ne pouvons pas nous dispenser de « regarder de plus près ce qu'il y a dans la boîte noire ».

Une méthode, due à Feynman, permet de construire une théorie des éléments de matrice de la matrice S. Cette méthode, qui est une véritable nouvelle formulation de la théorie quantique, peut être introduite en première quantification, mais elle trouve sa pleine utilité en relativité quantique.

Lorsque nous avons défini le mode d'emploi des amplitudes de probabilité, nous avons énoncé la règle fondamentale qui stipule que lorsqu'une transition peut emprunter deux voies indiscernables, l'amplitude totale est la somme des amplitudes correspondant à chacune des deux voies. C'est, assurément, cette règle qui permet de rendre compte des effets d'interférence quantique : dans le cas de l'expérience de Young, le passage par chacun des trous constitue une voie indiscernable de transition ; comme on somme les amplitudes qui sont des nombres complexes on obtient des effets d'interférence.

Imaginons maintenant que nous fassions l'expérience de Young avec un cache percé, non pas de deux trous mais de n trous. Le nombre de voies, et donc d'amplitudes à sommer, devient égal à n. Plaçons maintenant un deuxième cache, parallèle au premier, comportant lui aussi n trous ; le nombre d'amplitudes à sommer deviendra égal à n^2. On peut ensuite remplir tout l'espace compris entre la source et le détecteur de caches percés de trous. A la limite, quand le nombre de caches et le nombre de trous tendent vers l'infini, nous pouvons enlever tous ces caches et considérer que c'est tout l'espace qui est rempli de toutes les trajectoires possibles qui relient la source et un point du détecteur. *L'amplitude totale de transition est obtenue en faisant la somme de toutes les amplitudes correspondant à toutes les trajectoires possibles.*

Ce raisonnement, dont nous n'avons montré qu'une version très imagée empruntée à Feynman et Hibbs, est à l'origine d'une formulation lagrangienne de la théorie quantique. A partir du lagrangien classique (non opératoriel*) on peut définir l'amplitude de transition correspondant à chaque trajectoire possible. La quantification ne consiste plus à transformer les observables en opérateurs, mais à garder une définition classique du lagrangien et à sommer toutes les amplitudes correspondant à toutes les trajectoires possibles. Dans cette formulation, la limite classique de la théorie quantique prend une signification très précise : parmi toutes les amplitudes de transition celle qui correspond à la trajectoire classique (celle qui minimise l'intégrale d'action classique) est dominante à la limite ou h tend vers zéro (en réalité toutes les autres contributions s'annuleraient si h était égal à zéro).

En première quantification cette formulation a un intérêt plus théorique que pratique (puisque la formulation traditionnelle en termes d'opérateurs est déjà pratiquement satisfaisante). Elle permet néanmoins d'éclairer la signification de la correspondance statistique entre théorie classique et théorie quantique : la sommation de toutes les contributions de toutes les trajectoires possibles est complètement analogue aux moyennes statistiques que l'on effectue en thermodynamique classique.

En seconde quantification (en relativité quantique), la sommation sur toutes les trajectoires est ce qui nous permet d'examiner le contenu de la boîte noire : pour un processus donné, il s'agit de déterminer tous les diagrammes de Feynman possibles, de calculer les amplitudes de transition correspondantes, et de les sommer pour obtenir l'amplitude complète, c'est-à-dire l'élément de matrice S considéré.

La série perturbative

Le programme de Feynman que nous venons d'esquisser comporte plusieurs étapes. La première consiste à déterminer tous les diagrammes de Feynman possibles. Ces diagrammes sont obtenus en combinant de toutes les manières possibles les éléments constitutifs que sont les propagateurs (les lignes représentant la propagation des champs) et les vertex (les points où se couplent ces champs). Dans la formulation lagrangienne de la théorie quantique et relativiste, la densité de lagrangien contient toute l'information concernant ces éléments constitutifs des diagrammes de Feynman : la densité d'énergie cinétique correspond aux propagateurs et la densité d'énergie potentielle aux vertex.

Comme nous le verrons au chapitre VIII, ce sont des arguments de *symétrie* qui permettent de fixer la densité de lagrangien d'une interaction donnée, c'est-à-dire de déterminer quels sont les champs quantiques qui interviennent dans cette interaction et comment ils sont couplés les uns aux autres. Une fois connue la densité de lagrangien, on sait, en principe, comment construire tous les diagrammes de Feynman possibles et comment associer à chacun de ces diagrammes une amplitude de transition.

Le développement des amplitudes de transition en somme d'amplitudes de Feynman est ce que l'on appelle une série perturbative*. Il faut maintenant calculer la contribution à l'amplitude de transition de chacun de ces diagrammes en éliminant ceux dont la contribution totale est inférieure à la précision recherchée dans le calcul. Considérons une dynamique faisant intervenir un seul couplage caractérisé par une constante de couplage g, l'amplitude associée à un diagramme comportant n vertex est proportionnelle à g^n. Le développement en amplitudes de Feynman est donc un développement en puissances de g. Si la constante de couplage g est petite on peut espérer obtenir une approximation satisfaisante des amplitudes de transition en se limitant aux diagrammes d'ordre le plus bas, c'est-à-dire faisant intervenir le moins de vertex possible. Pour un processus donné, les diagrammes d'ordre le plus bas ne font intervenir que des particules virtuelles, mais pas de transitions virtuelles (voir la figure VI, 5). Or il se trouve que les diagrammes sans transitions virtuelles (c'est-à-dire sans « boucles ») sont ceux qui correspondent à l'approximation classique ; c'est-à-dire que les amplitudes correspondantes sont dominantes à la limite où h tend vers zéro. Par contre les diagrammes comportant des boucles, c'est-à-dire correspondant à des transitions virtuelles, non seulement sont d'ordre plus élevé (puissances plus élevées de g) mais encore ils correspondent à des corrections purement quantiques (c'est-à-dire qui seraient nulles si h était nul).

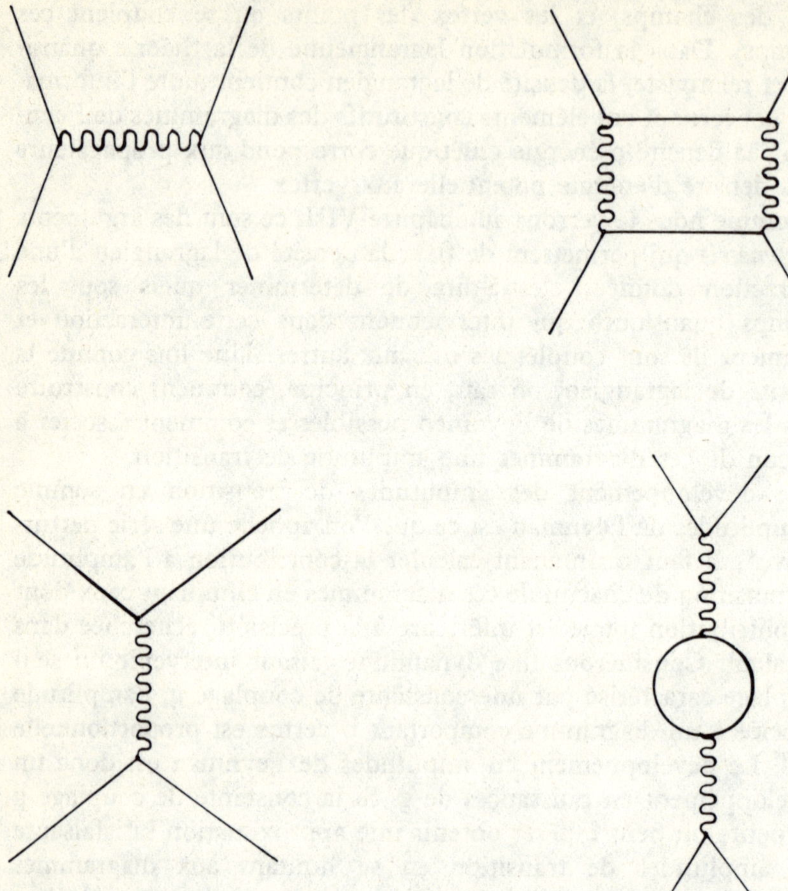

(a) (b)

Figure VI. 5

Diagrammes d'ordre le plus bas dans la diffusion de deux particules

a) Les diagrammes d'ordre le plus bas dans la diffusion de deux particules sont d'ordre g^2 où g est la constante de couplage de l'interaction considérée. Il n'y a pas de transition virtuelle dans ces diagrammes. Leurs contributions ne sont pas nulles lorsque h tend vers zéro. C'est la limite classique de la théorie quantique.

b) Diagrammes avec transition virtuelle, d'ordre le plus bas. Ces diagrammes sont d'ordre g^4. Leurs contributions sont nulles à la limite où h tend vers zéro. Ils correspondent à des effets purement quantiques.

Le critère de renormalisabilité

Hélas, en général, les amplitudes des transitions virtuelles sont, nous l'avons vu, définies par des intégrales divergentes, c'est-à-dire égales à l'infini. Sommes-nous ramenés au problème précédent ? En réalité, aucunement : les mathématiques nous fournissent des moyens d'extraire de l'information d'intégrales divergentes. Ce sont ces moyens qu'utilise la procédure de renormalisation (voir l'encadré « La procédure de renormalisation »).

La procédure de renormalisation

D'un point de vue technique, la procédure de renormalisation comporte trois étapes.

1. *La régularisation* consiste à rendre finies les intégrales divergentes associées aux amplitudes de Feynman comportant des transitions virtuelles. La régularisation se fait au moyen de *paramètres non physiques*, des « régularisateurs ». On peut imaginer de très nombreux schémas de régularisation différents. Le choix d'un schéma est laissé à la liberté du théoricien, étant entendu qu'au bout de la procédure de renormalisation, les quantités physiques observables ne doivent pas dépendre de ce choix.

La régularisation introduit, en général, des brisures de symétrie. Les schémas de régularisation diffèrent par les symétries qu'ils brisent. Le schéma sera choisi en fonction des symétries que l'on souhaite conserver dans la procédure de renormalisation.

2. *La renormalisation proprement dite* consiste à se débarrasser des régularisateurs qui sont des paramètres non physiques. Pour ce faire on effectue ce que l'on appelle des soustractions*. Une amplitude de transition soustraite de sa valeur en un *point de soustraction* (c'est-à-dire pour certaines valeurs de ses arguments) peut tendre vers une valeur finie

lorsque les régularisateurs sont éliminés. Effectuant toutes les soustractions nécessaires à l'élimination de tous les régularisateurs, on obtient une théorie ne dépendant plus de paramètres non physiques ; mais on a introduit des paramètres, physiques ceux-là, qui sont les valeurs des amplitudes de transition aux points de soustraction. Ces valeurs sont des paramètres non déterminés dans la théorie de départ. C'est expérimentalement qu'ils peuvent être fixés.

Une théorie est dite *renormalisable* si le nombre de soustractions nécessaire pour renormaliser l'ensemble de la série perturbative est *fini*. *Une théorie renormalisable dépend d'un nombre fini de paramètres physiques à déterminer expérimentalement.*

3. La troisième étape, la plus importante d'un point de vue physique, consiste à exploiter, pour les théories renormalisables, l'invariance de la physique par changement de schéma de régularisation ou par changement de point de soustraction. On établit ce que l'on appelle *les équations du groupe de renormalisation*, équations intégro-différentielles auxquelles doivent obéir les amplitudes renormalisées.

Cette procédure est sous-tendue par une sorte de stratégie de contournement : on fait provisoirement une entorse aux principes quantiques, c'est-à-dire qu'on essaie d'exprimer les quantités physiques à partir de concepts qui n'ont pas le statut quantique, c'est-à-dire relatifs à l'objet en soi, à l'objet « nu ». C'est lorsque l'on veut exprimer les observables physiques à partir de « champs nus » qu'on obtient des infinis, des divergences. On revient aux principes de la théorie quantique grâce au concept de « champs renormalisés » ; on montre que tous les aspects non physiques (infinis, divergences) sont contenus dans la relation entre champs nus et champs renormalisés ; on montre par contre que toutes les amplitudes de transition s'expriment sans infini ni divergence en fonction des champs renormalisés. Cette procédure (à condition qu'elle puisse s'appliquer) répond authentiquement à l'idéal quantique car le concept de champ renormalisé a le statut quantique ; il est relatif à une réalité placée dans des conditions bien définies d'observation. C'est pourquoi le critère de renormalisabilité (une théorie est renormalisable si la procédure de renormalisation peut s'y appliquer) est devenu le critère décisif d'élémentarité : *des particules sont élémentaires dans ou par rapport à une interaction si ce sont les quanta de champs quantiques couplés par cette interaction dans le cadre d'une théorie renormalisable.*

La théorie de l'électrodynamique quantique est renormalisable, et l'on s'en est aperçu très tôt. C'est pourquoi cette théorie a été le paradigme sur lequel s'est élaboré tout le modèle standard que nous allons examiner dans la dernière partie.

Avec une théorie renormalisable on est capable de déterminer de manière fiable les effets de corrections purement quantiques (liés à des transitions virtuelles), on dispose de « pantoufles de vair ».

Ainsi, le moment magnétique intrinsèque est en mécanique quantique proportionnel au spin (moment cinétique intrinsèque de la particule). Le coefficient de proportionnalité s'écrit g q/2m où q et m sont la charge et la masse de la particule, et où g s'appelle le facteur gyromagnétique. En mécanique classique, le moment magnétique induit par une charge en orbite circulaire est proportionnel au moment cinétique de cette charge, le facteur de proportionnalité étant q/2m. L'écart de g à l'unité représente donc un effet quantique.

Expérimentalement on trouve :

$$g = 2{,}00231\ 930\ 4920\ (254)$$

l'erreur entre parenthèses portant sur les derniers chiffres.

Dans le cadre de la première quantification, et en tenant compte autant que faire se peut de la cinématique relativiste (équation de Dirac), on trouve g=2.

En électrodynamique quantique (deuxième quantification) on calcule

$$g = 2{,}00231\ 930\ 4400\ (80)$$

l'erreur là aussi entre parenthèses portant sur les derniers chiffres. C'est là un des résultats les plus spectaculaires de l'électrodynamique quantique, les valeurs expérimentales et théoriques du facteur gyromagnétique étant en accord dans la limite des possibilités expérimentales (précision de mesure) et théoriques (capacité des ordinateurs).

Le groupe de renormalisation

La théorie de la renormalisation est le fruit d'une coopération interdisciplinaire entre la physique des particules et la physique statistique.

La méthode de la sommation sur toutes les trajectoires permet de remplacer le problème de la quantification par un problème de nature statistique.

La méthode statistique pour l'étude de la dynamique des systèmes à grand nombre de degrés de liberté consiste précisément à effectuer des moyennes statistiques dans l'espace de phase. La valeur moyenne d'une observable est définie par sommation sur toutes les configurations du système, pondérées au moyen de la fonction de partition. Il est d'ailleurs possible d'établir une correspondance précise et rigoureuse entre la sommation sur toutes les trajectoires de la théorie relativiste des champs quantiques et la sommation sur toutes les configurations d'un système statistique.

Dans cette correspondance, des problèmes analogues à ceux qui ont conduit à la théorie de la renormalisation se posent pour des systèmes critiques au voisinage d'une transition de phase du second ordre. Ces systèmes comportant deux phases (par exemple liquide et vapeur) pouvant se transformer continûment l'une dans l'autre ont des propriétés très curieuses qui peuvent être étudiées expérimentalement et théoriquement. L'équivalent de la théorie de la renormalisation est la méthode du *groupe de renormalisation* qui consiste à effectuer les moyennes statistiques, échelle après échelle.

CHAPITRE VII

Quelques implications gnoséologiques de la théorie quantique relativiste

Les nouveaux concepts introduits (relativité et mécanique quantique), qui servent toujours de cadre à toute théorie en physique des particules élémentaires, ont une portée véritablement philosophique.

Les progrès conceptuels en physique se forgent d'abord en s'interrogeant sur la validité, dans une théorie défaillante, des présupposés, des « allant de soi ». Les théories s'échafaudent ainsi les unes sur les autres : les nouvelles se bâtissent en s'affranchissant des faux présupposés, des « erreurs » des anciennes. Plus qu'un mouvement vers la connaissance en soi, les progrès conceptuels procèdent d'un mouvement de dépassement de concepts devenus historiquement inadéquats ou insuffisants.

Ainsi la physique classique reposait sur l'indépendance de la réalité ou plus précisément d'éléments de réalité par rapport à l'observateur. Ces éléments de réalité sont caractérisés par des paramètres physiques (dimension, impulsion, énergie, masse, charge, etc.). Ils interagissent les uns avec les autres, par des forces qui peuvent être instantanées et s'exercer à distance. Observateur, le physicien est à même, en principe, de décrire avec une infinie précision (infinie, asymptotiquement parlant) l'évolution dans l'espace et le temps des paramètres décrivant ces éléments de réalité. Pour ce faire, il utilise les forces, les lois de la physique, qui lui permettent d'appréhender, au moins conceptuellement, tous ces paramètres sans les modifier. L'observateur idéal est ainsi extérieur aux objets qu'il étudie. Il est un spectateur en dehors du monde et qui regarde le monde.

Ainsi que nous l'avons montré, ces conceptions se sont révélées fausses. Tout d'abord, les objets n'interagissent ni à distance, ni de manière instantanée. Les forces sont véhiculées par des particules qui ne peuvent se déplacer à une vitesse supérieure à c, c'est-à-dire la vitesse de particules de masse nulle. Il existe ainsi une vitesse de déplacement maximum de tout signal, de toute information. Cela a bouleversé notre conception de l'espace et du temps, et le concept de temps universel (indépendant de l'espace et de la vitesse de l'observateur) hérité de la physique classique a dû être abandonné. Les nouvelles idées (théorie de la relativité) ont à vrai dire moins troublé les philosophes que frappé notre imagination. Les rapports entre l'observateur et le monde ne sont en effet pas modifiés. En revanche, des conséquences comme la dilatation du temps à grande vitesse font rêver. Ainsi, dans le paradoxe célèbre des jumeaux, imaginé par Langevin, un voyageur quitte la terre à bord d'une fusée s'éloignant à une vitesse proche de celle de la lumière ; lorsqu'il revient sur terre, il retrouve son frère jumeau beaucoup plus vieilli que lui ; a-t-il fait un saut dans le futur ? Ce paradoxe a nourri l'imaginaire d'un véritable genre littéraire, la science-fiction. Notons d'ailleurs que ce paradoxe est « vérifié » expérimentalement à l'aide de particules comme les muons μ, qui ont une durée de vie, au repos, de deux microsecondes environ mais qui peuvent vivre beaucoup plus longtemps si on les accélère.

Le bouleversement physique le plus important vient toutefois de la théorie quantique. Dans celle-ci, l'observateur n'est plus seulement un spectateur, il est aussi acteur, il devient un *metteur en scène.* Il perturbe ainsi les éléments de réalité qu'il étudie, d'une manière incontrôlable et d'une quantité (l'action) qu'il ne peut faire tendre vers zéro, puisqu'elle est nécessairement plus grande que h, la constante de Planck. Les implications gnoséologiques du remaniement conceptuel opéré par la théorie quantique concernent deux problématiques fondamentales et très actuelles que nous allons brièvement évoquer : celle des rapports sujet/objet et celle de la « flèche du temps ».

Les rapports sujet/objet

Tous les paramètres décrivant un objet physique ne peuvent plus, dans le cadre de la mécanique quantique, être déterminés simultanément. Les précisions dans la détermination des paramètres sont couplées par l'intermédiaire de la constante de Planck, cette action minimum, cette perturbation minimum qu'apporte l'observateur à l'objet microscopique qu'il étudie quand il mesure l'un de ces paramètres. S'il mesure la position, il affecte la mesure de l'impulsion, et réciproquement. Nombreux ont été les auteurs qui ont essayé de contourner cette difficulté et de proposer des expériences (par la pensée) au cours desquelles il était possible de déterminer à la fois la position et l'impulsion d'une particule avec une précision aussi bonne que l'on voudrait. A ce jeu, ces auteurs ont toujours perdu : toutes ces propositions recelaient une erreur de raisonnement qui fut chaque fois mise au jour. La mécanique quantique est parfaitement cohérente.

Le caractère incontrôlable de la perturbation associée à la mesure signifie que ce processus est irréversible. Cela est dû au fait que l'observateur, pour étudier un objet microscopique, un électron par exemple (les conséquences des effets quantiques sont importantes à des échelles de distance très petites), met en jeu un appareil qui, lui, est macroscopique et comporte des milliards d'autres électrons, tous identiques à celui qu'il désire étudier.

Incontrôlable, irréversible, cette perturbation entraîne pour le physicien une seule issue possible : le recours à la prédictibilité statistique. Le formalisme va attribuer à l'électron et à l'appareil de mesure des objets mathématiques distincts à l'aide desquels seront bâties des équations dont les solutions représentent les issues possibles des mesures et leur probabilité. Ce formalisme est opératoire, mais il n'a pas la prétention de décrire ce qui se passe entre l'électron et l'appareil, qui d'ailleurs est fondamentalement hors d'atteinte de l'observateur. Le formalisme permet ainsi de faire un raccourci, d'éviter d'avoir à décrire ce qui ne peut, par principe, être décrit. Il n'y a pas de variables* cachées, mais il y a des processus incontrôlables et irréversibles à cause de la quantification de l'action. Le point de vue que nous présentons ici est, assurément, le nôtre, mais c'était aussi et surtout celui des fondateurs de la mécanique quantique : Bohr, Heisenberg par exemple. Il est bien connu que Einstein, tenant des variables cachées, s'est opposé à cette interprétation de la mécanique quantique. Le débat scientifique lui a donné tort. John Bell* dans les années soixante a montré que la mécanique quantique et la théorie des variables cachées conduisaient à des prédictions différentes sur le résultat de certaines expériences. Ces expériences ont été menées depuis (notamment par Alain Aspect) et ont pleinement confirmé la mécanique quantique. La théorie des variables cachées n'est plus scientifiquement soutenable.

Il est curieux cependant que, depuis une dizaine d'années, ce débat ait ressurgi pour atteindre maintenant le grand public, à travers des ouvrages qui tendent à flatter l'appétit de mystérieux, de féerique qui, à notre avis, n'a pas grand-chose à voir avec le débat scientifique.

Sans être exhaustifs, ce qui n'est pas le but de notre ouvrage, nous citerons quelques exemples de dérives intellectuelles auxquelles a conduit la mécanique quantique et que nous ne partageons pas.

L'AMPLITUDE DE PROBABILITÉ ET LE LIBRE ARBITRE

L'amplitude de probabilité est considérée par certains auteurs comme une propriété inhérente à un objet microscopique, à un électron, par exemple. Cette multitude de virtualités, qu'exprime la fonction d'onde, représente, pour ces auteurs, l'expression manifeste du libre arbitre de l'électron, ainsi que de tout objet microscopique ou macroscopique. Nous avons vu que dans l'interprétation « standard » de la mécanique quantique, nous n'avons nul besoin de libre arbitre de l'électron. La multitude de virtualités dans une mesure sur un objet microscopique est associée au caractère incontrôlable de l'interaction entre l'appareil de mesure macroscopique et l'objet microscopique.

LES CORRÉLATIONS À DISTANCE ET LA PARAPSYCHOLOGIE

Lorsqu'un système de spin 0 se désintègre en deux électrons de spin 1/2, ces deux électrons partent dans des directions opposées. Imaginons qu'un observateur A et un observateur B diamétralement opposés par rapport au système qui s'est désintégré mesurent la composante suivant l'axe z du spin de chacun des électrons qui arrivent dans leur appareillage (A mesure un des deux électrons, B mesure l'autre). Juste avant que l'observateur A ne mesure la composante sur l'axe Oz de la particule qui passe dans son appareil, il ne sait s'il va trouver $+h/2$ ou $-h/2$ et il ne sait, bien sûr, ce que va trouver l'observateur B qui fait, à un endroit diamétralement opposé du sien (par rapport au lieu de production des deux particules) la même mesure sur l'autre particule. Au moment où l'observateur A vient de faire la mesure, par contre, s'il trouve $h/2$, il peut dire qu'à ce même moment l'observateur B trouve $-h/2$ (et si l'observateur A trouve $-h/2$, il peut dire bien sûr que l'observateur B trouve $+h/2$). La somme des composantes doit en effet être égale à zéro, quel que soit l'axe commun choisi par A et B. On a là un phénomène que certains n'hésitent pas à interpréter comme un fondement possible à la télépathie ou comme la preuve qu'une information peut voyager plus vite que la vitesse de la lumière. D'autant plus que les deux mesures peuvent être faites à grande distance l'une de l'autre et que les électrons ont cessé d'interagir. Mais rien ne voyage dans une telle expérience. Il est facile de montrer que la « réduction* des virtualités » lors d'une mesure ne permet pas de transférer un signal ou de l'information à une vitesse plus grande que celle de la lumière. Ce n'est que l'apparence d'un phénomène instantané. Des apparences qui voyagent plus vite que la vitesse de la lumière, on en connaît en physique : ainsi certains oscilloscopes ultrarapides (oscilloscopes picoseconde) ont-ils un point lumineux qui se déplace sur l'écran plus vite que la vitesse de la lumière. De même, la tache sur écran provoquée par le pinceau lumineux d'un phare situé à 300 000 km voyage 2π fois plus vite que la vitesse de la lumière si le pinceau balaie 360 degrés en une seconde. Mais ces expériences ne sont absolument pas en contradiction avec la théorie de la relativité. On ne peut s'en servir pour communiquer un signal ou de l'information. Il en est de même pour le processus de réduction des virtualités. Il s'agit donc là encore d'une utilisation superficielle de la mécanique quantique : celle-ci, à notre avis et jusqu'à présent, n'est d'aucun secours pour la parapsychologie.

Assurément, on ne saurait s'interdire de rêver. La science-fiction est à cet égard un genre littéraire d'une exceptionnelle richesse. L'imagination est l'une des principales sources du développement scientifique. Encore faut-il ne pas mélanger les genres.

La flèche du temps

En mécanique classique les trajectoires décrites par deux points matériels en interaction sont réversibles. Si à un instant donné on change le signe des vitesses des deux points matériels, ils décrivent en sens inverse les trajectoires qu'ils avaient parcourues. C'est le principe de retour inverse ou principe de réversibilité. Pourtant, la mécanique macroscopique n'a rien de réversible. Ainsi, la boule de pétanque qui roule sur le sol s'arrête sous l'effet des frottements. Ces frottements exercent un freinage qui n'est pas réversible : en sens inverse la boule n'est nullement accélérée, elle est toujours freinée. Un autre exemple est le mélange de l'eau et du vin qui se fait spontanément en donnant un liquide de couleur rosée homogène (et de goût passablement différent de celui de chacun des composants). Ce processus est irréversible : le mélange ne se sépare pas spontanément.

L'irréversibilité, la « flèche du temps » apparaît en mécanique classique sitôt qu'on a affaire à un très grand nombre d'objets. C'est par l'intermédiaire de la statistique, du calcul de probabilités que l'irréversibilité apparaît. La probabilité que les molécules d'eau et les molécules de vin se mélangent — probabilité liée au nombre de configurations où ces molécules sont entremêlées — est beaucoup plus grande que la probabilité que ces molécules occupent des volumes distincts. C'est par le calcul des probabilités que l'on prédit que le mélange se fera inexorablement sans qu'on puisse jamais spontanément revenir à la situation initiale.

En relativité quantique, l'irréversibilité est encore plus présente. En plus des phénomènes macroscopiques, l'irréversibilité intervient dans des phénomènes plus élémentaires. Tout d'abord elle intervient dans l'acte de mesure à travers la perturbation incontrôlable que nous apportons à l'objet étudié et dont nous avons déjà parlé.

D'autre part elle intervient par l'intermédiaire des antiparticules : des particules « remontant le temps » sont remplacées par des antiparticules qui « le descendent ».

Mais en plus, elle intervient à travers le recours à la statistique qu'implique le calcul de l'interaction entre deux particules élémentaires dans la sommation sur tous les chemins possibles. On retrouve au niveau d'une interaction de particules élémentaires la flèche du temps que l'on trouve au niveau de la physique statistique classique. Ainsi deux particules élémentaires de très haute énergie « enfermées dans une boîte » vont-elles dissiper leur énergie en créant de nombreuses autres particules parce qu'une collision de deux particules comme celle visualisée sur la couverture du livre conduit à produire une centaine de particules. Ces particules n'ont qu'une chance infime, ridiculement faible, de venir un jour fusionner pour recréer les deux seules particules parentes, pas plus que l'eau et le vin, une fois mélangés, n'ont de chance de se séparer. L'irréversibilité reste au cœur des phénomènes physiques, même en théorie quantique relativiste.

*
* *

Tel est donc le cadre théorique universellement reconnu de la physique des particules élémentaires : la théorie des champs quantiques et relativistes en interaction. Ce cadre théorique s'est mis en place en une cinquantaine d'années. Il traduit une unification conceptuelle des idées de force, de matière et de lumière, idées dominantes dans la physique classique. C'est le concept de champ quantique qui réalise cette unification et devient à son tour dominant.

Quelle est l'actualité des recherches et quelles sont leurs perspectives ?

Les recherches actuelles sont sous-tendues par le désir d'unifier encore plus, notamment d'unifier les quatre types d'interaction que nous avons décrits : gravitationnelle, électromagnétique, forte et faible. Cette unification d'interactions très distinctes ne peut se faire que dans des conditions manifestement très différentes de celles qui correspondent à l'observation de tous les jours. L'espoir est qu'à très petite distance, ou très grande énergie, donc à une époque proche de l'explosion initiale qui a donné naissance à notre univers, ces quatre interactions soient indiscernables et soient l'expression géométrique d'une symétrie de l'espace. L'espace est ici nécessairement compris dans un sens très large, très différent de l'espace ordinaire à trois dimensions, car il peut contenir des dimensions cachées sur lesquelles nous reviendrons dans les chapitres qui suivent.

Afin de présenter ces recherches au travers des questions que chacun d'entre nous se pose, nous avons retenu dans les chapitres qui suivent trois grandes questions. *Qu'est-ce qu'une force* (ce qui nous permettra d'aborder la conception moderne de l'espace et des symétries) ? *Qu'est-ce qu'une particule* (en relation avec la conception de la matière et de l'élémentarité) ? Enfin, *qu'est-ce que l'unification* (en particulier dans ses relations à la cosmologie et à la conception du temps) ?

QUATRIÈME PARTIE

TENDANCES ACTUELLES ET PERSPECTIVES

CHAPITRE VIII

Qu'est-ce qu'une force ?

L'interprétation géométrique de la théorie de la relativité générale appliquée par Einstein à la gravitation universelle peut être étendue à toutes les interactions fondamentales. Cette extension suppose un élargissement de la conception de l'espace, à l'aide du concept d'espace fibré. En théorie quantique, les symétries internes agissent sur la fibre, espace des degrés de liberté interne des champs quantiques. Toutes les interactions fondamentales résultent d'un principe d'invariance de jauge, invariance de la dynamique par des opérations de symétrie interne dépendant du point d'espace-temps où elles sont appliquées. Les forces peuvent être décrites grâce à la géométrie de la matière-espace-temps.

Quatre types d'interaction constituent le ciment des particules élémentaires : les interactions gravitationnelle, électromagnétique, nucléaire faible et nucléaire forte.

Dans les chapitres qui ont précédé nous avons insisté sur l'unification entre les concepts de champ, de particule et de force que réalise la théorie quantique relativiste. Les forces ont un aspect « champ » qui était déjà présent dans la physique classique et un aspect particule : la force électromagnétique est associée à un champ de photons, la force faible à un champ de W et Z (les deux forces sont maintenant unifiées dans la force électrofaible), la force forte à un champ de gluons et la force gravitationnelle à un champ hypothétique de gravitons*.

Ces particules sont échangées sous forme virtuelle lors des interactions. Des règles permettent de calculer ces probabilités d'échange et d'en déduire l'intensité de ces forces dans des situations déterminées : ce sont les règles et les diagrammes de Feynman. Ces calculs sont de type perturbatif et procèdent par approximations successives. Ils fonctionnent très bien pour l'interaction électrofaible, pour la chromodynamique quantique (interaction forte), mais pas pour la gravitation qui jusqu'ici n'a pu être quantifiée. Depuis la relativité générale d'Einstein jusqu'à nos jours, la gravitation est traitée en termes de géométrie et non de quanta.

Cette interprétation géométrique des forces est à l'origine de tout le renouvellement de la conception des interactions qui a marqué les mutations de la physique des particules.

Les forces en théorie classique

La théorie d'Einstein de la gravitation

La relativité générale qu'Einstein a proposée en 1915 comme théorie de la gravitation universelle est sans doute l'un des plus beaux chefs-d'œuvre de la pensée humaine. Comme souvent, cette avancée est restée longtemps largement incomprise.

Mais comme elle a été à l'origine de toute une nouvelle conception des forces et des interactions, il est peut-être possible aujourd'hui de la faire mieux apprécier.

Rappelons ce que nous avons dit à propos de la relativité restreinte. Pour rendre compatibles le principe de relativité (ou d'homogénéité de l'espace) et la constance de la vitesse de la lumière (qui traduit l'absence d'action instantanée à distance) la relativité restreinte impose à la dynamique d'un système isolé d'être invariante par les transformations du groupe de Lorentz. Ces transformations agissent sur l'espace-temps de Minkowski ; ce sont celles qui laissent invariante la métrique de cet espace-temps. Cette métrique associe à un couple de points d'espace-temps (c'est-à-dire d'événements ponctuels caractérisés par un lieu et une date) un intervalle d'espace-temps. Les intervalles peuvent être du genre temps, du genre espace et du genre lumière. Comme le genre des intervalles est conservé par les transformations de Lorentz, la relativité restreinte assure que la vitesse de la lumière est invariante par changement de référentiel d'espace-temps.

La relativité restreinte concerne les systèmes isolés, libres de toute influence extérieure. Que devient cette théorie en présence d'interactions, et, en particulier, de l'interaction gravitationnelle ? C'est à cette question que répond la relativité générale.

Einstein a érigé en principe (un principe qu'il appelle principe d'équivalence) la constatation de l'équivalence des deux significations du concept de masse. La masse grave est le coefficient de réponse à la gravitation, c'est la masse qui intervient dans la formule de Newton donnant la force d'attraction entre deux corps de masses m et m′, $F = G\ mm'/r^2$. La masse grave est en quelque sorte la « charge » gravitationnelle.

La masse d'inertie est le coefficient de résistance d'un corps à l'action d'une force externe : un corps ne peut acquérir une accélération que sous l'action d'une force, l'accélération acquise est proportionnelle à la force et inversement proportionnelle à la masse d'inertie.

Le principe d'équivalence postule l'égalité partout et toujours de la masse grave et de la masse d'inertie. Cette égalité a été constatée expérimentalement. En faire un principe universel, c'est s'engager sur la voie d'une théorie nouvelle.

Depuis l'envoi de cosmonautes dans l'espace, les conséquences du principe d'équivalence sont relativement faciles à expliquer. Une station orbitale livrée à elle-même (tout moteur arrêté et suffisamment loin de la terre pour que la résistance de l'atmosphère soit négligeable) n'est soumise qu'à l'action de la gravitation. La masse d'inertie des cosmonautes étant égale à leur masse grave, ces personnes (ainsi d'ailleurs que tout ce qui se trouve dans la station) sont soumises à des forces d'inertie qui compensent exactement l'action de la gravitation : à l'intérieur de la station règne l'apesanteur.

Pour réaliser ces conditions d'apesanteur sur terre, il faudrait imaginer un ascenseur hermétique tombant en chute libre dans un puits ou régnerait un vide intégral.

Pour développer notre argumentation nous considérerons une telle situation comportant ce que nous appellerons un *laboratoire en chute libre*[1].

La relativité restreinte s'applique dans un tel laboratoire : les photons d'un faisceau laser se propagent, par rapport à un référentiel lié au laboratoire en chute libre, en ligne droite, à la vitesse c.

Cette trajectoire, selon le principe de moindre action, est une géodésique*, c'est le plus court chemin qui relie deux points de l'espace-temps. Mais comme le laboratoire en chute libre est uniformément accéléré par la gravitation terrestre, la trajectoire des photons qui est rectiligne par rapport au référentiel mobile (lié au laboratoire en chute libre) est courbée par rapport au référentiel fixe (lié à la terre). Il se passe pour les photons ce qui se passe pour n'importe quel mobile se déplaçant en ligne droite dans le laboratoire en chute libre (voir la fig VIII, 1).

Ainsi on peut dire que la lumière tombe ! Certes, sur terre, l'effet est tellement faible qu'il est difficilement mesurable.

Mais la gravitation du soleil courbe les rayons lumineux suffisamment pour que des étoiles normalement éclipsées par le soleil deviennent visibles. L'observation expérimentale de cet effet est une première confirmation de la relativité générale.

Mais le raisonnement d'Einstein va beaucoup plus loin. Partant de l'idée que la propriété la plus essentielle de la lumière, c'est de se propager le long d'une géodésique, il en arrive à la conclusion que si la lumière suit une trajectoire courbe dans un référentiel lié à la terre, c'est que, dans ce référentiel, les géodésiques sont courbes. Si les géodésiques sont courbes c'est que l'espace-temps lui-

1. L'entraînement aux conditions d'apesanteur des futurs cosmonautes ne se fait pas ainsi. Il est plus simple de faire suivre à un avion la trajectoire qui, compte tenu des effets de la résistance de l'air, annule les effets de la pesanteur pour les passagers.

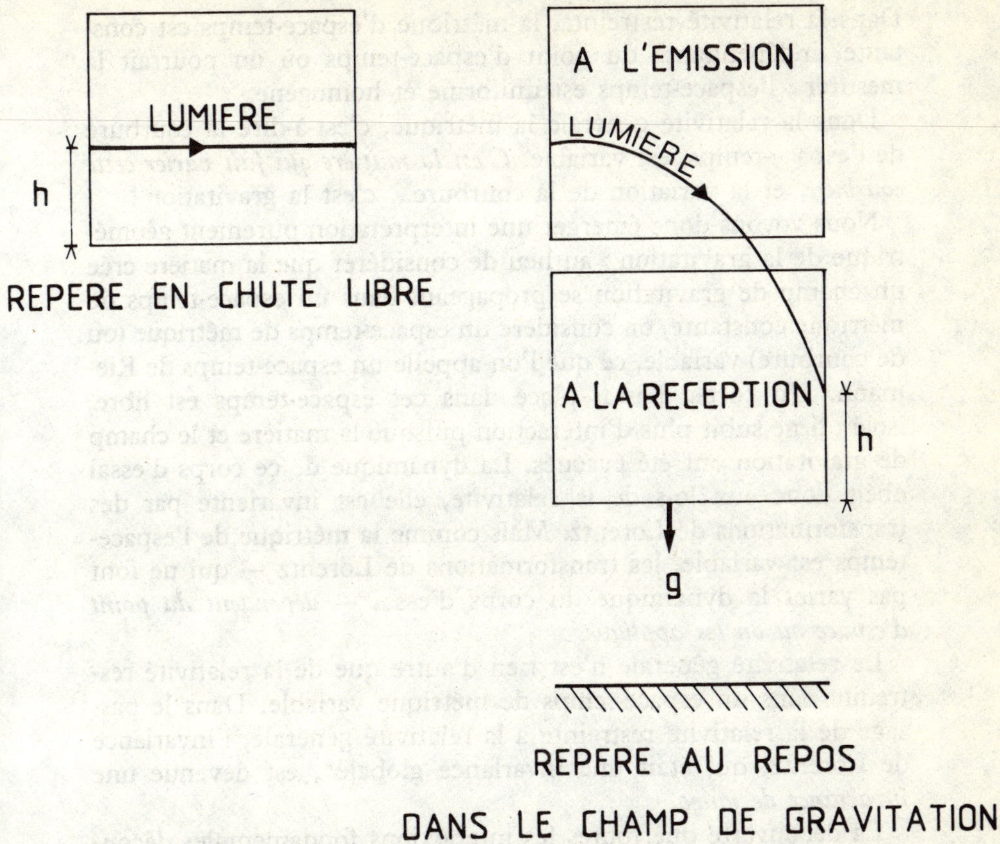

Figure VIII. 1

Courbure de la lumière dans un champ de gravitation

a) Dans le repère lié à la cage et tombant en chute libre, la lumière se dirige de manière rectiligne (tout comme un caillou lancé par l'observateur en chute libre).

b) Dans le repère lié au sol, la lumière « tombe ». L'effet est énormément exagéré pour les besoins de la démonstration.

même est courbe (sur un plan les géodésiques sont des droites, sur une sphère ce sont les grands cercles).

La métrique* d'espace-temps que nous avons définie dans le chapitre IV permet de mesurer la courbure de l'espace-temps.

Dans la relativité restreinte, la métrique d'espace-temps est constante, indépendante du point d'espace-temps où on pourrait la mesurer ; l'espace-temps est uniforme et homogène.

Dans la relativité générale la métrique, c'est-à-dire la courbure de l'espace-temps, est variable. *C'est la matière qui fait varier cette courbure,* et la variation de la courbure... c'est la gravitation !

Nous voyons donc émerger une interprétation purement géométrique de la gravitation : au lieu de considérer que la matière crée un champ de gravitation se propageant dans un espace-temps de métrique constante, on considère un espace-temps de métrique (ou de courbure) variable, ce que l'on appelle un espace-temps de Riemann. Un corps d'essai placé dans cet espace-temps est libre, isolé ; il ne subit plus d'interaction puisque la matière et le champ de gravitation ont été évacués. La dynamique de ce corps d'essai obéit donc aux lois de la relativité, elle est invariante par des transformations de Lorentz. Mais comme la métrique de l'espace-temps est variable, les transformations de Lorentz — qui ne font pas varier la dynamique du corps d'essai — *dépendent du point d'espace où on les applique.*

La relativité générale n'est rien d'autre que de la relativité restreinte dans un espace-temps de métrique variable. Dans le passage de la relativité restreinte à la relativité générale, l'invariance de Lorentz, qui était une invariance globale*, est devenue une *invariance de jauge.*

La découverte que toutes les interactions fondamentales découlent, à l'instar de la gravitation, d'un principe d'invariance de jauge a marqué une étape décisive dans la conception moderne de l'élémentarité.

La théorie de la relativité générale a permis de prédire de nombreux effets nouveaux qui ont été observés expérimentalement : déflexion de rayons lumineux par le soleil (mentionnée plus haut) ; dans le même ordre d'idées mirages galactiques ; précession du périhélie de Mercure ; dilatation du temps dans un champ de gravitation, mesurée grâce à l'effet Mossbauer ; évolution de la période de certains pulsars* doubles.

D'autres effets ou objets nouveaux prédits par la relativité générale n'ont par contre pas encore été observés et sont très activement recherchés. Cette théorie prédit qu'au-delà d'une certaine densité critique de matière, la courbure de l'espace-temps est telle que la trajectoire de la lumière se referme sur elle-même : on aurait alors un trou noir* autour duquel les photons graviteraient comme un satellite autour de la terre. La densité critique est gigantesque : pour que la terre soit un trou noir, il faudrait la comprimer dans une sphère de 8,8 mm de diamètre. On ne dispose encore d'aucune évidence convaincante sur l'existence de tels trous noirs, dont la dynamique est l'objet de nombreuses études théoriques. Mais c'est l'intime conviction de la plupart des spécialistes de la cosmologie qu'il doit en exister de très nombreux dans l'univers.

De même la théorie de la relativité générale prédit l'existence *d'ondes gravitationnelles*, c'est-à-dire de « gondolements de l'espace-temps » dus, par exemple, à la rotation d'un objet céleste très dense (comme une étoile à neutrons) autour d'un compagnon, et se propageant à la vitesse de la lumière. La détection de telles ondes est un défi expérimental qu'il n'a toujours pas été possible de relever.

En tous les cas la production et la propagation d'ondes gravitationnelles sont étroitement analogues à la production et à la propagation des ondes électromagnétiques que nous allons maintenant discuter.

L'électromagnétisme

On comprendra la puissance du raisonnement qui s'appuie sur les principes d'invariance des lois de la physique par changement de repère en l'appliquant à l'électromagnétisme classique.

LIEN ENTRE LE CHAMP ÉLECTRIQUE ET LE CHAMP MAGNÉTIQUE

1. *Le champ électrique*

L'interaction entre charges électriques immobiles est décrite par la loi de Coulomb : deux charges électriques s'attirent ou se repoussent mutuellement avec une force proportionnelle au produit de la valeur des charges et inversement proportionnelle au carré de la distance qui les sépare.

La force est donc parallèle à la direction joignant les deux charges. Il ne pourrait en être autrement que si l'espace possédait une propriété intrinsèque privilégiant telle ou telle direction, ce qui serait contraire au principe d'isotropie selon lequel dans un univers vide aucune direction ne saurait être singularisée et qui assure la conservation du moment angulaire des systèmes isolés.

La loi de Coulomb n'est pas qu'une définition de la charge électrique. Sa signification physique réelle réside dans l'énoncé de sa dépendance par rapport à la distance (loi de carré inverse) et dans l'implication de l'additivité vectorielle des effets de la charge électrique. Pour mettre en évidence ce dernier point nous devons considérer plus de deux charges. Quel que soit le nombre de charges dont est composé un système, la loi de Coulomb peut être utilisée pour calculer la force qu'exerce ce système sur une charge supplémentaire. Le principe de superposition assure que la force exercée sur cette charge est la somme vectorielle des forces qu'exerce sur elle chacune des charges élémentaires du système prise séparément.

Ainsi la connaissance de la position et de l'intensité des charges d'un système permet de prévoir l'effet exercé sur une autre charge q_0 placée au point (x, y, z). La force est proportionnelle à q_0, de sorte que si nous la divisons par q_0 nous obtenons une quantité vectorielle qui ne dépend que de la structure de notre système de charges originel et du point (x, y, z). On appelle *champ électrique* associé à un système de charges cette fonction vectorielle de x, y et z, et on utilise le symbole $\vec{E}$ pour la représenter. La force exercée sur la charge q_0 placée au point (x, y, z) est égale à $q_0 \vec{E}$.

Le champ électrique n'est en fait qu'une autre façon de décrire le système de charges. Décrire les positions dans l'espace des charges élémentaires ou décrire le vecteur champ électrique en tout point de l'espace sont deux représentations équivalentes du même objet.

Nous ne pouvons représenter à deux dimensions (sur une feuille) une fonction vectorielle de l'espace à trois dimensions que s'il existe un axe de symétrie : par exemple le champ créé par une charge q ou une charge — q peut être représenté en traçant de petites flèches (fig. VIII, 2a) qui représentent la direction de $\vec{E}$ et dont la longueur correspond à l'intensité. Pour obtenir la représentation complète à trois dimensions, il faudrait imaginer que le dessin tourne autour d'un axe de symétrie.

Une autre façon de représenter un champ de vecteur est de tracer les lignes de champ (fig. VIII, 2b). En tout point de ces lignes le champ est tangent à la ligne. Les points singuliers, c'est-à-dire

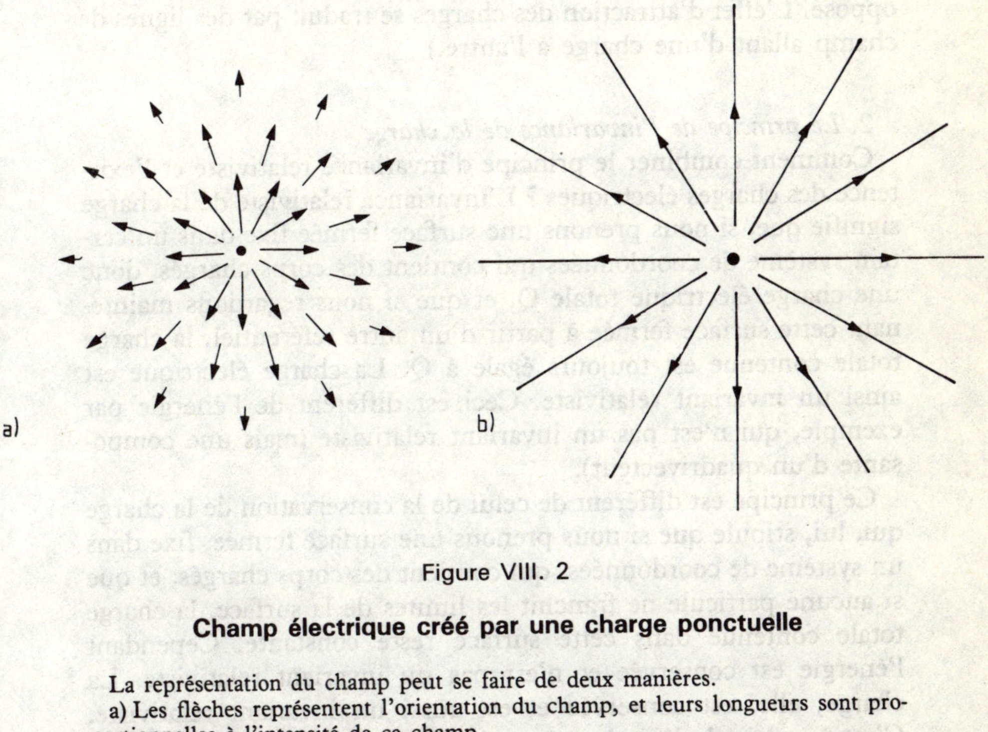

Figure VIII. 2

Champ électrique créé par une charge ponctuelle

La représentation du champ peut se faire de deux manières.

a) Les flèches représentent l'orientation du champ, et leurs longueurs sont proportionnelles à l'intensité de ce champ.

b) Les lignes de champ permettent aussi de visualiser le champ électrique. Celui-ci est tangent aux lignes, et d'intensité inversement proportionnelle à leur densité sur la surface qui leur est normale au point considéré.

les points où on ne peut tracer de tangente, correspondent soit à la position des charges soit à des positions où le champ est nul. Le dessin des lignes de champ ne donne pas directement l'amplitude du champ. Cependant, les lignes de champ se resserrent lorsque l'on approche de régions dans lesquelles le champ est fort et s'écartent lorsque l'on se dirige vers des régions dans lesquelles le champ est faible : l'amplitude du champ est donc proportionnelle à la densité des lignes sur la surface normale à ces lignes au point considéré. Une telle surface normale aux lignes de champ est ce qu'on appelle une équipotentielle*. (La figure VIII, 3 représente le champ et les lignes de champ créés par deux charges de signe opposé. L'effet d'attraction des charges se traduit par des lignes de champ allant d'une charge à l'autre.)

2. *Le principe de l'invariance de la charge*

Comment combiner le principe d'invariance relativiste et l'existence des charges électriques ? L'invariance relativiste de la charge signifie que, si nous prenons une surface fermée fixe dans un certain système de coordonnées qui contient des corps chargés, donc une charge électrique totale Q, et que si nous regardons maintenant cette surface fermée à partir d'un autre référentiel, la charge totale contenue est toujours égale à Q. La charge électrique est ainsi un invariant relativiste. Ceci est différent de l'énergie par exemple, qui n'est pas un invariant relativiste (mais une composante d'un quadrivecteur).

Ce principe est différent de celui de la conservation de la charge qui, lui, stipule que si nous prenons une surface fermée, fixe dans un système de coordonnées, qui contient des corps chargés, et que si aucune particule ne franchit les limites de la surface, la charge totale contenue dans cette surface reste constante. Cependant l'énergie est conservée et n'est pas un invariant relativiste. La charge, elle, est conservée et est aussi un invariant relativiste. C'est à partir de là qu'on peut dériver la notion de courant : la perte de charge par unité de temps à l'intérieur d'une surface fermée est nécessairement égale à la somme des charges qui la traversent, c'est-à-dire à l'intégrale du courant qui la traverse.

3. *La nécessité du champ magnétique*

Considérons une rangée de charges électriques négatives et positives qui, dans le repère du laboratoire, se déplacent en sens inverse les unes des autres (les négatives vers la gauche et les posi-

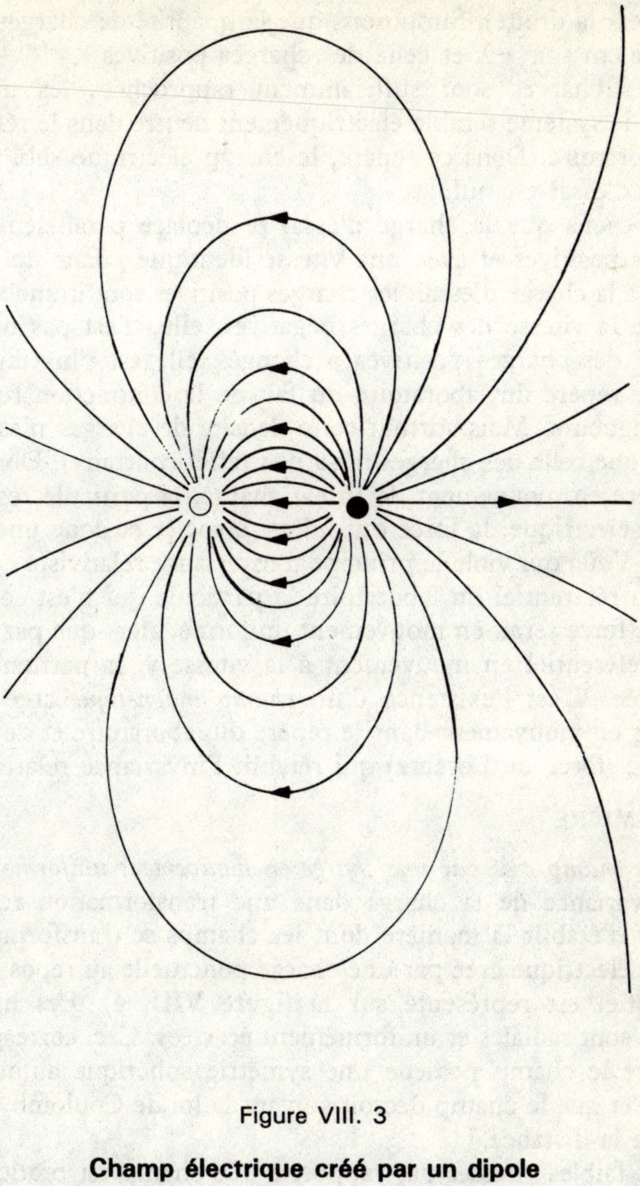

Figure VIII. 3

Champ électrique créé par un dipole

Lignes de champ au voisinage d'un dipole (ensemble constitué d'une charge — et d'une charge +). Une partie des lignes va d'une charge à l'autre. Les autres s'en vont à l'infini.

tives vers la droite). Supposons que la quantité de charges négatives par cm soit $-\lambda$ et celle des charges positives λ.

Si les charges sont suffisamment rapprochées les unes des autres, le système semble électriquement neutre dans le référentiel du laboratoire. Dans ce repère, le champ électrique subi par une charge d'essai est nul.

Supposons que la charge d'essai se déplace parallèlement aux charges positives et avec une vitesse identique ; dans un référentiel lié à la charge d'essai, les charges positives sont immobiles tandis que la vitesse des charges négatives, elle, n'est pas nulle. La densité des charges positives a changé : elle est plus faible que dans le repère du laboratoire du fait de la contraction relativiste des longueurs. Mais surtout cette densité de charges n'est pas la même que celle des charges négatives (effet contraire). Donc, dans le repère en mouvement, le fil est chargé, la particule ressent un champ électrique, la force qui lui est associée et donc une accélération. Voilà qui viole le principe d'invariance relativiste : par rapport au référentiel du laboratoire la particule qui n'est soumise à aucune force serait en mouvement uniforme, alors que par rapport à un référentiel en mouvement à la vitesse v, la particule serait accélérée. C'est l'existence d'un *champ magnétique* créé par les charges en mouvement dans le repère du laboratoire et de la force associée (force de Lorentz) qui rétablit l'invariance relativiste.

La lumière

1. *Le champ créé par une charge en mouvement uniforme*

L'invariance de la charge dans une transformation relativiste permet d'établir la manière dont les champs se transforment. (Le champ électrique créé par une charge ponctuelle au repos dans un référentiel est représenté sur la figure VIII, 4). Les lignes de champ sont radiales et uniformément écartées. Ceci correspond au fait que le champ possède une symétrie sphérique autour de la charge et que le champ décroît suivant la loi de Coulomb en fonction de la distance.

A de faibles vitesses par rapport à c le champ est pratiquement égal au champ créé par une charge ponctuelle stationnaire. Mais à grande vitesse le champ est plus intense perpendiculairement au mouvement que dans la direction du mouvement (figure VIII, 4) à

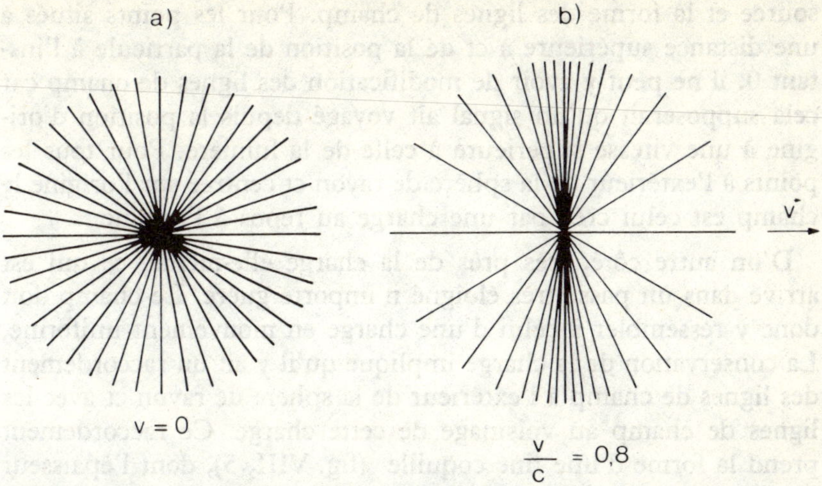

Figure VIII. 4

Charge en mouvement

a) Lignes de champ électrique dues à une charge immobile.

b) Lignes de champ électrique dues à une charge se déplaçant à la vitesse uniforme v=0,8 c. Par rapport à a), les lignes se concentrent dans la direction perpendiculaire à celle du déplacement de la charge.

égale distance de la charge : les lignes de champ tendent à se grouper dans la direction perpendiculaire. Le champ n'est plus à symétrie sphérique ; il y a une direction privilégiée qui est la direction du mouvement. Cet effet résulte de la contraction des longueurs dans une transformation relativiste le long de la direction du mouvement.

2. *Le champ créé par une charge accélérée*

Supposons un électron au repos jusqu'à l'instant 0 où il subit une forte accélération jusqu'à atteindre la vitesse v. Il se déplace alors à vitesse uniforme (l'accélération cesse). Quelle est alors la forme des lignes de champ à l'instant t quelque peu après la fin du processus d'accélération et alors que l'électron se déplace à vitesse uniforme ? A l'instant 0, nous connaissons la position de la source et la forme des lignes de champ. Pour les points situés à une distance supérieure à ct de la position de la particule à l'instant 0, il ne peut y avoir de modification des lignes de champ car cela supposerait qu'un signal ait voyagé depuis la position d'origine à une vitesse supérieure à celle de la lumière. Pour tous les points à l'extérieur de la sphère de rayon ct centrée sur l'origine le champ est celui créé par une charge au repos à l'origine.

D'un autre côté, très près de la charge elle-même, ce qui est arrivé dans un passé très éloigné n'importe guère. Le champ doit donc y ressembler à celui d'une charge en mouvement uniforme. La conservation de la charge implique qu'il y ait un raccordement des lignes de champ à l'extérieur de la sphère de rayon ct avec les lignes de champ au voisinage de cette charge. Ce raccordement prend la forme d'une fine coquille (fig. VIII, 5), dont l'épaisseur est d'autant plus faible que la période d'accélération a été brève. Cette coquille se dilate à la vitesse c. Le vecteur vitesse de dilatation est en tout point de la coquille perpendiculaire au champ électrique. Les lignes de champ étant resserrées à l'endroit de la coquille, cela signifie que le champ est bien plus fort qu'il ne l'aurait été si la charge était restée fixe.

Cette coquille qui se dilate est comme une onde sur la surface des lignes de champ. Si la charge est accélérée périodiquement (mouvement sinusoïdal de vibration des électrons dans les atomes), la coquille se reproduit périodiquement dans le temps et la longueur d'onde de cette onde électromagnétique sera le produit de c par la période. La lumière n'est rien d'autre en physique classique que cette suite de coquilles se déplaçant à la vitesse c. La lumière visible correspond aux ondes électromagnétiques de longueur d'onde comprise entre $3\ 10^{-7}$ et 10^{-6} mètre (zone de sensibilité de l'œil). Pourquoi dit-on onde électromagnétique ? C'est qu'en plus du champ électrique, il règne aussi sur la coquille un champ magnétique perpendiculaire au champ électrique et à la vitesse de dilatation. Ceci est une conséquence des équations de Maxwell.

Dans cette théorie de la lumière, l'éther a été totalement évacué. Ce ne sont plus des ondes provoquées par une compression d'un milieu, mais des ondes de champ. Il s'agit d'une abstraction de la

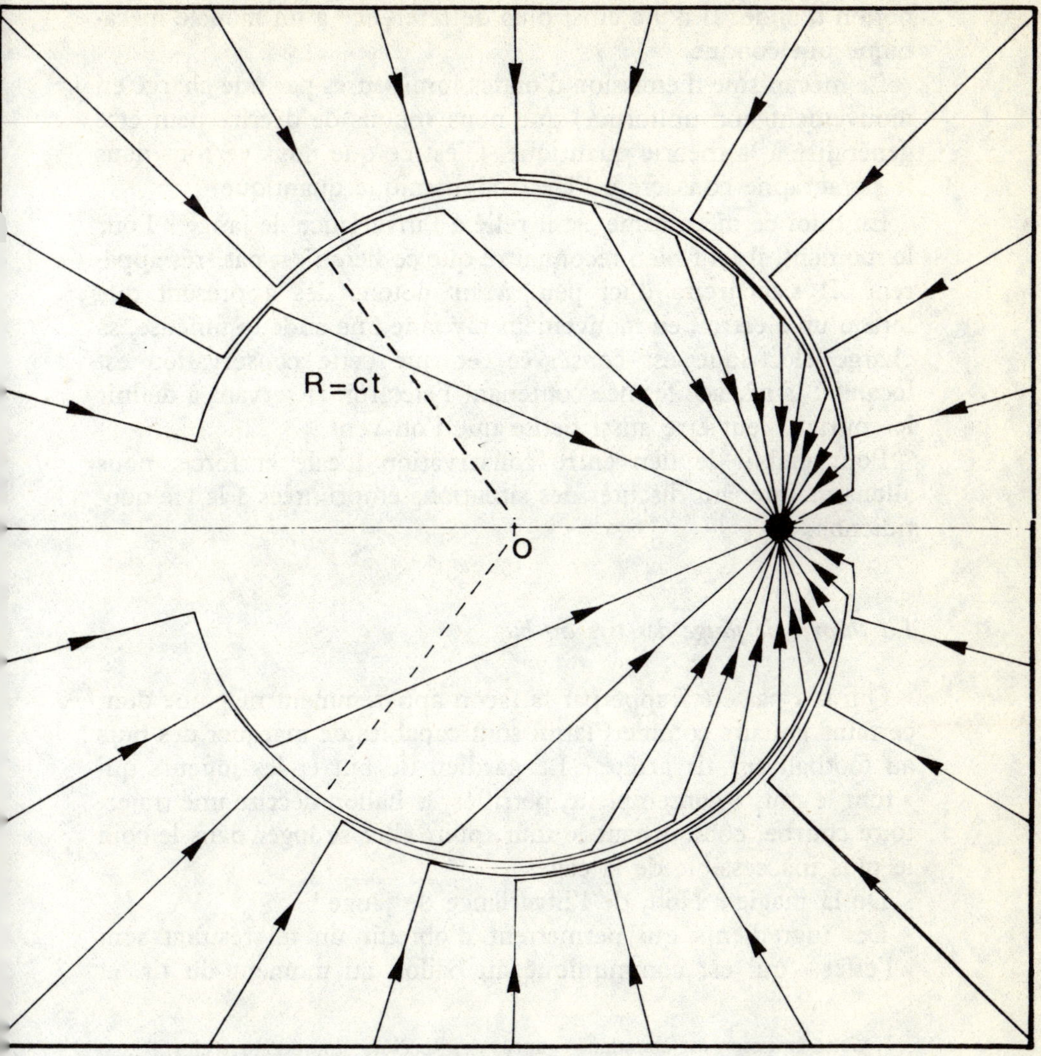

Figure VIII. 5

Champ électrique créé par une charge accélérée soudainement

Lignes de champ électrique à l'instant t, d'une charge ayant été accélérée brutalement alors qu'elle était en 0, à l'instant 0, et poursuivant ensuite son mouvement à vitesse uniforme.

Les lignes de champ sont rectilignes, sauf au niveau d'une coquille de raccordement dont le rayon s'accroît à la vitesse de la lumière.

notion d'onde. Il n'y a ainsi plus de référence à un modèle mécanique quelconque.

Le mécanisme d'émission d'ondes lumineuses par une charge en mouvement non uniforme [1] que nous venons de décrire peut être généralisé à la théorie quantique. C'est ce que nous verrons dans le paragraphe consacré à l'électrodynamique quantique.

En quoi ce mécanisme est-il relié à l'invariance de jauge ? Pour le moment, il faut bien reconnaître que ce lien n'est pas très apparent. Il s'éclaircira d'ici peu. Mais notons dès à présent que lorsqu'un électron en mouvement rayonne une onde lumineuse, sa charge électrique est conservée, et que cette conservation est locale* : la surface fermée contenant l'électron et servant à définir le courant peut être aussi petite que l'on veut.

Pour établir le lien entre conservation locale et force, nous allons maintenant discuter des situations empruntées à la vie quotidienne.

La théorie de jauge des tirs au but

Qui n'a pas été frappé par la façon apparemment magique dont certains joueurs comme Platini sont capables de marquer des buts au football sur tir arrêté ? Le gardien de but et les joueurs qui « font le mur » contemplent, pétrifiés, le ballon décrire une trajectoire courbe, contournant le mur, pour aller se loger dans le coin le plus inaccessible de la cage.

De la magie ? Non, de l'invariance de jauge !

Les ingrédients qui permettent d'obtenir un tel résultat sont « l'effet » qui est communiqué au ballon au moment du tir, et

1. Cette émission est abondante auprès des accélérateurs de particules. Ainsi, les électrons, dans des anneaux circulaires, sont soumis à une accélération lors de leurs passages dans les aimants. Ils rayonnent de la lumière, dite lumière synchrotron. Cette énergie perdue est bien gênante pour les physiciens des particules, qui cherchent toujours à accélérer les électrons le plus possible. Elle est en revanche très utile pour sonder la matière à l'échelle atomique. On envisage ainsi de construire des accélérateurs circulaires d'électrons (des synchrotrons) en optimisant les paramètres de la machine de manière à disposer d'un rayonnement synchrotron le plus intense possible.

l'interaction avec l'air d'un ballon en rotation sur lui-même (sur la lune, en l'absence d'atmosphère, le ballon ne pourrait pas contourner le mur).

Supposons qu'au moment du tir le tireur ait communiqué au ballon un mouvement de rotation sur lui-même dans le sens inverse des aiguilles d'une montre. Selon les conventions standard cela signifie que le ballon a acquis un moment cinétique propre, vertical, dirigé vers le haut, que nous notons J_B.

L'air oppose une résistance au mouvement de rotation du ballon : des tourbillons d'air se forment à la surface du ballon, tournant en sens inverse du ballon. Appelons S le système formé par le ballon en rotation et les couches d'air que sa rotation fait tourbillonner. Ce système S n'est pas isolé et communique avec le reste de l'atmosphère. Mais comme la viscosité de l'air est relativement faible, le moment cinétique total du système S est approximativement conservé : pendant le vol du ballon ce moment cinétique n'a pas le temps de beaucoup diminuer (ce ne serait pas le cas dans un fluide beaucoup plus visqueux comme un liquide : une balle en rotation s'immobilise très vite dans un liquide). La courbure de la trajectoire du ballon résulte du fait que le *moment cinétique total du système S est conservé.*

Faisons, en effet, le bilan du moment cinétique pour le système S. A l'envol du ballon (figure VIII, 6), ce moment cinétique est égal à celui qui a été communiqué au ballon, J_B, dirigé vers le haut ; mais il faut tenir compte de la somme des moments cinétiques des tourbillons d'air, évidemment dirigée vers le bas, J_{air}. Comme le moment cinétique est conservé (tout au moins à l'approximation de faible viscosité), le système doit acquérir un nouveau moment cinétique J', qui annule J_{air}, donc dirigé vers le haut et de même valeur que J_{air}. Ce nouveau moment ne peut pas être un moment cinétique propre au ballon (cela voudrait dire que la rotation du ballon s'accélérerait par résistance de l'air). Il ne peut être qu'un moment cinétique *orbital :* la trajectoire du ballon va se courber, *dans le même sens que la rotation propre du ballon* [1]

1. Un effet tout a fait analogue se produit en chorégraphie classique : dans la figure appelée « manège de déboulés », une danseuse effectue une série de tours sur elle-même en se déplaçant sur la scène ; le tempo de la musique impose que

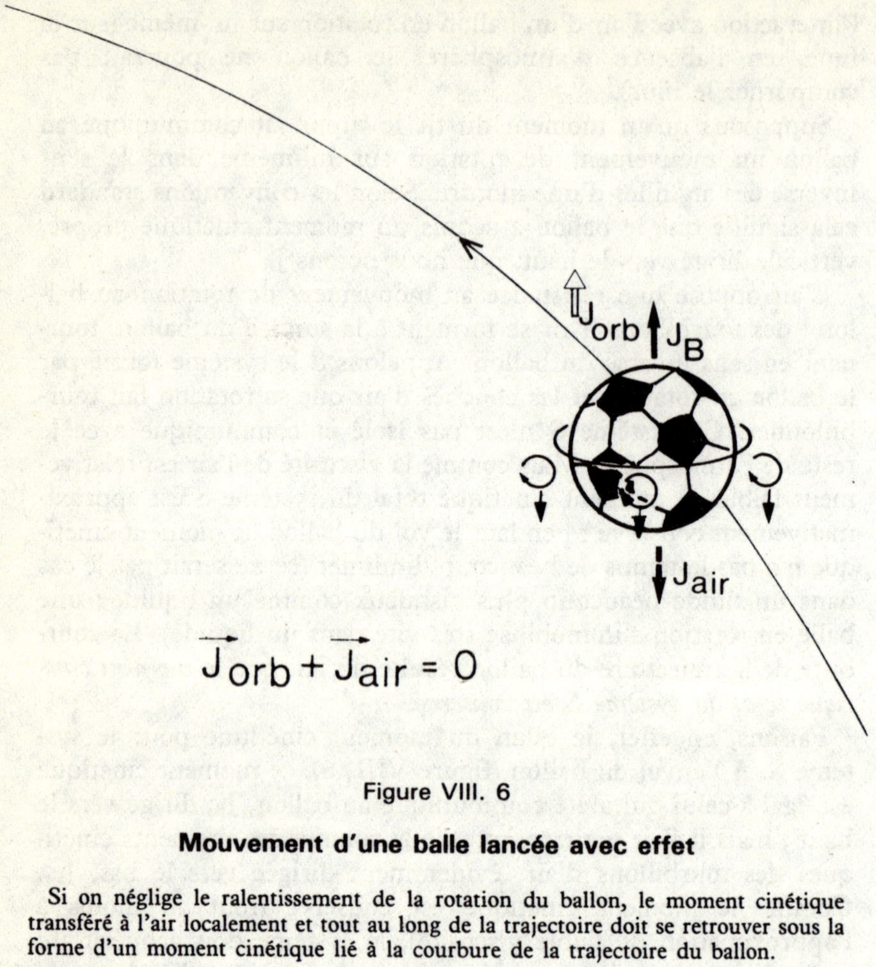

Figure VIII. 6

Mouvement d'une balle lancée avec effet

Si on néglige le ralentissement de la rotation du ballon, le moment cinétique transféré à l'air localement et tout au long de la trajectoire doit se retrouver sous la forme d'un moment cinétique lié à la courbure de la trajectoire du ballon.

(en réalité, un calcul plus précis devrait tenir compte du ralentissement de la rotation du ballon provoqué par la viscosité de l'air).

Le principe qui courbe la trajectoire du ballon est un principe d'invariance de jauge : c'est l'invariance par rotation, équivalente

le rythme de rotation propre (c'est-à-dire le moment cinétique) soit constant ; la résistance du parquet tend à freiner cette rotation ; instinctivement la danseuse compense cette perte en adoptant une trajectoire courbe, tournant dans le même sens que sa rotation propre.

par le *théorème de Noether* à la conservation du moment cinétique, qui est imposée non plus globalement mais *localement, c'est-à-dire point par point tout au long de la trajectoire.*

Dans le passage à la théorie quantique, le système S est ramené à une particule (quantum d'un champ quantique), et l'invariance par rotation à une propriété de symétrie interne*, le moment cinétique localement conservé à des nombres quantiques localement conservés.

Symétries internes

Symétries en théorie quantique et espaces fibrés

Lorsque nous avons, dans le chapitre III, présenté les principes de la mécanique classique, nous avons longuement insisté sur l'articulation que la formulation lagrangienne permet d'établir, au travers du théorème de Noether, entre propriété de relativité, invariance par une transformation de symétrie, et loi de conservation d'une certaine quantité. Pour la mécanique classique ces relations conduisent aux trois lois de conservation (énergie, impulsion et moment cinétique) qui épuisent tout le contenu de cette théorie. Le passage à la théorie quantique (en première et deuxième quantification) conserve le principe de cette articulation mais élargit son champ d'application à de nouvelles propriétés de relativité, de symétrie et de conservation.

Cet élargissement implique une nouvelle conception de l'espace, car, comme nous l'avons dit à plusieurs reprises, l'espace est précisément la catégorie qui permet de penser cette articulation.

C'est le concept *d'espace fibré* qui réalise l'élargissement souhaité. Un espace fibré est un emboîtement de deux espaces, l'un appelé base*, espace de points, l'autre appelé fibre*. En relativité quantique, la base est l'espace-temps de Minkowski, et la fibre est l'espace des degrés de liberté interne* des champs quantiques. Ainsi, un champ spinoriel (dont les quanta sont des particules de spin 1/2) est un champ à deux composantes ; la fibre contient l'espace abstrait dans lequel on passe d'une des deux composantes du champ à l'autre. Même pour un champ quantique scalaire (dont les quanta sont des particules de spin zéro), champ à une seule composante, la fibre ne se réduit pas à un point. Rappelons qu'un champ quantique est un champ non pas de probabilités, mais d'amplitudes de probabilité. Une amplitude de probabilité est un nombre complexe dont le module au carré est une probabilité. La phase en chaque point de l'espace-temps est un degré de liberté interne. La fibre d'un champ scalaire est l'espace dans lequel on peut changer la phase.

La fibre, espace interne, est difficile à imaginer. On peut peut-être s'en faire une idée par passage à la limite. Nous aurions pu développer notre raisonnement sur l'invariance de jauge à propos d'un autre sport impliquant une balle beaucoup plus petite que le ballon de football, le tennis de table. Dans ce sport la courbure de la trajectoire liée à l'effet communiqué à la balle est aussi très importante. De plus, comme la balle est uniformément coloriée, il est impossible à un spectateur d'apprécier son moment cinétique propre (les marques noires sur les ballons de football permettent de se faire une idée de l'effet communiqué au ballon). Pour des spectateurs assistant à une compétition de tennis de table d'assez loin, la balle est ponctuelle ; tout l'espace contenu sur la surface de la balle et à son intérieur est devenu fibre.

En théorie quantique *les symétries internes sont des symétries qui agissent sur la fibre.* La formulation lagrangienne de la théorie quantique articule des propriétés de relativité dans la fibre, l'invariance par des transformations de symétries internes et la conservation de certaines observables dont les valeurs propres sont appelées des nombres quantiques conservés.

Le théorème de Noether en théorie quantique

Jusqu'à présent nous avons rencontré quatre catégories de propriétés de symétries : les symétries d'espace-temps : translations, rotations, transformation de Lorentz ; la symétrie par permutation de particules identiques ; les symétries discrètes : la parité d'espace, le renversement du sens du temps, la conjugaison de charge ; et enfin les symétries internes que nous venons de définir.

Pour toutes ces propriétés de symétrie le théorème de Noether s'applique en théorie quantique (comme le montre le tableau VIII, 1).

Le modèle standard des forces fondamentales consiste à traiter comme des invariances de jauge trois propriétés de symétrie : le changement de phase des amplitudes d'état en électrodynamique, le changement de couleur des quarks en chromodynamique, le changement d'un lepton chargé en son neutrino en interaction faible.

L'électrodynamique quantique

Relativité de la phase et conservation de la charge

La phase de l'amplitude d'état d'un état à un électron est une propriété spécifiquement quantique. C'est cette propriété qui est à l'origine des interférences quantiques que nous avons longuement discutées dans le chapitre V.

Les expériences d'interférence avec des faisceaux d'électrons mettent clairement en évidence la réalité de la phase.

Une modification de l'expérience de Young avec un faisceau d'électrons avait été proposée (comme une expérience de pensée) par Aharonov et Bohm pour mettre en évidence l'influence du champ électromagnétique sur la phase du champ d'électrons. Cette expérience a maintenant été réalisée ; elle confirme les prédictions de la théorie quantique. On introduit entre les deux trous de l'écran dans l'expérience de Young un petit solénoïde (voir la figure VIII, 7) donnant un champ magnétique perpendiculaire au plan de la figure à l'intérieur, et nul à l'extérieur. Classiquement, une telle configuration de champ magnétique n'a aucune influence sur les trajectoires de particules chargées ne passant pas à l'intérieur du solénoïde. Or on observe que les franges d'interférence (d'origine quantique) de l'expérience initiale sont toujours présentes lorsque l'on place le solénoïde avec la même distance d'interfrange, mais que l'ensemble de la figure est déplacé par une

Non observable	Symétrie	Loi de conservation
Position spatiale absolue	Translation d'espace	Impulsion
Temps absolu	Translation dans le temps	Energie
Direction spatiale absolue	Rotation	Moment cinétique
Vitesse absolue	Transformation de Lorentz	Générateurs du groupe de Lorentz
Différence entre particules identiques	Permutation de particules identiques	Statistique de Fermi Dirac ou de Bose Einstein
Droite (ou gauche) absolue	Changement $\vec{X}$ en $-\vec{X}$	Parité
Signe absolu de la charge	Changement des particules en leurs antiparticules	Conjugaison de charge
Phase absolue d'un champ de matière chargé	Changement de la phase	Charge électrique
Différence entre mélanges cohérents différents de quarks colorés	Changement de couleur	Générateurs de couleur
Différence entre mélanges cohérents différents de leptons chargés et de neutrinos	Changement d'un lepton en son neutrino	Générateurs d'isospin faible

Tableau VIII. 1

Le théorème de Noether en théorie quantique relativiste

Le modèle standard est obtenu en faisant des trois dernières symétries des invariances de jauge.

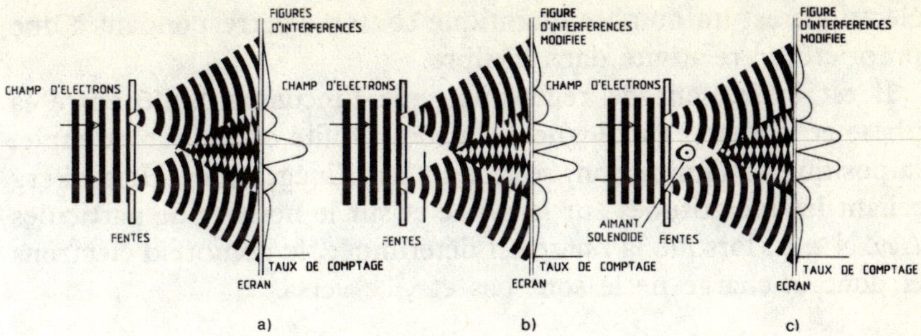

Figure VIII. 7

Expérience d'Aharonov-Bohm

a) Un faisceau d'électrons d'impulsion bien déterminée touche une paroi percée de deux fentes. Les électrons diffractent et interfèrent. Un écran récepteur enregistre tour à tour leurs arrivées. Une figure d'interférence se dessine au niveau de l'écran. C'est l'expérience déjà décrite des fentes de Young.

b) On met en regard de l'une des fentes un dispositif qui introduit un déphasage de la fonction d'onde des électrons passant par cette fente. La figure d'interférence est toujours présente, mais décalée par rapport à la précédente.

c) Au lieu du dispositif précédent, on intercale entre les deux fentes un aimant solénoïdal dont le champ magnétique est nul sur le parcours des électrons (mais pas le potentiel vecteur). On peut ajuster le champ magnétique de manière à retrouver la même figure d'interférence qu'en b). Le champ électromagnétique est ainsi équivalent à un déphasage local.

translation. Ceci signifie que la présence du solénoïde, qui, bien que ne créant pas de champ magnétique à l'extérieur, modifie la configuration du quadrivecteur potentiel, introduit une différence de phase pour les amplitudes de transition correspondant aux passages par chacun des deux trous : *par l'intermédiaire du quadrivecteur potentiel, le champ électromagnétique est couplé à la phase du champ d'électrons.*

Le théorème de Noether relie la relativité de la phase du champ électronique, c'est-à-dire le caractère non observable d'une phase absolue, à l'invariance par changement de cette phase, et à la conservation de la charge électrique. Grâce à cette correspondance la conservation de la charge qui est postulée en électromagnétisme classique trouve une explication de nature quantique : la charge électrique est un nombre quantique conservé correspondant à une propriété de relativité dans la fibre.

Il est intéressant de remarquer que l'incompatibilité entre la phase et la charge (analogue à l'incompabilité entre, par exemple, la position et l'impulsion) se traduit par l'inégalité de Heisenberg reliant les incertitudes sur la phase et sur le nombre de particules $\Delta\varphi\Delta N \geq 1$: lorsque la phase est déterminée, le nombre d'électrons et donc la charge ne le sont pas et vice versa.

L'électrodynamique quantique comme une théorie de jauge

Lorsque nous avons décrit l'émission d'ondes lumineuses par une charge accélérée en électromagnétisme classique, nous avons mis l'accent sur le rôle de la conservation locale de la charge. Il est donc tout à fait naturel, en théorie quantique, que la conservation locale de la charge, c'est-à-dire *l'invariance par changement local de la phase, soit associée à l'émission de photons.* Il est possible de montrer, de manière mathématiquement précise, que la densité de lagrangien décrivant la propagation d'un électron libre est invariante par changement global de la phase du champ d'électrons. Le théorème de Noether relie cette invariance à la conservation globale de la charge. Mais cette densité de lagrangien n'est pas invariante par changement local (c'est-à-dire dépendant du point d'espace-temps) de la phase. Il est possible de construire une densité de lagrangien invariante par changement local de la phase à condition d'ajouter au terme de propagation de l'électron un terme de couplage à un champ électromagnétique. On obtient la densité de lagrangien de l'électrodynamique quantique en ajoutant un troisième terme correspondant à la propagation des photons.

Le raisonnement que nous venons d'évoquer, qui permet de construire la densité de lagrangien d'une dynamique à partir d'un principe d'invariance de jauge, est d'une importance fondamentale ; c'est ce raisonnement qui est à l'origine de la construction de l'ensemble du modèle standard actuel.

Ce raisonnement nous permet de préciser les analogies que nous avons évoquées plus haut de l'électrodynamique quantique avec la relativité générale et avec la courbure de la trajectoire d'un ballon auquel un effet a été communiqué.

Avec la densité de lagrangien de l'électrodynamique quantique on retrouve, dès l'ordre le plus bas du développement perturbatif, le diagramme de Feynman d'échange d'un photon virtuel redonnant la force de Coulomb entre deux particules chargées (voir l'encadré « Loi de Coulomb et échange de photon virtuel »). Ainsi, tout comme en relativité générale, c'est un principe d'invariance de jauge qui implique en électrodynamique quantique l'existence d'une force d'interaction. (Le dictionnaire de l'analogie entre l'électrodynamique quantique et la dynamique du ballon en rotation est établi dans l'encadré « Analogie entre QED et la trajectoire d'un ballon tournant sur lui-même »).

Loi de Coulomb et échange de photon virtuel

En théorie quantique, la force exercée entre deux charges électriques est due à l'échange de photons virtuels.

Ces photons sont virtuels car « leur existence » est éphémère. L'impulsion Δp transférée par un photon virtuel, la durée de l'échange Δt et la distance r entre les charges au moment de l'échange sont reliées par le quantum d'action et par la vitesse de la lumière,

$$r\Delta p \simeq h \quad \text{et} \quad \Delta t = r/c$$

La force qui s'exerce sur les charges électriques, qui n'est rien d'autre que $F = \Delta p/\Delta t$, vaut donc hc/r^2. Le nombre de photons ainsi échangés entre les deux charges étant proportionnel au produit des deux charges, on retrouve ainsi la loi de Coulomb.

Plus formellement on peut associer à un diagramme de Feynman, dans lequel une seule particule virtuelle est échangée, un potentiel effectif. Ce potentiel effectif est la limite à faible impulsion et donc à grande distance de la théorie quantique et relativiste : c'est le potentiel de la théorie classique. La nature répulsive ou attractive du potentiel dépend du signe des constantes de couplage à chacun des vertex du diagramme de Feynman.

Analogie entre QED et la trajectoire d'un ballon tournant sur lui-même

Le dictionnaire de l'analogie est donné ci-dessous :

BALLE	ELECTRON
Moment cinétique	Charge électrique
Invariance par rotation locale	Invariance par changement local de la phase
Conservation du moment cinétique	Conservation de la charge électrique
Air	Champ électromagnétique externe
Courbure de la trajectoire	Courbure du mouvement d'un électron dans un champ magnétique
Fibre = environnement immédiat du ballon	Fibre = espace de définition de la phase
L'invariance de la dynamique par une rotation locale implique l'existence d'un couplage entre l'air et la balle	L'invariance de la dynamique par changement local de la phase implique l'existence d'un couplage entre le champ électromagnétique et l'électron

La chromodynamique quantique

La théorie de Yang et Mills

Il est tentant de généraliser le raisonnement de l'invariance de jauge à d'autres symétries sous-jacentes à d'autres interactions. Cette tentative a été proposée, dès les années cinquante, par Yang et Mills à propos de l'interaction nucléaire forte.

Comme nous l'avons dit dès le premier chapitre, la symétrie la plus caractéristique de l'interaction nucléaire forte est l'indépendance de cette interaction par rapport à la charge électrique des hadrons : les protons, constituants des noyaux, se repoussent par interaction électromagnétique, bien qu'ils soient aussi liés que les neutrons à l'intérieur des noyaux. Cette propriété correspond à une invariance par une symétrie interne, la *symétrie d'isospin.* Selon cette symétrie le proton et le neutron sont les deux composants d'un champ de nucléon. La symétrie d'isospin est la symétrie qui, dans la fibre de ce champ, fait passer d'une composante à l'autre. Les opérations de cette symétrie forment un groupe* que l'on appelle le groupe SU(2).

Le concept de groupe est très important en théorie quantique. Toutes les symétries que nous rencontrons forment des groupes. Un groupe est un ensemble d'opérations obéissant à des axiomes de définition : le produit de deux opérations du groupe est une opération du groupe ; il existe une et une seule opération-identité ; à toute opération du groupe correspond une et une seule opération inverse.

Le théorème de Noether s'applique à la symétrie d'isospin : au caractère non observable de la différence entre deux mélanges cohérents différents d'états de protons et de neutrons, correspondent l'invariance par les transformations du groupe SU(2) de l'isospin et la conservation du triplet d'opérateurs de l'isospin. Ces opérateurs sont appelés générateurs* du groupe. Comme le groupe SU(2) est aussi le groupe des rotations dans l'espace à trois dimensions, l'isospin est très analogue à un moment cinétique, mais les espaces dans lesquels agissent ces opérateurs sont différents (la fibre pour l'isospin, la base pour le moment cinétique).

Yang et Mills ont tenté de faire de l'invariance d'isospin une invariance de jauge, ce qui impliquerait une conservation locale des générateurs d'isospin. Formellement le raisonnement conduisant à la construction du lagrangien de l'électrodynamique quantique peut être généralisé sans difficulté à l'invariance d'isospin. Dans cette généralisation le groupe des changements de phase [groupe abélien ou commutatif U(1)] est remplacé par le groupe non abélien* ou non commutatif SU(2) ; le photon, boson vectoriel de jauge de l'électrodynamique, est remplacé par un triplet de bosons vectoriels de jauge de l'interaction nucléaire forte, le triplet de mésons ϱ ($\varrho^+ \varrho^- \varrho^0$) ; le couplage de l'électron au photon devient le couplage du nucléon au méson ϱ. Par rapport au cas abélien, l'invariance de jauge non abélienne introduit une nouveauté essentielle, le couplage entre bosons de jauge : alors qu'il n'y a pas de couplage à trois et quatre photons dans le lagrangien de l'électrodynamique quantique, il y a des couplages à trois et quatre mésons ϱ dans le lagrangien de Yang et Mills.

Le modèle de Yang et Mills est une alternative au modèle de Yukawa : au lieu du triplet de pions, ce modèle fait intervenir un triplet de mésons ϱ comme bosons véhiculant l'interaction nucléaire forte.

Deux difficultés rédhibitoires ont fait avorter le modèle de Yang et Mills. Tout d'abord ce modèle, qui fait jouer à certains hadrons (les nucléons et les mésons ϱ) un rôle privilégié du point de vue de l'élémentarité, contredit nettement le principe de démocratie hadronique (ce qui signifie que de nombreuses prédictions qui en découlent sont infirmées par l'expérience). D'autre part, l'une des propriétés fondamentales des théories de jauge n'est pas satisfaite par l'interaction nucléaire forte : en effet, une condition nécessaire de l'invariance de jauge est que la masse invariante des bosons de jauge soit nulle. Dans une théorie de jauge, l'interaction est de portée infinie (puisque les bosons de jauge qui la véhiculent sont de masse nulle). Or cette propriété n'est clairement pas satisfaite par l'interaction nucléaire forte : le monde serait complètement différent de ce qu'il est si l'interaction nucléaire forte était de portée infinie.

Il aura fallu une assez longue mise en veilleuse pour que la théorie de Yang et Mills (théorie de jauge non abélienne) trouve à nouveau une application en physique des particules, et surtout, il aura fallu réaliser que les hadrons ne sont pas élementaires pour trouver le niveau dans lequel l'invariance de jauge non abélienne peut jouer un rôle fondamental.

La couleur des quarks et la chromodynamique quantique

Dans le modèle des quarks, conforté par la classification SU(3) des hadrons, la dynamique des réactions hadroniques, et les expériences de collision profondément inélastiques lepton-hadron, les hadrons ne sont pas élémentaires. La structure subhadronique* est une structure en quarks : les mésons sont des états liés quarks-antiquarks ; les baryons sont des états liés de trois quarks. Les types de quarks s'appellent des saveurs. La classification SU(3) des hadrons avait été proposée à l'époque où on connaissait trois saveurs de quarks (u, de charge 2/3 ; d de charge −1/3 et s de charge −1/3). Depuis, de nouvelles saveurs de quarks ont été découvertes, c (pour « charm ») de charge 2/3 et b (pour « beauty ») de charge −1/3. Le modèle standard s'accommoderait bien d'une sixième saveur qu'on appelle t (pour « top* » ou « truth* ») de charge 2/3. La saveur t a peut-être été découverte au collisionneur du CERN, mais le signal n'est pas encore suffisamment clair pour être homologué.

Il a fallu un certain temps pour comprendre que la saveur n'a rien à voir avec la dynamique subhadronique qui lie les quarks à l'intérieur des hadrons. C'est grâce aux expériences neutrino qu'on a compris que seule l'interaction faible est capable de changer la saveur d'un quark.

C'est un peu par hasard qu'on a découvert la symétrie interne essentielle pour l'interaction forte subhadronique, la symétrie de couleur.

Cette symétrie a été proposée par Greenberg pour résoudre un paradoxe du modèle des quarks. Dans ce modèle, les différentes informations phénoménologiques pointaient toutes dans la direction de quarks très analogues aux leptons : des fermions de spin

1/2 élémentaires dans l'interaction électromagnétique et dans l'interaction faible. D'autre part, il apparaissait qu'une certaine famille de hadrons obtenue dans le modèle des quarks, le décuplet de baryons de spin 3/2, représentait en quelque sorte le niveau fondamental des états à trois quarks en ce qui concerne le moment orbital : dans un baryon du décuplet, les moments cinétiques orbitaux des quarks deux à deux sont nuls ; la projection du spin du baryon sur une certaine direction est égale à la somme des projections des spins des quarks dans cette même direction.

Considérons un membre particulier de la famille du décuplet, le Ω^-, dont la découverte expérimentale après sa prédiction théorique a conféré une grande crédibilité au modèle des quarks. Le Ω^- est un baryon de spin 3/2 état lié de trois quarks s. Pour un état de Ω^- de spin 3/2 dans une direction donnée, les trois quarks s doivent être dans le même état : projection du spin dans cette direction égale à 1/2. Une telle configuration est interdite par le principe d'exclusion de Pauli : deux fermions (et encore moins trois fermions) ne peuvent être dans le même état quantique. Pour résoudre ce paradoxe on a envisagé trois solutions possibles :

— On abandonne l'hypothèse de la nullité des moments orbitaux de quarks deux à deux ; mais alors toute la phénoménologie de la classification des baryons dans le cadre du modèle des quarks se brouille ;

— On imagine que les quarks, bien que de spin 1/2, n'obéissent pas au principe d'exclusion de Pauli, que ce sont « des parafermions ». Cette hypothèse, séduisante parce que conforme au caractère exotique des quarks (charge fractionnaire, confinement), a néanmoins été abandonnée car elle n'a aucune fécondité : elle n'a pratiquement pas d'autre conséquence que de répondre au problème particulier du décuplet ;

— On introduit une nouvelle propriété de symétrie interne, appelée *symétrie de couleur*. Dans ce modèle, chaque saveur de quark existe en trois « couleurs » (par exemple « bleu », « rouge » et « jaune »). Les trois quarks qui constituent le Ω^- de spin 3/2 dans une direction donnée sont identiques du point de vue de la saveur, du point de vue du spin, *mais ils diffèrent par leurs couleurs.* La couleur devient une symétrie interne, du monde subhadronique, cachée au niveau des hadrons : le Ω^- est « sans couleur », c'est un « scalaire de couleur ».

C'est cette troisième solution qui s'est révélée la bonne. Du point de vue de la physique hadronique proprement dite ce modèle a peu de conséquences directes puisque tous les hadrons sont des scalaires de couleur, mais du point de vue de la dynamique subhadronique, il a ouvert la voie à l'une des avancées les plus spectaculaires de la physique contemporaine. La chromodynamique quantique est la théorie de jauge non abélienne qui utilise comme invariance de jauge le groupe SU(3) des changements de couleur des quarks. L'invariance par des transformations locales (c'est-à-dire dépendant du point d'espace-temps) de couleur impose l'existence d'un champ de jauge à huit composantes, le champ de *gluons* — pour le groupe SU(N), il y a N composantes au champ de matière et N^2-1 composantes au champ de jauge. (Les règles de Feynman de la chromodynamique quantique sont résumées dans la figure VIII, 8.)

Liberté à petite distance, confinement à grande distance

En tant que théorie de Yang et Mills, la chromodynamique quantique implique l'existence de *bosons de jauge, vectoriels, de masse invariante nulle, et autocouplés.* Ne sommes-nous donc pas confrontés à la même difficulté qui a fait échouer le premier modèle de Yang et Mills pour l'interaction forte : l'existence de forces à grande portée liée à la nullité de la masse invariante des bosons de jauge ?

Il n'en est rien ; au contraire, la chromodynamique quantique répond de manière satisfaisante aux principaux problèmes de l'interaction nucléaire forte.

C'est par une comparaison détaillée entre la chromodynamique quantique (que nous appellerons QCD, en abrégé de l'anglais « Quantum Chromodynamics ») et l'électrodynamique quantique (que nous appellerons QED, en abrégé de l'anglais « Quantum Electrodynamics ») que nous pourrons expliquer les principales propriétés de la théorie de l'interaction nucléaire forte.

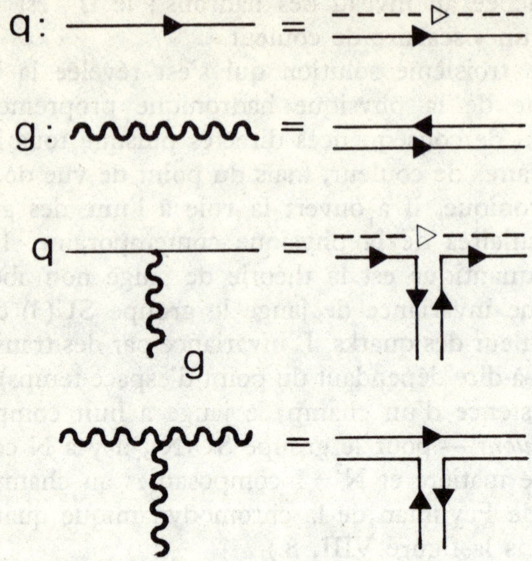

Figure VIII. 8

Règles de Feynman de la chromodynamique quantique

Les propagateurs des champs fondamentaux (quarks et gluons) et les vertex d'interaction sont symbolisés en indiquant le contenu de couleur et de saveur de tous les quanta (voir aussi figure I.6).

Le pas théorique essentiel dans l'élaboration du modèle standard de la physique des particules a été la démonstration que *les théories de jauge non abéliennes sont renormalisables,* tout comme QED, la principale théorie de jauge, abélienne, utilisée en physique des particules. Dans le chapitre précédent nous avons souligné l'importance du critère de renormalisabilité pour définir l'élémentarité. Du point de vue des forces, la théorie de la renormalisation conduit à une *nouvelle conception du vide.*

En QED la force élémentaire entre deux particules de matière est décrite par le diagramme de Feynman d'échange d'un photon virtuel. Mais les transitions virtuelles introduisent des corrections radiatives (purement quantiques) qui peuvent être évaluées grâce à la théorie de la renormalisation. Ces corrections sont interprétées physiquement comme une *polarisation du vide :* dans le diagramme de la figure VIII, 9, le photon virtuel se matérialise en I en une paire électron-positron qui s'annihile en II pour redonner un photon virtuel. Cette polarisation du vide produit un effet d'écran : l'électron 2 « voit » une charge électrique de l'électron 1 « écrantée » par la polarisation du vide. C'est d'ailleurs dans cet effet d'écran que réside l'essentiel de la renormalisation : la charge « nue » de l'électron est infinie, c'est la polarisation du vide par les paires électron-positron (qui vivent le temps des transitions virtuelles) qui écrante, renormalise cette charge et en fait une charge physique, finie, effective, dépendant de la résolution.

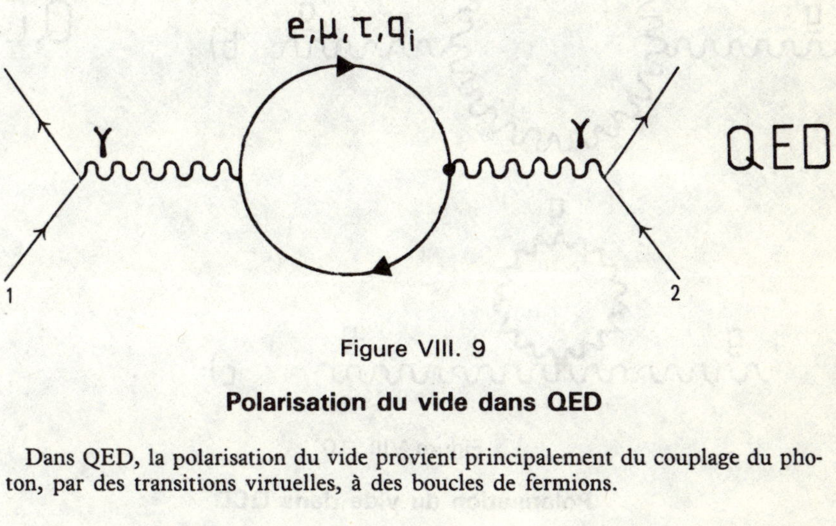

Figure VIII. 9

Polarisation du vide dans QED

Dans QED, la polarisation du vide provient principalement du couplage du photon, par des transitions virtuelles, à des boucles de fermions.

En QED, donc, le vide est assimilé à un milieu diélectrique, polarisable par les fluctuations quantiques, capable d'écranter la charge électrique. La charge renormalisée décroît quand la distance croît.

Comme QCD est aussi une théorie renormalisable, on peut lui appliquer un raisonnement analogue... mais on aboutit à une situation totalement inversée. A cause de l'autocouplage des gluons, les diagrammes de polarisation du vide comportent en QCD des boucles de gluons (voir la figure VIII, 10). La contribu-

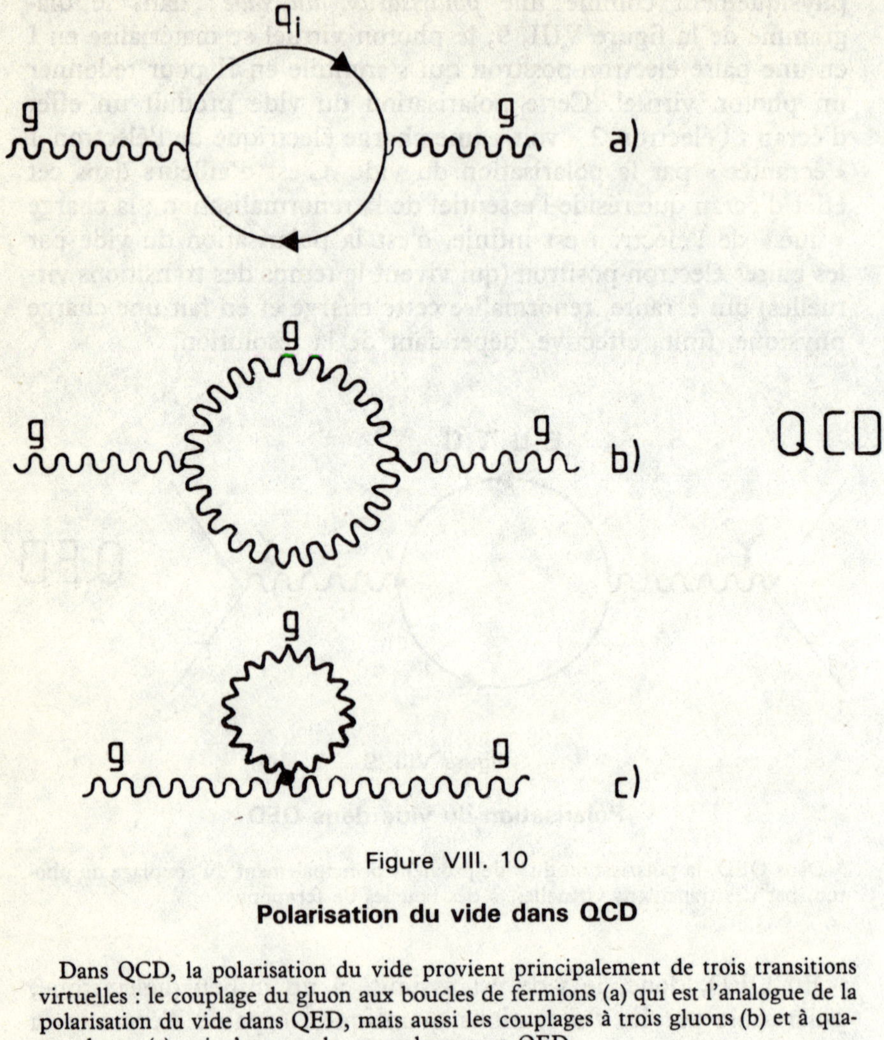

Figure VIII. 10

Polarisation du vide dans QCD

Dans QCD, la polarisation du vide provient principalement de trois transitions virtuelles : le couplage du gluon aux boucles de fermions (a) qui est l'analogue de la polarisation du vide dans QED, mais aussi les couplages à trois gluons (b) et à quatre gluons (c) qui n'ont pas leurs analogues en QED.

tion de tels diagrammes (absents en QED) est de signe opposé à celle des diagrammes avec boucles de quarks (analogues à ceux présents en QED), et elle est si importante qu'elle inverse l'effet de la polarisation du vide. Au total, en QCD, la polarisation du vide provoque *un anti-effet d'écran !* La « charge de couleur » (qui caractérise le couplage dans l'interaction forte) est renormalisée en sens inverse de la charge électrique : elle croît, au lieu de décroître, avec la distance. Cette propriété a deux conséquences fondamentales qui ont emporté la décision de faire de QCD la théorie de l'interaction forte.

1. Diminuer la distance d'observation c'est, quantiquement, augmenter l'énergie ; comme la charge de couleur croît avec la distance, *elle décroît avec l'énergie :* c'est la propriété de liberté asymptotique qui sous-tend le modèle phénoménologique des partons. Lorsque l'on sonde des hadrons avec des leptons de haute énergie, on observe une structure ponctuelle de partons (constituants subhadroniques) qui semblent d'autant moins liés que la résolution est élevée. Comme la constante de couplage effective de QCD décroît avec l'énergie, il est possible d'effectuer des calculs perturbatifs, pour peu que l'énergie soit suffisamment élevée et donc de comparer les prédictions théoriques aux données expérimentales. L'accord obtenu est très satisfaisant.

2. La croissance de la charge effective de couleur avec la distance peut fournir une explication au phénomène de confinement des quarks. Si la charge de couleur effective tend vers l'infini lorsque la distance tend vers l'infini, alors il faudrait dépenser une énergie infinie pour séparer à distance macroscopique un quark d'un hadron. On n'a jamais pu démontrer rigoureusement que tel est le cas, car la chromodynamique quantique est très difficile (non perturbative) à grande distance. Mais des méthodes analogiques, sur lesquelles nous reviendrons à la fin de l'ouvrage, suggèrent fortement que c'est bien ce mécanisme qui est à l'origine du confinement des quarks (fig. VIII, 11) et que toute l'interaction chromodynamique à grande portée ne sert qu'à confiner les quarks à l'intérieur des hadrons.

L'interaction faible

Phénoménologie de l'interaction faible

Puisque l'invariance de jauge semble expliquer les interactions gravitationnelle, électromagnétique et forte, il n'y a pas de raison

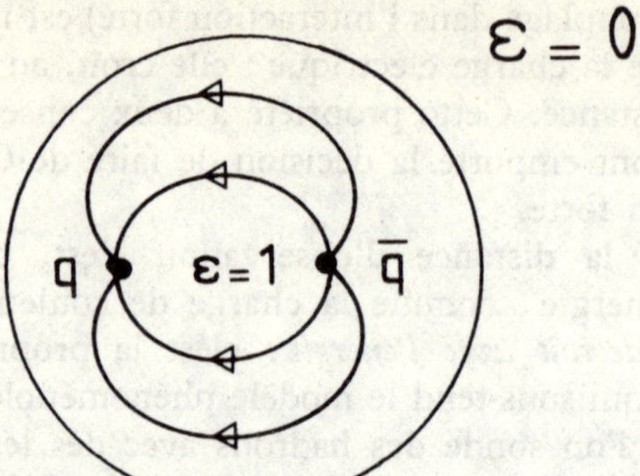

Figure VIII. 11

Lignes de champ de couleur d'un dipole quark-antiquark

Les lignes de champ vont toutes d'un quark à l'autre et de plus sont confinées à l'intérieur d'un sac. On aurait le même effet pour un dipole électrique si on plaçait celui-ci dans un sac de constante diélectrique égale à 1, l'extérieur du sac ayant une hypothétique constante diélectrique nulle. (Comparer à la figure VIII, 3.)

de s'arrêter en chemin, autant l'essayer pour la quatrième interaction, l'interaction faible. (En réalité, historiquement, le traitement de l'interaction faible par une théorie de jauge a précédé celui de l'interaction forte.)

La phénoménologie de l'interaction faible a permis de mettre en évidence un certain nombre de propriétés caractéristiques de cette interaction.

1. L'interaction faible viole l'invariance par parité d'espace. Cette découverte a provoqué une très grande surprise dans les années cinquante car toutes les interactions connues jusqu'alors étaient invariantes par cette opération de symétrie. La violation de la parité par l'interaction faible implique qu'il est possible de séparer, dans l'absolu, la droite de la gauche.

L'hélicité* est la quantité physique qui permet de mettre en évidence la violation de la parité d'espace. L'hélicité d'une particule est la projection de son spin sur sa ligne de vol. Pour un électron de spin 1/2 l'hélicité peut valoir +1/2 (on dit alors que l'électron est « droit », en quelque sorte il tourne sur lui-même comme un tire-bouchon pour droitier) ou − 1/2 (auquel cas, bien sûr, l'électron est « gauche »). La théorie de Dirac des particules de spin 1/2 et de masse nulle implique que ces particules n'ont qu'un état d'hélicité : les neutrinos (dont la masse invariante est nulle ou très petite) sont des particules *gauches ;* ce sont les antineutrinos qui sont des particules *droites.*

La violation de la parité

Les opérations de parité P (changement de signe des coordonnées d'espace), de conjugaison de charge C (particule transformée en son antiparticule) et de renversement du temps T ($t \to -t$) peuvent être appliquées à chaque particule.

Si nous caractérisons une particule par sa charge Q, son impulsion p et son hélicité (projection du spin sur l'axe parallèle à l'impulsion), les effets de ces opérations sont indiqués ci-dessous :

	Q	p	hélicité
P	+	−	−
C	−	+	+
T	+	−	+

L'hélicité est dite droite lorsque le spin (moment cinétique intrinsèque) projeté dans la direction de l'impulsion est positif (analogie avec un tire-bouchon pour droitier), l'hélicité est dite gauche dans le cas contraire (tire-bouchon pour gaucher).

A un électron d'impulsion p et d'hélicité droite, l'opération de parité fait correspondre un électron d'impulsion − p et d'hélicité gauche. Ces deux états existent dans la nature. La surprise vient de l'interaction faible (expérience de violation de la parité* en 1957 de Mme C.S. Wu, MM. E. Ambler, R.W. Hayward, D.D. Hopes et R.P. Hudson) et plus particulièrement des neutrinos : le neutrino n'existe que dans l'état d'hélicité gauche. Son image dans un miroir n'existe pas. Par contre, l'antineutrino, lui, n'existe que dans l'état d'hélicité droite.

Cela nous donne la possibilité de définir dans l'absolu la droite et la gauche au sens d'un tire-bouchon pour droitier ou d'un tire-bouchon pour gaucher.

La radioactivité β^- (par exemple tritium$\rightarrow$hélium $3+e^- + \bar{\nu}_e$) est une source de $\bar{\nu}_e$. Les réacteurs sont des sources intenses de $\bar{\nu}_e$. Ces $\bar{\nu}_e$ possèdent un moment cinétique aligné avec leur impulsion. En interagissant avec un bloc de matière, ils communiquent à celui-ci un mouvement de rotation qui par définition sera appelé droit par rapport au sens de propagation des $\bar{\nu}$.

Cela nous permettrait, en principe, de transmettre les notions de droite et de gauche à une civilisation extraterrestre avec laquelle nous communiquerions mais sans la voir.

Toutefois, ce schéma ne fonctionne que si cette civilisation fabrique avec ses réacteurs des $\bar{\nu}$. Si leur environnement, par contre, est fait d'antimatière, leurs réacteurs fonctionnent avec de l'anti-uranium produisant des neutrinos au lieu d'antineutrinos. Leur sens de la droite et de la gauche, d'après nos explications, serait alors inversé par rapport au nôtre.

Pour éviter une telle confusion, il nous faut rechercher des phénomènes qui n'aient pas leur équivalent lorsque l'on applique à la fois P et C.

De tels phénomènes ont été découverts en 1964 par J. H. Christenson, J. W. Cronin, V. L. Fitch et R. Turlay. Nous y reviendrons dans le chapitre X car la violation de CP a un enjeu cosmologique.

Aucun phénomène, en revanche, n'a été découvert qui n'ait son équivalence après l'application de C, P et T.

Dans les processus d'interaction faible, purement leptoniques, on constate que l'interaction faible dépend de l'hélicité et donc qu'elle n'est pas invariante par parité : cette interaction associe des leptons chargés gauches à des neutrinos, et des antileptons chargés *droits* à des antineutrinos (voir l'encadré « Violation de la parité »).

On appelle *courant leptonique chargé* le couple formé par un lepton chargé gauche et le neutrino (nécessairement gauche) dans lequel il se transforme par interaction faible. On connaît trois couples (on dit trois générations*) de leptons : $(e\nu_e)$, $(\mu\nu_\mu)$, $(\tau\nu_\tau)$. Le terme de courant est utilisé par analogie avec l'électrodynamique quantique : le quantum de courant électromagnétique est le couple formé par un électron et ce qu'il devient par interaction électromagnétique ; ce courant est neutre puisque par émission d'un photon un électron ne change ni de charge ni de nature.

2. Les expériences neutrinos ont montré que l'interaction faible fait aussi intervenir des *courants neutres*. Comme le courant électromagnétique est neutre et que les leptons chargés participent à l'interaction électromagnétique qui est beaucoup plus intense que l'interaction faible, il était très difficile de mettre en évidence des courants neutres faibles avec des leptons chargés car l'interaction électromagnétique noie tous les effets de l'interaction faible. Comme les neutrinos ne participent pas à l'interaction électromagnétique, on a pu mettre en évidence les courants neutres faibles dans des réactions provoquées par des neutrinos. Les courants neutres faibles sont gauches (neutrino-neutrino, lepton gauche-lepton gauche) ou droits (lepton droit-lepton droit).

3. Le modèle des quarks permet d'inclure les hadrons dans la phénoménologie des courants faibles. Dans le cadre du modèle des quarks à trois saveurs (u,d,s), le courant hadronique faible chargé est gauche et obtenu par combinaison linéaire* de $(d_g - u_g)$ et $(s_g - u_g)$. La combinaison linéaire est définie par un angle* de mélange, l'angle de Cabibbo*. Il y a aussi des courants hadroniques faibles neutres, gauches et droits. On remarque d'autre part l'absence de courant neutre avec changement de saveur : les courants neutres $(s - d)$ ou $(d - s)$ (droits ou gauches) n'existent pas. Les autres saveurs de quarks qui ont été découvertes après (les saveurs c et b) et celle qui est recherchée (la saveur t) se groupent aussi en couples formant des courants chargés.

4. Avec l'ensemble des courants faibles il est possible de construire un « lagrangien phénoménologique de l'interaction faible » qui rende compte de l'ensemble des données expérimentales concernant cette interaction. Dans ce modèle phénoménologique, l'interaction faible est une interaction de contact courant-courant,

sa portée est nulle. Une constante de couplage universelle permet de rendre compte de toute la phénoménologie de l'interaction faible. Cette constante est égale à celle qu'avait introduite Fermi dès la découverte de l'interaction faible. Mais si on essaie de prendre au sérieux ce lagrangien (pour engendrer à partir de lui une série perturbative) on se heurte à la difficulté que la théorie ainsi construite *ne serait pas renormalisable :* les corrections quantiques divergent et elles divergent d'autant plus qu'elles sont d'ordre élevé.

Première tentative d'unification électrofaible : le modèle des bosons intermédiaires

La similarité entre les courants faibles et le courant électromagnétique a mis les théoriciens sur la piste de l'unification électrofaible. On peut faire véhiculer l'interaction faible par des bosons intermédiaires massifs et égaliser les constantes de couplage courant faible-boson intermédiaire et courant électromagnétique-photon (voir la figure VIII, 12).

Pour réaliser une telle unification on doit introduire quatre bosons intermédiaires : triplet ($W^+W^-W^0$) couplé aux courants gauches et un singulet (B^0) couplé aussi aux courants droits. L'unification électrofaible implique que le W^0 et le B^0 ne soient pas les états physiques, mais que ces derniers, le γ (photon) et le Z^0 soient des combinaisons linéaires du W^0 et du B^0. L'unification électrofaible implique que les masses des W et du Z^0 sont de l'ordre de 80 GeV/c^2.

Au moment où ce modèle était proposé il était totalement exclu de pouvoir mettre en évidence l'existence de particules aussi lourdes ; ce modèle était une simple curiosité théorique. D'autant plus que lui non plus ne conduisait pas à une théorie renormalisable.

Le mécanisme de Higgs

La théorie qui unifie interaction électromagnétique et interaction faible est due à Glashow, Salam et Weinberg. *C'est une théorie*

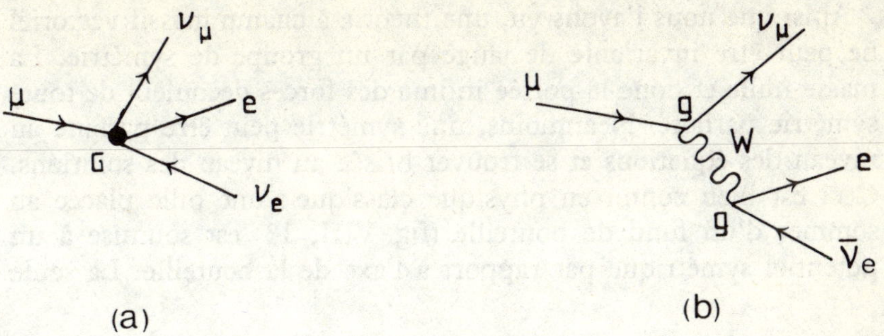

$$\frac{g^2}{M_{W^2}} = G$$

Figure VIII. 12

Egalité des constantes de couplage faible et électromagnétique

L'interaction de contact (a) a permis d'évaluer la constante de couplage G phénoménologique des interactions faibles. Si, comme dans (b), on associe l'interaction faible à un échange de W avec un couplage g à chacun des vertex, commun aux interactions électromagnétiques et aux interactions faibles, on doit avoir approximativement la relation

$$G = g^2/M_W{}^2$$

C'est cette relation qui permet de prédire d'emblée que la masse des bosons intermédiaires doit être de l'ordre de 100 GeV/c².

de jauge non abélienne. Le groupe de jauge est le produit SU(2)×U(1), où SU(2) est le groupe de l'isospin faible, et U(1) l'hypercharge faible.

Les champs de jauge associés à ce groupe de jauge sont le triplet ($W^+W^-W^0$) et le singulet (B^0) susceptibles d'être modélisés par les bosons intermédiaires introduits ci-dessus.

Bien sûr, la difficulté essentielle de cette théorie est que les bosons de jauge sont de masse nulle alors que l'on a besoin de bosons intermédiaires très massifs.

Le mécanisme de Higgs* (auquel il convient d'associer les noms de Brout, Engler et Kibble) permet de résoudre cette difficulté.

Ainsi que nous l'avons vu, une théorie à champ massif vectoriel ne peut être invariante de jauge par un groupe de symétrie. La masse nulle et donc la portée infinie des forces découlent de toute symétrie parfaite. Néanmoins, une symétrie peut être parfaite au niveau des équations et se trouver brisée au niveau des solutions. Ceci est bien connu en physique classique : une bille placée au sommet d'un fond de bouteille (fig. VIII, 13) est soumise à un potentiel symétrique par rapport à l'axe de la bouteille. La seule

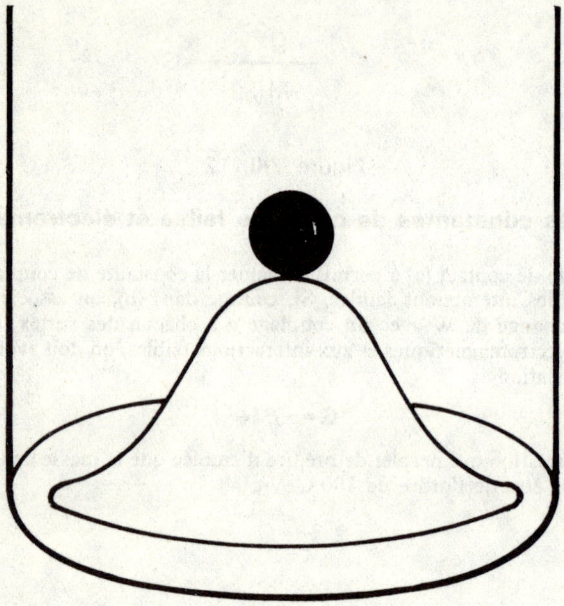

Figure VIII. 13

Une symétrie spontanément brisée

Une bille placée au sommet d'un fond de bouteille illustre une symétrie de rotation initiale. Cet état ne dure pas : la bille tombe dans une direction, brisant la symétrie initiale.

solution symétrique se trouve au haut de la barrière de potentiel sur l'axe de la bouteille. Pourtant elle ne correspond pas à l'état fondamental d'énergie minimum. Tous les points situés au fond de la bouteille sont acceptables comme état fondamental. La symétrie va être spontanément brisée et la bille viendra se loger en un de ces points. Une symétrie brisée apparaît en mécanique classique dans le vide sitôt que l'on introduit un potentiel en forme de fond de bouteille.

Un autre exemple de *brisure spontanée de symétrie* nous vient de la physique des solides avec le phénomène du ferromagnétisme. Ainsi l'interaction spin-spin entre les atomes de fer est invariante par rotation. Pourtant, au-dessous d'une certaine température, la température critique de transition, l'état des spins n'est plus invariant par rotation mais, au contraire, les spins s'alignent sur une direction particulière de l'espace. Cette situation dans laquelle l'état fondamental du système ne manifeste pas la symétrie des interactions correspond à une brisure spontanée de symétrie. Cependant la symétrie est en fait cachée dans le sens où n'importe quelle direction d'alignement des spins aurait pu être choisie. Si on répétait l'expérience un grand nombre de fois toutes les directions seraient également probables. Néanmoins, pour quelqu'un qui vivrait à l'intérieur d'un aimant ferromagnétique, au-dessous de la température critique, l'invariance des lois de la physique par rotation ne serait pas manifeste. Ce n'est que par la théorie des interactions spin-spin qu'il pourrait la découvrir. Nous avons la même approche en ce qui concerne la différence manifeste entre l'interaction faible et l'interaction électromagnétique.

En théorie quantique, le vide est défini comme l'état où tous les champs ont l'énergie la plus basse possible. L'énergie de la plupart des champs est minimale lorsque la valeur du champ est nulle en tout endroit. Le champ d'un électron par exemple a une énergie minimale lorsqu'il n'y a pas d'électron. L'idée de base du mécanisme de Higgs consiste à introduire dans la théorie un *nouveau champ scalaire présentant la propriété particulière de ne pas s'annuler dans le vide.* L'annuler coûte de l'énergie. Ce champ scalaire de Higgs est un doublet d'isospin. N'étant pas nul dans le vide, il polarise l'espace interne d'isospin en indiquant une direction priviligiée, la direction de brisure. Ce champ couplé aux champs vectoriels de l'interaction électrofaible confère alors aux W^+, W^- et Z^0 une masse et laisse le photon sans masse. La masse du Z^0 et celle des W sont reliées par la relation $M_Z = M_W/\cos\theta_W$.

La théorie est cette fois renormalisable grâce au couplage des W, Z et γ entre eux.

Comment l'existence de champs scalaires, champs de Higgs, peut-elle conférer aux champs faibles (W, Z) une masse ? Encore une fois, nous pouvons trouver des analogies dans la physique du solide, à travers le diamagnétisme des supraconducteurs. Lorsqu'un métal normal placé dans un champ magnétique est refroidi jusqu'au-dessous de la température correspondant à la transition de l'état normal à l'état supraconducteur, les lignes de champ sont brusquement expulsées du métal lors de la transition de phase. Des courants de surface sur le supraconducteur apparaissent qui produisent un champ magnétique, qui, lorsqu'il est combiné au champ magnétique appliqué, donne un champ magnétique résultant nul à l'intérieur du supraconducteur. Ces courants, ne dissipant pas d'énergie du fait qu'un supraconducteur a une résistance nulle, subsistent en permanence. La théorie des supraconducteurs est maintenant bien connue. C'est l'apparition des électrons en paires (paires de Cooper*) dans des états cohérents qui est responsable de ces courants non dissipatifs. Ces paires d'électrons (2 fermions de spin 1/2) forment des bosons de spin 0. Ils correspondent donc à un champ scalaire dont la valeur moyenne n'est pas nulle dans le supraconducteur. Ce champ scalaire est responsable de l'écrantage du champ magnétique. Ce dernier ne pénètre dans le supraconducteur que sur une très fine couche à la surface. L'épaisseur de cette couche correspond à une portée effective du champ magnétique qui se comporte ainsi comme un champ massif. Pour les interactions faibles, le vide tient le rôle du supraconducteur, le champ de Higgs celui du champ des paires de Cooper et le champ de l'interaction faible celui du champ magnétique.

En résumé le prix qu'il a fallu payer pour rendre les W et Z massifs et donc donner une portée finie à l'interaction faible tout en conservant la masse nulle au photon et en parvenant à rendre l'ensemble de la théorie renormalisable est l'addition dans le lagrangien d'un terme correspondant à un doublet de particules scalaires appelées bosons de Higgs* qui n'ont pas été jusqu'à présent découvertes.

Les confirmations expérimentales de la théorie électrofaible

La théorie électrofaible rend compte d'un nombre considérable de phénomènes : en ceci elle constitue un monument de la physique.

Elle confirme bien sûr les prédictions de l'électrodynamique quantique concernant les phénomènes électromagnétiques et elle raffine certaines prédictions en prévoyant de nouveaux effets.

Elle rend compte des effets liés à la *radioactivité béta* des noyaux. On sait en effet que certains noyaux contenant A nucléons dont Z protons se désintègrent en émettant un électron et un antineutrino :

$$(A,Z) \rightarrow (A,Z+1) + e^- + \bar{\nu}_e$$

d'autres en émettant un positron et un neutrino :

$$(A,Z) \rightarrow (A,Z-1) + e^+ + \nu_e$$

Ces processus sont des processus d'interaction faible pure par courant chargé (W^+ ou W^-) et relèvent des diagrammes montrés sur la figure VIII, 14 a, où u et d sont des quarks des nucléons initiaux et finals.

Cette même théorie décrit les interactions des neutrinos avec les quarks (fig. VIII, 14 b), et prédit aussi des interactions par courant neutre (échange de Z^0), montrées sur la figure VIII 14 c, qui furent observées pour la première fois au CERN en 1973 et qui furent la première confirmation expérimentale retentissante de cette théorie.

Dans l'électrodynamique quantique, le photon γ est le seul boson échangé. Dans l'interaction électrofaible l'échange de Z^0 vient s'additionner à celui du γ. En général l'addition de ce nouveau terme conduit à des effets inobservables. Néanmoins dans quelques cas, des effets d'interférence ont pu être observés :

1. Violation de la parité dans les interactions d'électrons polarisés avec des protons. Ainsi a-t-on pu mesurer une différence de probabilité d'interaction entre les électrons gauches et les électrons droits sur des protons, due au terme d'interférence entre l'échange de γ et l'échange de Z^0.

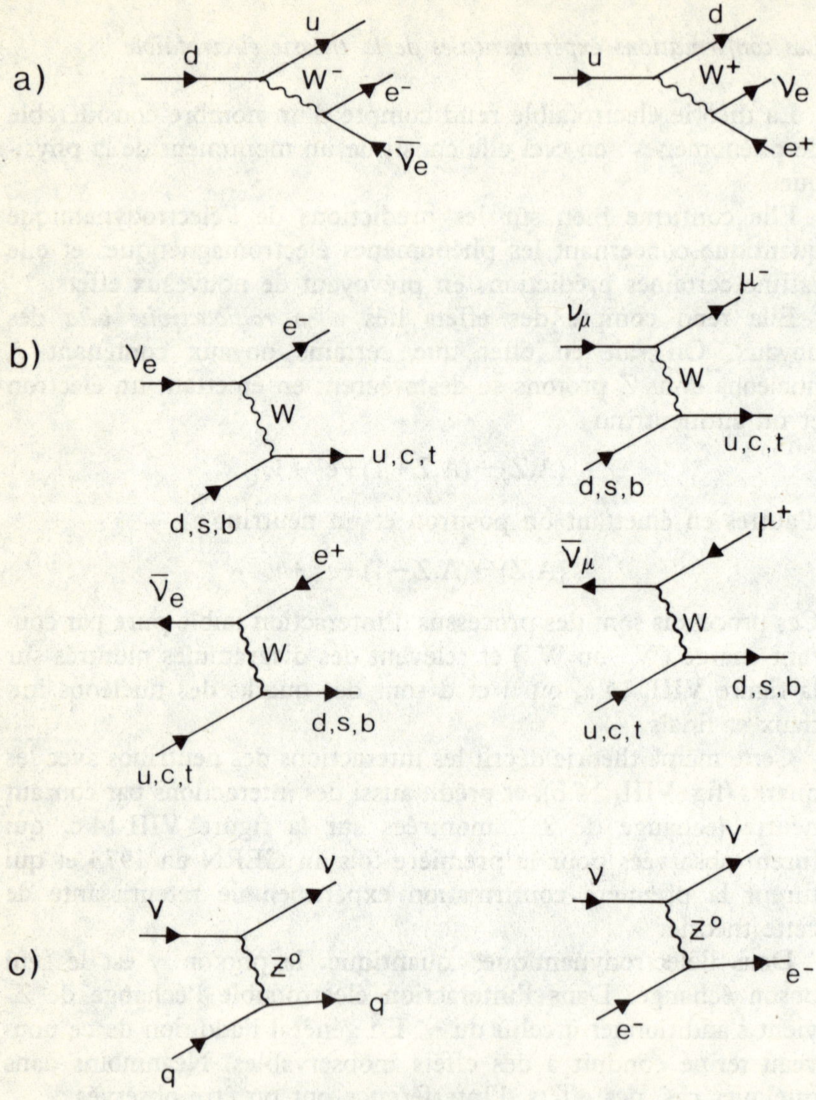

Figure VIII. 14

Les courants faibles

a) Désintégration béta.
b) Les courants chargés.
c) Les courants neutres.

2. De la même manière des transitions atomiques violant la parité qui sont interdites dans l'électrodynamique quantique pure ont été mises en évidence.

3. Enfin des asymétries dans la distribution angulaire des muons produits dans les interactions $e^+e^- \to \mu^+\mu^-$ et résultant là aussi des interférences entre les échanges de Z^0 et de γ ont été observées.

Les bosons intermédiaires

Les bosons intermédaires sont produits dans les collisions protons-antiprotons à très haute énergie par des interactions élémentaires entre quarks et antiquarks. Leur durée de vie est si brève (10^{-25} s) qu'on ne peut les observer qu'à travers leurs produits de désintégration. Ces produits, le plus souvent, sont ceux associés à l'hadronisation d'une paire quark-antiquark. Mais dans ce cas, il n'est guère possible d'isoler le signal des bosons intermédiaires du bruit de fond provoqué par les interactions fortes entre quarks et antiquarks.

Les modes de désintégration identifiables sont les modes leptoniques, principalement la désintégration W→électron-neutrino et celle du Z en electron-positron. Les masses invariantes prévues par la théorie sont

$$M_W = 82 \pm 2 \text{ Gev}/c^2,$$
$$M_Z = 93 \pm 2 \text{ Gev}/c^2.$$

Les largeurs de ces particules sont aussi prédites par la théorie aux environs de 2 Gev.

Toutes ces caractéristiques, taux de production, modes de désintégration, masses, largeurs ont été observées expérimentalement en accord avec les prédictions théoriques.

Ces phénomènes s'amplifient à haute énergie et deviennent prédominants lorsque les énergies mises en jeu par les constituants élémentaires entrant en collision (leptons et quarks) sont de l'ordre de grandeur ou supérieures à la masse du Z^0. La théorie électrofaible n'est pas seulement faite d'un parallélisme entre deux théories, faible et électromagnétique. Elle démontre qu'à faible distance (inférieure à 10^{-15} cm) les deux types de forces (interactions) deviennent indiscernables. Il y a alors perte de différenciation entre les interactions faible et électromagnétique.

Toutes ces expériences décrites précédemment avaient conduit vers 1976 à déterminer les deux seuls paramètres libres de la théorie :

$$\sin^2\theta_W = 0{,}22 \text{ et } M_W = 81 \text{ GeV}$$

et donc

$$M_Z = M_W / \cos\theta_W = 93 \text{ Gev}$$

$\sin^2 \theta$ est lié au rapport des constantes de couplages associées aux groupes U(1) et SU(2).

La découverte des W et Z constitua bien sûr la confirmation la plus éclatante du bien-fondé de ces théories. (Voir l'encadré : « Les bosons intermédiaires ».)

Conclusions

Le langage de la théorie des champs s'ordonne autour de quelques idées fortes : les champs sont des opérateurs de création et d'annihilation dont l'intensité est définie en tout point de l'espace et du temps. Ils possèdent, de plus, des degrés de liberté interne définissant la fibre : la phase, l'isospin faible et la couleur. Les lois de la physique découlent de l'expression du lagrangien qui décrit tous les processus concernant les particules élémentaires et qui est une fonction de ces champs.

1. Toutes les lois de conservation connues en physique (conservation de l'impulsion, de l'énergie, du moment angulaire, de la charge et d'autres plus abstraites) découlent de l'invariance du lagrangien par des groupes de transformations caractéristiques de ces lois de conservation, agissant sur les champs de la même manière en tout point de l'espace-temps. Ce sont des *symétries glo-*

bales dont découlent des courants conservés. On a ainsi une complémentarité entre les grandeurs qui sont conservées et les coordonnées des espaces dans lesquels s'exprime l'invariance du lagrangien.

2. Les *symétries locales* sont des symétries plus contraignantes encore : les transformations du groupe sont cette fois appliquées indépendamment en chaque point de l'espace-temps. L'invariance du lagrangien et donc des lois de la physique sous de telles torsions* des espaces abstraits sur lesquels agissent ces transformations demande l'existence de forces. Ces torsions correspondent à l'émission de quanta de force. Les torsions de l'espace-temps lui-même, ou plus précisément des géodésiques, correspondent à l'émission de gravitons, les torsions de la phase des champs à l'émission de photons, les torsions de l'espace des doublets faibles à l'émission de bosons intermédiaires, les torsions de couleur à l'émission de gluons.

3. Le principe d'équivalence qui a servi de fondement à la théorie de la relativité générale, à savoir que l'on peut toujours trouver un repère qui localement annule les forces de gravitation, trouve ainsi sa généralisation pour toutes les forces. Mais les changements de repère doivent se faire sur les coordonnées abstraites associées à chacune des forces.

On peut considérer que le concept d'espace fibré est la représentation mathématique de la matière-espace-temps au même titre que l'espace de Minkowski est la représentation mathématique de l'espace-temps de la relativité. Les théories de jauge des interactions fondamentales relient les forces à la géométrie de la matière-espace-temps.

C'est à une telle vision unificatrice qu'aspirait Hermann Weyl, l'inventeur du concept d'invariance de jauge, lorsqu'en 1922 il concluait en ces termes son livre *Temps, espace, matière* (p. 275) : « La *physique statistique* et la théorie des quanta ont déjà entamé une couche profonde de la réalité et les résultats obtenus sont en accord avec la physique du champ ; mais le problème de la matière est encore tout à fait dans l'ombre. Cependant la connaissance de la signification restreinte du champ ne doit pas nous empêcher de reconnaître les résultats importants que nous avons obtenus. Celui qui mesure le chemin parcouru, depuis la métrique euclidienne jusqu'au champ métrique variable dépendant de la matière et renfermant les manifestations de la gravitation et de l'électromagnétisme, celui qui cherche à embrasser d'un coup d'œil ce que notre exposé a forcément fragmenté et morcelé, celui-là doit éprouver un sentiment de liberté, comme s'il sortait d'une cage où il était enfermé jusqu'ici. Il doit être pénétré de la certitude que notre raison n'est pas seulement un pis-aller humain, trop humain, dans la lutte pour la vie, mais qu'elle s'est développée malgré toutes les embûches et tous les errements jusqu'au point où elle peut embrasser objectivement la vérité. Quelques-uns des accords puissants de cette harmonie des sphères auxquels Pythagore et Kepler rêvaient sont parvenus à nos oreilles. »

CHAPITRE IX

Qu'est-ce qu'une particule ?

Quelles sont les méthodes expérimentales qui permettent d'observer et d'identifier les particules élémentaires ? La combinaison de méthodes fortes et douces permet, tout compte fait, de détecter, d'identifier et d'observer toutes les particules considérées, à un moment donné, comme élémentaires. Qu'elles soient de durée de vie longue ou brève, qu'elles interagissent fortement ou très faiblement, qu'elles soient très légères ou très massives, toutes les particules peuvent être mises en évidence expérimentalement. La nouvelle conception de l'élémentarité est opérationnelle.

Qu'est-ce qu'une particule ? L'électron existe-t-il réellement ? Est-il un élément de réalité ou un fruit de l'esprit humain ? Que signifie parler de particules qui ne peuvent pas même être isolées (comme les quarks) et qui à fortiori ne peuvent être observées par nos sens « directement » ?

C'est sans doute en physique des particules élémentaires (électrons, neutrinos, quarks...) que se trame aujourd'hui la plus complexe synthèse entre deux entités qui semblent à priori antagonistes : l'abstrait et le concret. Toutefois, ce mouvement d'abstraction du réel qui est le propre du mouvement de la connaissance ne date pas d'aujourd'hui. Depuis des dizaines de milliers d'années, nos ancêtres, poussés certainement par des nécessités biologiques, mais sans doute aussi par une certaine angoisse métaphysique peut-être inscrite dans le patrimoine génétique de l'espèce humaine, explorent leur environnement. Démarche empirique seulement ? L'émergence du langage est là pour témoigner du contraire. Nous ne connaissons pas le déroulement de cette histoire très ancienne. Mais il est tentant de penser que l'émergence du langage s'est nourrie de la démarche empirique à travers un formidable mouvement d'abstraction du réel : le mot pâquerette, par exemple, unifie conceptuellement un ensemble d'êtres au ras du sol ayant une tige verte, des pétales blancs et un cœur jaune. Pourtant chacun de ces êtres est différent l'un de l'autre par sa taille, par sa forme exacte et par bien d'autres détails. L'idée de fleur constitue un niveau d'abstraction supplémentaire puisque des êtres aussi différents que la pâquerette, la rose et l'orchidée sont rassemblés dans cette même catégorie. Le mouvement de la connaissance scientifique, les concepts scientifiques, procèdent de cette même spirale, du même rapport entre l'abstrait et le concret qui prend racine dans l'émergence du langage.

« Voir en brisant » les particules

Les limites à la pulvérisation de la matière

Rechercher les constituants d'un objet en tapant dessus à coups de marteau est une démarche innée qu'un enfant découvre de lui-même. Plus tard, il apprendra que par ce geste il utilise l'énergie cinétique du marteau pour vaincre l'énergie de liaison interne de l'objet. Lorsque l'énergie cinétique du marteau est communiquée aux constituants, ils peuvent franchir la barrière de potentiel (ou énergie de liaison) qui les sépare d'un autre état, lequel bien souvent correspond à la séparation de l'objet en morceaux indépendants. C'est ainsi que nous pouvons briser une noix en tapant dessus.

En continuant ainsi à taper sur la noix, nous finissons par la pulvériser en poussières que nous ne parvenons plus guère à fragmenter. Ces poussières sont sans aucun doute des parties de la noix initiale, mais en sont-elles pour autant des constituants élémentaires ? Non bien sûr, car si nous ne parvenons plus guère à les briser, c'est que simplement leur dimension leur permet de se dérober au marteau en se logeant dans des anfractuosités soit du support sur lequel elles sont posées, soit du marteau lui-même.

Comment aller plus loin ? D'abord en portant à très haute température ces poussières, c'est-à-dire en transférant de l'énergie par des chocs thermiques. Les poussières finissent par se liquéfier : à ce stade-là, on a plutôt perdu en termes de granularité. Mais en chauffant un peu plus, on finit par obtenir un gaz d'apparence uniforme mais en fait constitué de molécules ou d'atomes agités de mouvements aléatoires.

Une dernière ressource classique (non relativiste) à notre disposition est la force induite par un champ électrique. En appliquant de puissants champs électriques sur les atomes et les molécules (10^{13} V/m), on parvient à les faire claquer. De tels champs, qui sont légèrement supérieurs au champ électrique créé par les charges positives du noyau des atomes et que subit l'électron situé à une distance de quelques angströms, peuvent être maintenant réalisés en laboratoire à l'aide de faisceaux lasers. Le long du faisceau, le champ électrique est si intense qu'il parvient à faire claquer les molécules et les atomes. On parvient ainsi, après une telle ionisation de la matière, à séparer d'une part les électrons, les grains de matière négatifs, des noyaux atomiques, les grains de matière positifs.

Comment faire pour aller plus loin encore ? De même qu'en envoyant deux noix se fracasser l'une sur l'autre il arrive qu'elles se cassent, on peut observer la fragmentation des deux noyaux en les projetant l'un contre l'autre avec une énergie cinétique de quelques MeV. C'est ainsi qu'il serait possible d'établir d'une manière observationnelle « directe » la structure en protons et neutrons des noyaux.

A ce stade, la question de l'élémentarité du proton ou du neutron se pose alors et il est naturel de réaliser des collisions protons-

protons à l'aide d'accélérateurs de protons (les champs électriques accélèrent les protons) pour en observer la structure interne.

1. Jusqu'à 200 MeV d'énergie cinétique dans le système du centre de masse des deux protons, rien ne se passe. Tout au plus observe-t-on quelques collisions élastiques analogues à celles de boules de billard.

2. Au-delà et jusque vers 500 MeV, on observe deux types de collision qui pourraient s'apparenter à une sorte de fragmentation :

Ainsi la collision $p\ p \to p\ n\ \pi^+$ pourrait faire penser que le proton est fait d'un neutron et d'un π^+, particule sept fois plus légère et qu'ils seraient liés, avec une énergie de liaison égale à la masse du neutron plus celle du π^+ diminuée de celle du proton, soit 140 MeV. Ce qui paralyse ce type d'interprétation est le fait que l'on observe tout aussi fréquemment des collisions $p\ p \to p\ p\ \pi^0$. Il faudrait alors admettre que le proton est constitué de lui-même et d'un π^0. Ceci sonne déjà comme une conception non classique de l'élémentarité.

Que dire alors d'une collision d'un proton de 300 GeV contre un autre proton de 300 GeV dans laquelle plus d'une centaine de particules sont produites parmi lesquelles de nombreux protons, neutrons, antiprotons, antineutrons, pions etc. (fig. IX, 1) ? Il est difficile d'imaginer qu'elles font toutes partie du cœur des protons initiaux.

Le seul cadre dans lequel ces phénomènes deviennent compréhensibles est celui de la physique relativiste. Dans ce cadre, à vouloir cogner si fort et de manière aussi concentrée, une partie de la violence de la collision est utilisée à la création de particules grâce à l'équivalence de la masse et de l'énergie.

Briser en physique relativiste

« Voir en brisant » les particules repose sur deux principes :

UN PRINCIPE RELATIVISTE : LA CONSERVATION DE L'ÉNERGIE ET L'ÉQUIVALENCE MASSE-ÉNERGIE

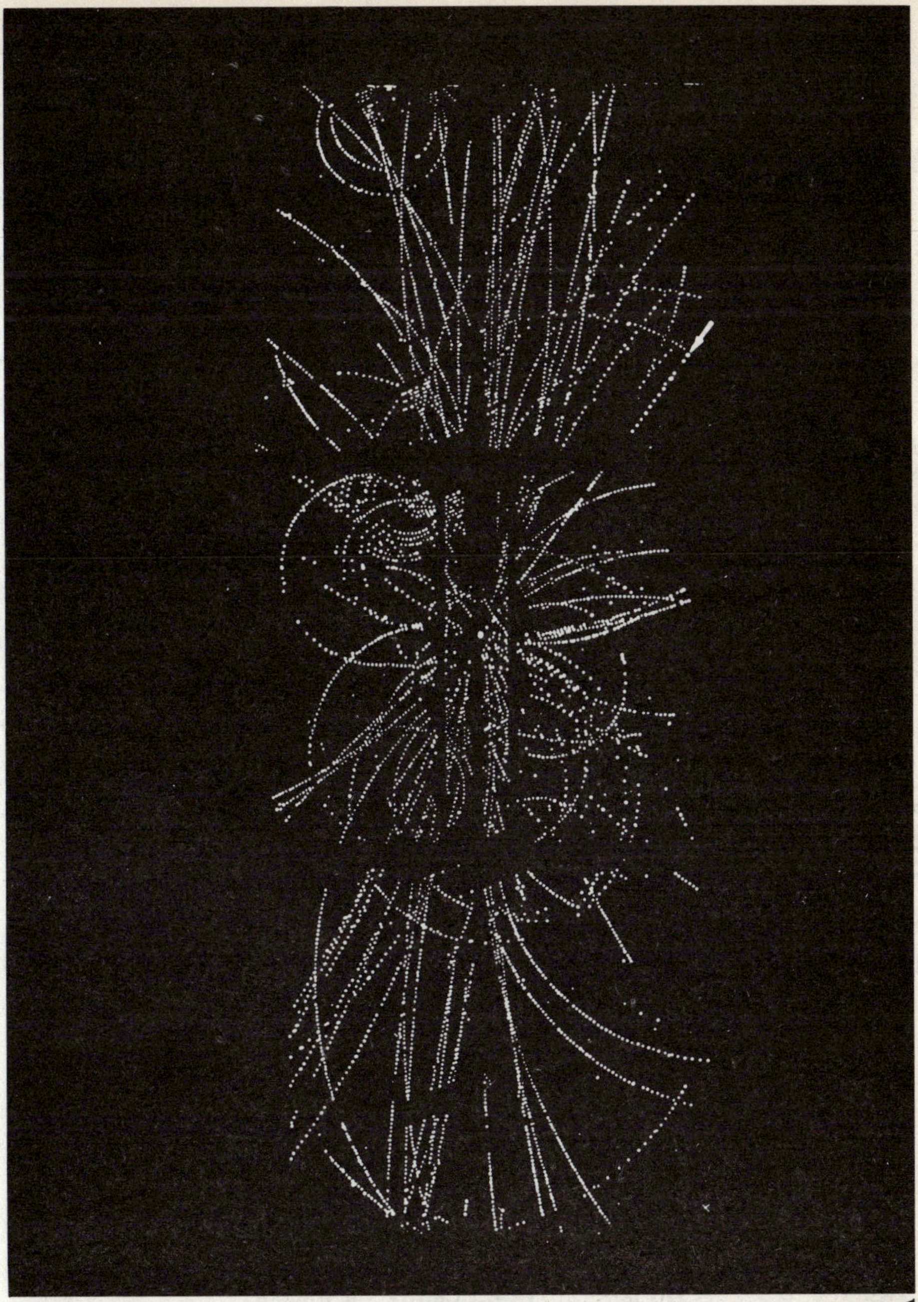

Figure IX. 1

Production de particules

Production de particules dans une collision d'un proton et d'un antiproton de haute énergie (270 GeV contre 270 GeV). Il s'agit là d'une reconstitution par ordinateur d'un événement enregistré par le détecteur UA1. Une collision proton-proton donnerait sensiblement le même spectacle. (Voir aussi ill. IX, 1).

Lorsque la violence du choc entre deux particules est suffisante, une partie de l'énergie peut se retrouver dans l'état final sous forme de masse, l'autre partie se retrouvant sous forme cinétique.

La conservation de l'impulsion et de l'énergie, implique que l'énergie disponible pour la création de particules est, en principe, l'énergie totale dans le système du centre de masse de la réaction E_{cdm}. Mais l'énergie n'est pas un invariant relativiste. Sa valeur dépend du repère dans lequel on la calcule. Ainsi lorsque des protons sont accélérés à une énergie E_{lab} dans le repère du laboratoire et qu'ils viennent percuter une cible d'hydrogène (protons au repos) qui remplit une chambre à bulles par exemple, l'énergie disponible pour la création de particules, E_{cdm}, est bien inférieure à E_{lab}.

La courbe ci-dessous (fig. IX, 2) montre l'énergie disponible, E_{cdm}, en fonction de E_{lab}.

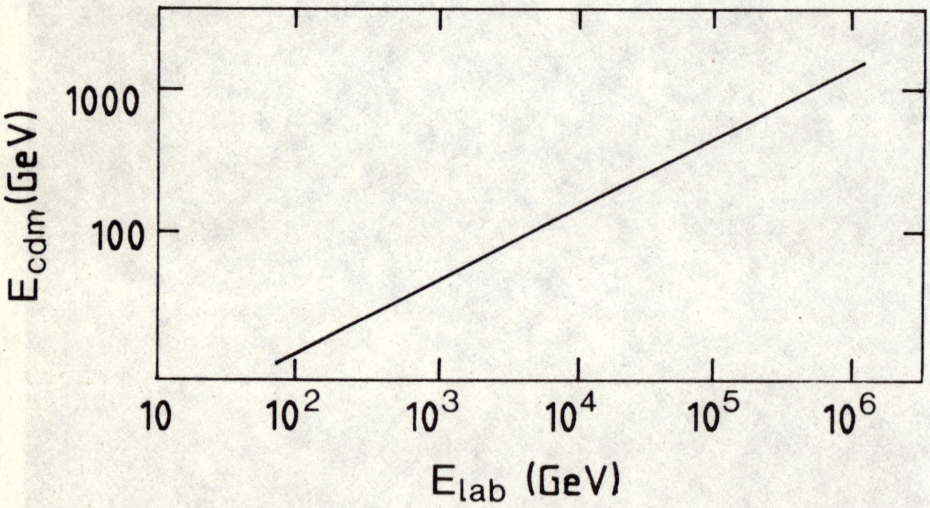

Figure IX. 2

Du laboratoire au centre de masse

Relation entre l'énergie dans le système du centre de masse d'une collision proton-proton et l'énergie du proton dans le repère où l'autre proton est au repos.

Dans le repère du laboratoire, à cause de la conservation de l'impulsion, une grande partie de l'énergie est emportée par le centre de masse de la réaction, c'est-à-dire que toutes les particules sortantes sont entraînées par le choc (un peu comme un patineur se déplaçant à grande vitesse entraîne avec lui le patineur immobile avec lequel il entre en collision).

Le seuil de production d'une particule correspond au minimum à une énergie dans le système du centre de masse de la collision supérieure à la masse de cette particule. Ceci n'est vrai au sens strict que lorsque toute l'énergie dans ce système peut se transformer en une nouvelle particule. Le plus souvent, des lois élémentaires de conservation (charge électrique ou nombre baryonique, par exemple) font que la nouvelle particule ne peut être produite seule. Elle est le plus souvent accompagnée d'autres particules si bien que le seuil de sa production correspond à sa masse augmentée de toutes celles des autres particules dont la présence est nécessaire pour le respect des lois de conservation.

UN PRINCIPE DYNAMIQUE : LA CONCENTRATION DE L'ÉNERGIE

Lorsque deux camions entrent en collision l'énergie dissipée est colossale (environ $3\ 10^{16}$ GeV) en regard de celle obtenue en physique des particules élémentaires (près de 2 000 GeV, record mondial actuel aux États-Unis).

Pourtant, si on faisait le bilan des particules présentes dans l'état initial et dans l'état final (électrons, protons, neutrons, autres leptons, autres hadrons pour en rester à ce stade d'élémentarité), on verrait que pas une particule nouvelle n'a été créée dans le cas de la collision camion-camion, alors que près d'une centaine de particules sont créées dans le cas d'une collision proton-antiproton (ou proton-proton sans doute aussi) à 600 GeV dans le centre de masse.

Ceci n'est dû ni à la conservation de l'énergie ni à celle de l'impulsion mais à la dynamique même de la création de particules. Cette création passe nécessairement par une des quatre interactions fondamentales, fonctionnant, au niveau élémentaire, au travers d'une amplitude de Feynman. La création d'une particule nouvelle est une fluctuation d'énergie. Les inégalités de Heisenberg permettent d'évaluer la durée du processus de création d'une particule et la distance à laquelle doivent s'approcher des particules incidentes pour en créer une nouvelle. En tout état de cause, ce qui est déterminant pour la création ou non de particules, c'est l'énergie par particule des objets entrant en collision. Il est facile de se rendre compte que dans le cas de deux camions, l'énergie des collisions élémentaires protons-protons ou électrons-électrons est ridiculement faible (la vitesse n'est que 1/10 000 000 de celle de la lumière) et ne permettra jamais de créer des particules.

Qu'est-ce qu'une particule ? L'identification

IDENTIFICATION DES PARTICULES AYANT UNE DURÉE DE VIE LONGUE (supérieure à 10^{-8} seconde)

A l'exception des protons, des électrons, des neutrinos et de leurs antiparticules respectives, toutes les particules sont instables et se désintègrent. La durée de vie, définie de manière statistique, est le temps moyen nécessaire à une réduction de moitié d'une population de particules instables. Comme le temps n'est pas un invariant relativiste, quand on parle de la durée de vie d'une particule, c'est toujours de celle mesurée au repos qu'il s'agit. Grâce à la dilatation relativiste du temps, des particules de longue durée de vie (au moins 10^{-8} seconde) peuvent, si elles sont suffisamment énergétiques, parcourir des distances macroscopiques entre leur lieu de production et leur lieu de désintégration. Si ces particules sont électriquement chargées, des détecteurs variés (comme les chambres à bulles, les chambres à fils, ou les scintillateurs) peuvent permettre de les identifier.

La mesure du temps de parcours peut permettre de mesurer la vitesse. Celle-ci peut aussi être obtenue par l'observation des anneaux Cerenkov* : dans un milieu d'indice optique n (n supérieur à 1) la vitesse de la lumière est c divisé par n. Rien n'interdit à une particule relativiste de traverser ce même milieu à une vitesse supérieure à c/n. La physique relativiste se limite en effet à borner les vitesses des particules à la vitesse de la lumière dans le vide. Dans un tel cas, de la lumière est émise dans le sillage de la particule, à la surface d'un cône dont elle est le sommet. Ce phénomène est très analogue au sillage des bateaux sur la surface de l'eau qui prend une allure angulaire prononcée dès que le bateau progresse à une vitesse supérieure à la vitesse de déplacement des ondes à la surface de l'eau.

On remonte à l'impulsion des particules chargées en mesurant le rayon de courbure des trajectoires décrites par les particules sous l'effet d'un champ magnétique (ce rayon de courbure est en effet proportionnel à l'impulsion).

De ces deux mesures on peut déduire la masse et l'énergie de la particule chargée.

Toutes les particules chargées ainsi observées peuvent alors être classées suivant leur masse et leur charge. D'autres nombres quantiques permettent aussi de les regrouper en famille et de les répertorier (spin, parité, type d'interaction...).

Les particules neutres instables sont identifiées par l'analyse de leurs produits de désintégration : l'addition des quadrivecteurs impulsion-énergie de ces produits permet de reconstituer la masse du parent neutre. On peut même dans certains cas identifier des particules neutres sans détecter leurs produits de désintégration mais à l'aide des contraintes de conservation de l'impulsion et de l'énergie qui permettent de calculer la masse manquant aux particules chargées observées.

IDENTIFICATION DES PARTICULES A COURTE DURÉE DE VIE

Bien des particules ont été découvertes, qui ont une durée de vie inférieure à 10^{-20} seconde. Leur parcours est ainsi bien trop petit pour pouvoir être observé directement. C'est à travers leurs produits de désintégration qu'il est alors possible de les identifier.

Comme pour les particules neutres à longue durée de vie, la cinématique relativiste permet de reconstituer la masse de la particule qui s'est désintégrée à partir de la mesure des quadrivecteurs impulsion-énergie des particules filles. Mais l'identification par la masse de la particule mère présente maintenant une difficulté nouvelle. La particule n'a pas une masse bien définie mais possède une probabilité d'être mesurée avec une certaine masse. Cette dis-

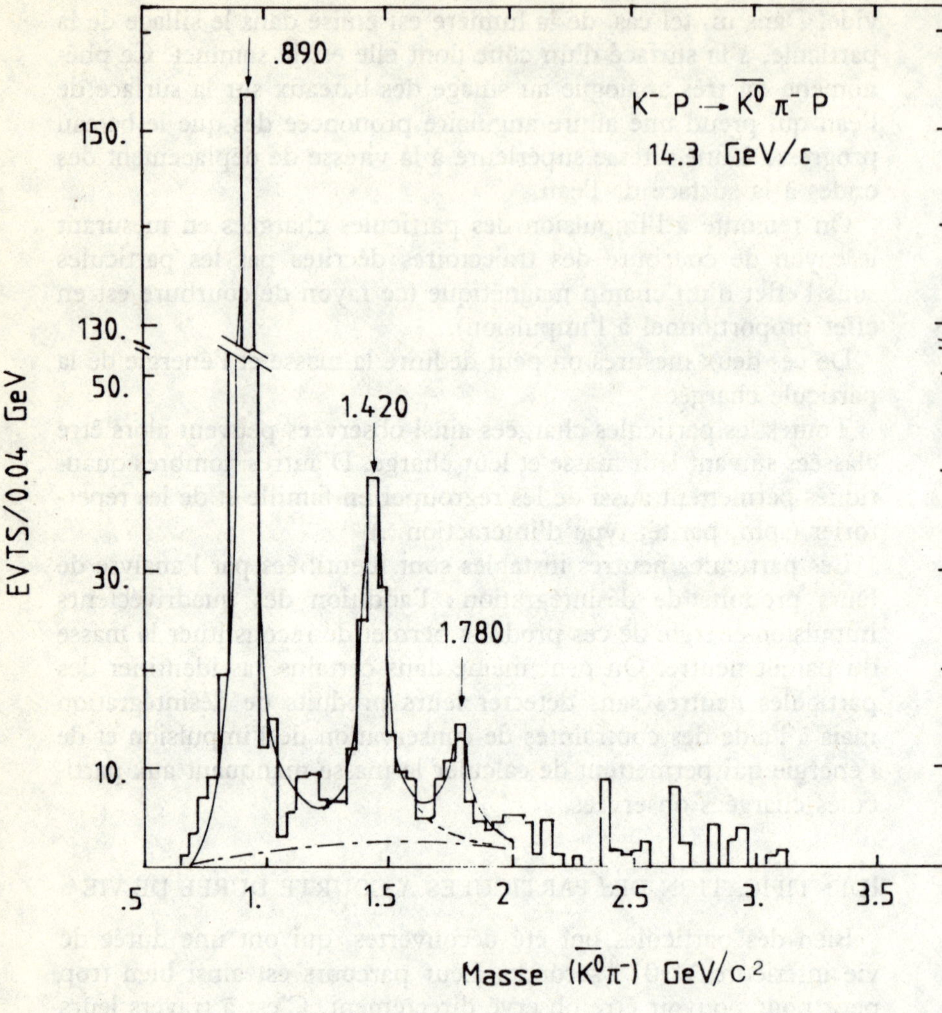

Figure IX. 3

Des résonances typiques

Spectre de la masse invariante $\bar{K}^0$ π^- dans les interactions K^- p à 14,3 Gev/c. Ce spectre montre la présence de trois structures résonnantes à 0,890, 1,420 et 1,780 GeV/c². Chacune de ces structures est associée à l'émission d'une particule K * dont les caractéristiques ont pu être déterminées : largeur, temps de vie, spin, parité, etc. Elles participent au long catalogue des particules que les physiciens ont découvertes dans les années soixante et soixante-dix.

tribution de probabilité est piquée vers la masse la plus probable, E_0, mais s'étale sur une largeur Γ (largeur à mi-hauteur) autour de cette valeur centrale. Elle manifeste un comportement résonnant (voir figure IX, 3). Autrement dit l'énergie de l'état final (ensemble des particules filles) est en moyenne égale à E_0, avec une incertitude Γ.

La particule mère est soumise pendant sa durée de vie à une interaction qui maintient ensemble les particules filles potentielles. Lorsque la particule se désintègre, cette interaction est en quelque sorte débranchée. Il s'agit là d'une perturbation de la particule mère qui a eu lieu pendant un temps inférieur à sa durée de vie, τ, et qui a donc entraîné une indétermination minimale $\Delta E > h / \tau$ et égale à Γ sur l'énergie des particules filles.

On pourrait penser qu'en augmentant l'énergie de la particule mère, son parcours $p\, c\, \tau / E_0$ deviendrait macroscopique et qu'une mesure directe de la masse serait possible avec plus de précision. Il n'en est rien : le temps imparti à cette mesure ne peut dépasser τ (durée de vie de la particule). Pendant ce temps l'observateur est en interaction aussi faible que possible avec la particule, introduisant ainsi une incertitude ΔE sur l'énergie de la particule. Or il faut un temps minimum $h / \Delta E$ pour effectuer une telle mesure. On a donc toujours $\Delta E > h / \tau = \Gamma$.

Les neutrinos, la famille des leptons

Les neutrinos sont des particules élémentaires stables de masse nulle (ou extrêmement petite), sans charge électrique et n'interagissant que très faiblement avec la matière. Ils pourraient aisément traverser la terre des millions de fois. C'est dire qu'ils ne laissent aucune trace (ou vraiment très rarement) dans les détecteurs. Ce n'est que par des déductions indirectes, principalement basées sur la conservation de l'énergie et de l'impulsion, que les physiciens se sont convaincus de l'existence réelle de particules aussi fuyantes. La spectroscopie des neutrinos est maintenant bien avancée. On en connaît de trois espèces, le ν_e, le ν_μ et le ν_τ, qui sont associés respectivement à l'électron, au muon et au lepton tau. Ces trois dernières particules, les leptons massifs, sont chargées électriquement et donc soumises à l'interaction électromagnétique, à l'inverse des neutrinos qui n'interagissent que par l'interaction faible. L'ensemble de ces six particules constitue la famille des leptons, particules toutes soumises à l'interaction faible et non soumises à l'interaction forte.

La découverte des neutrinos

La désintégration béta des noyaux, connue depuis le début du siècle, correspond à la transformation dans un noyau d'un neutron en un proton plus un électron. Un noyau comportant A nucléons dont Z protons se transforme ainsi en un autre noyau comportant A nucléons dont Z+1 protons, et un électron est éjecté :

$$(A,Z) \rightarrow (A,Z+1)+e^-$$

Un exemple en est la désintégration du tritium (^3T) en hélium 3 (^3He) :

$$^3T \rightarrow {}^3He+e^-,\ (3,1) \rightarrow (3,2)+e^-$$

Dans une telle désintégration à deux corps, dont l'un (le noyau) est beaucoup plus lourd que l'autre (l'électron), la cinématique nous montre que l'électron devrait emporter une énergie bien déterminée correspondant à la différence de masse des noyaux initial et final qui eux sont pratiquement immobiles. Au lieu de cela le spectre en énergie de l'électron s'étale depuis zéro jusqu'à une valeur maximale correspondant justement à la différence de masse entre le tritium et l'hélium 3.

Les discussions parmi les scientifiques allaient bon train à l'époque de la découverte de ce spectre continu en énergie de l'électron. Certains allaient même jusqu'à mettre en cause le principe de la conservation de l'impulsion et de l'énergie dans les désintégrations béta. C'est en 1931 que Pauli suggéra qu'une troisième particule était émise dans la désintégration béta : cette particule devait être neutre électriquement et n'interagir que faiblement (sans quoi elle n'eût pas échappé à la sagacité des expérimentateurs). Enfin elle devait être de masse très faible puisque le spectre en énergie de l'électron s'étend jusqu'aux limites permises par la cinématique, c'est-à-dire jusqu'à la différence de masse entre le noyau initial et le noyau final. C'est encore aujourd'hui par l'étude de l'extrémité du spectre en énergie de l'électron que l'on essaie de mesurer la masse éventuelle du neutrino.

La chasse aux interactions des neutrinos

Fermi, quelques années plus tard, proposait une théorie de la désintégration béta, théorie donc de l'interaction faible, qui permit de mieux comprendre les neutrinos et de prévoir leur taux d'interaction avec la matière.

Le neutrino, pour que le moment cinétique soit conservé dans la désintégration béta, est nécessairement une particule de spin demi entier, donc un fermion (on sait aujourd'hui que son spin est 1/2 comme celui de l'électron et de tous les autres leptons). Dans la théorie de Dirac, il doit donc exister un antineutrino. Ce qui distingue le neutrino de l'antineutrino, c'est leur manière d'interagir. Ainsi Fermi propose-t-il une théorie introduisant un nouveau nombre quantique : le nombre quantique « électronique ». Celui-ci vaut 1 pour l'électron par définition, 1 pour le neutrino qu'on appelle neutrino électronique dénoté ν_e, -1 pour le positron et -1 pour l'antineutrino $\bar{\nu}_e$, alors que les neutrons, les protons et toutes les autres particules ont un nombre quantique électronique nul.

La désintégration béta correspond à la réaction élémentaire :

$$n \rightarrow p + e^- + \bar{\nu}_e$$

Le nombre quantique électronique y est conservé. Fermi prévoit alors la probabilité (extrêmement faible) de la réaction inverse :

$$\nu_e + n \rightarrow p + e^-$$

des ν_e dans la matière, ainsi que celle $\bar{\nu}_e + p \rightarrow n + e^+$ des $\bar{\nu}_e$ dans la matière.

Les réactions du type $\nu_e + p \rightarrow n + e^+$ et $\bar{\nu}_e + n \rightarrow p + e^-$ sont par contre interdites.

Malheureusement, il fallait un nombre très important de ν_e ou de $\bar{\nu}_e$ pour pouvoir détecter une interaction de neutrino ou d'antineutrino sur les neutrons ou les protons d'un détecteur. Le neutrino resta ainsi longtemps une particule ayant une existence purement théorique.

Ce n'est que lorsque les réacteurs nucléaires furent construits, après la guerre, que des expérimentateurs envisagèrent de détecter des interactions de neutrinos. Les réacteurs nucléaires sont le siège d'un très grand nombre de désintégrations bêta et donc une source d'antineutrinos $\bar{\nu}_e$ très puissante. Ainsi le réacteur nucléaire de Savannah River aux États-Unis, auprès duquel furent découverts par Cowan et Reines les premières interactions d'antineutrinos sur des protons, est le siège de quelque 10^{20} désintégrations bêta par seconde et émet donc, par seconde, le même nombre d'antineutrinos d'une énergie comprise entre 0 et 10 MeV. L'observation des interactions d'antineutrinos dans ce détecteur repose sur l'apparition simultanée au milieu du détecteur d'un neutron et d'un positron (dont l'annihilation est caractéristique) sans particule incidente visible. Le détecteur est fait pour l'essentiel de scintillateur liquide, substance riche en protons libres (H) qui scintille lorsqu'elle est traversée par des particules chargées, et de détecteurs de neutrons qui l'entourent.

Les neutrinos muoniques, les neutrinos tauoniques

La désintégration du muon à l'arrêt fait apparaître un électron dans l'état final et rien d'autre. On pourrait ainsi penser qu'un ν_e accompagne l'électron :

$$\mu^- \rightarrow e^- + \bar{\nu}_e$$

Cette réaction conserve bien le nombre quantique électronique précédemment défini. Dans ce cas l'électron devrait être monoénergétique, pour que l'impulsion et l'énergie soient conservées dans cette désintégration. Or, à nouveau le spectre observé est un spectre continu. En introduisant une nouvelle espèce de neutrino, le *neutrino muonique* de nombre quantique muonique égal à 1 comme le muon négatif μ^- (alors que l'électron et le ν_e ont un nombre quantique muonique nul), ce puzzle est à nouveau résolu :

$$\mu^- \rightarrow e^- + \bar{\nu}_e + \nu_\mu$$

Le spectre en énergie de l'électron prévu théoriquement est en bon accord avec l'expérience.

Les ν_μ interagissent faiblement avec la matière :

$$\nu_\mu + n \rightarrow p + \mu^-$$

et

$$\bar{\nu}_\mu + p \rightarrow n + \mu^+$$

Le $\bar{\nu}_\mu$ et le μ^+ ont un nombre quantique muonique égal à -1, les neutrons et les protons ont un nombre quantique muonique nul.

Des faisceaux de ν_μ ont pu être fabriqués auprès des accélérateurs, à partir des désintégrations en vol des π^+ en $\mu^+ + \nu_\mu$, réaction qui elle aussi ne conserve l'impulsion, l'énergie et le nombre quantique muonique que grâce au ν_μ. Des milliards de π^+ sont ainsi envoyés dans un canal de désintégration long d'un kilomètre environ. Des millions d'interactions de ν_μ ont maintenant été enregistrées dans les détecteurs (ill. IX, 4 dans le cahier d'illustration). Elles ont permis l'étude détaillée des interactions des neutrinos avec la matière, et donc fourni une quantité élevée de données expérimentales concernant l'interaction faible.

De la même manière, enfin, une troisième espèce de neutrino, le neutrino tauonique ν_τ associé au $\tau^\pm$ a été découvert. L'ensemble des leptons est donc constitué de trois familles :

$$\begin{pmatrix} e \\ \nu_e \end{pmatrix} \begin{pmatrix} \mu \\ \nu_\mu \end{pmatrix} \begin{pmatrix} \tau \\ \nu_\tau \end{pmatrix}$$

On pourrait penser que les neutrinos sont des curiosités de laboratoire. Nous verrons dans le dernier chapitre qu'il n'en est rien, que les neutrinos sont peut-être les particules les plus abondantes dans l'univers et que nous sommes en permanence plongés dans un bain de neutrinos, bien inoffensifs il est vrai.

L'hypothèse des quarks et la spectroscopie des années soixante

L'hypothèse que les hadrons sont faits de constituants plus élémentaires, appelés quarks, de spin 1/2 (fermions) repose sur l'analyse des régularités observées dans la spectroscopie des hadrons produits lors des collisions protons-protons ou plus généralement hadrons-protons de haute énergie. Il s'agit là d'une démarche très analogue à celle qui conduisit à l'hypothèse atomique à partir des régularités observées dans la classification de Mendeleïev.

Plusieurs types de quarks (on dit plusieurs saveurs), caractérisés par des nombres quantiques additifs conservés dans les interactions fortes, sont requis pour constituer les hadrons : les trois premiers quarks qui, dans les années soixante, furent nécessaires pour comprendre la spectroscopie des hadrons, sont décrits dans le tableau ci-dessous à travers leurs nombres quantiques :

	Q	B	S
u	2/3	1/3	0
d	−1/3	1/3	0
s	−1/3	1/3	−1

B est le nombre baryonique. Les baryons (proton, neutron par exemple) ont un nombre baryonique égal à 1. Ils sont faits de trois quarks de nombre baryonique 1/3. Les antibaryons (B = −1) sont faits de trois antiquarks (B = −1/3). Les mésons (B = 0) sont faits d'un quark et d'un antiquark.

Le spin des quarks est 1/2. Un système de deux quarks a donc un spin entier car la composition de deux spins 1/2 et d'un moment orbital entre les quarks donne nécessairement un spin entier. Le spin des mésons, état lié quark-antiquark, est donc entier. Le spin des baryons, au contraire, composition des spins 1/2 des trois quarks et des moments orbitaux, est demi entier.

Q est la charge électrique. Dans cette unité la charge électrique de l'électron est −1.

S est un nombre quantique, appelé étrangeté*, qui tout comme le nombre baryonique est additif et se conserve dans les interactions fortes. Il vaut 1 pour le quark s et 0 pour les autres.

Venons-en maintenant à l'isospin total I et sa troisième composante I_3. Les protons et les neutrons se comportent de la même manière vis-à-vis de l'interaction forte : ils peuvent être traités comme deux états (de charge électrique différente) d'une même particule, le nucléon. Le nucléon a un isospin 1/2 et deux sous-états proton et neutron différenciés par la troisième composante de l'isospin $I_3 = 1/2$ et $I_3 = -1/2$. La charge électrique est ainsi reliée à I_3 par $Q = I_3 + 1/2$. Le formalisme est complètement l'analogue de celui du spin 1/2 et de ses deux états $S_z = 1/2$ et $S_z = -1/2$. Les interactions fortes ne dépendent pas de I_3. Ainsi le proton et le neutron participent de la même manière aux interactions fortes. Ce sont les interactions électromagnétiques qui lèvent la *dégénérescence* (l'indiscernabilité) entre les états correspondant à différentes valeurs de I_3.

Le pion, lui, existe sous trois états de charge : π^+, π^-, π^0. C'est pourquoi on lui attribue un isospin 1 (par analogie avec le spin 1 qui possède lui aussi trois états caractérisés par $S_z = +1, 0, -1$). Les valeurs de I_3 seront donc respectivement $+1$, -1 et 0 et on a donc $Q = I_3$ à la différence des nucléons pour lesquels $Q = I_3 + 1/2$. Mais le nucléon a un nombre baryonique $+1$ alors que le pion a un nombre baryonique nul. On peut ainsi relier Q à I_3 dans les deux cas par la formule :

$$Q = I_3 + B/2$$

La relation entre Q et I_3 la plus générale et qui s'étend à toutes les particules est :

$$Q = I_3 + (B + S)/2$$

où $Y = B + S$ est l'hypercharge*.

Nous sommes alors armés pour représenter la classification des particules. Cette classification, qui fait appel à la théorie des groupes, repose sur la représentation de Y en fonction de I_3. Deux exemples en sont donnés ci-dessous (fig. IX, 5) : le décuplet des baryons de spin parité $3/2^+$ et un octet de mésons de spin parité 0^-. La représentation en termes de quarks est ainsi montrée. Lors-

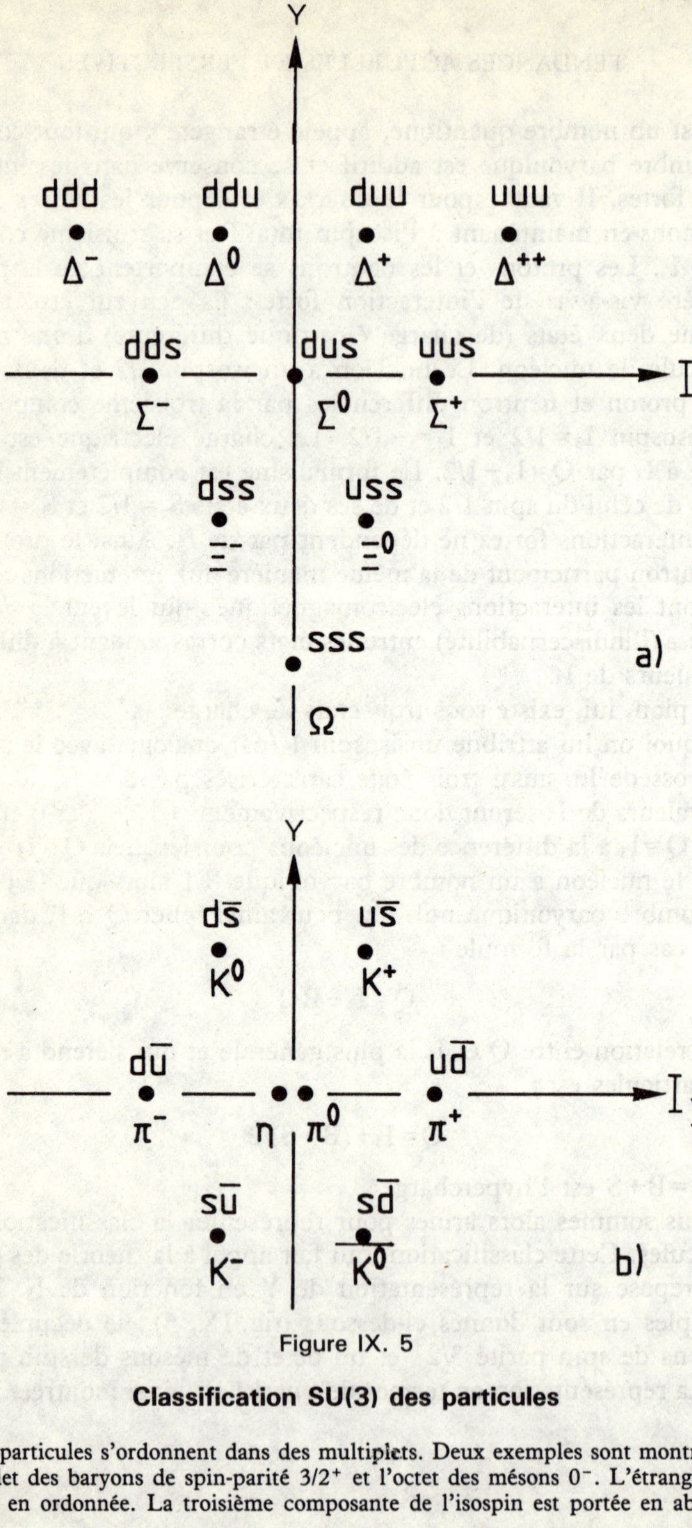

Figure IX. 5

Classification SU(3) des particules

Les particules s'ordonnent dans des multiplets. Deux exemples sont montrés : le décuplet des baryons de spin-parité $3/2^+$ et l'octet des mésons 0^-. L'étrangeté est portée en ordonnée. La troisième composante de l'isospin est portée en abscisse.

que cette représentation a été proposée, il y avait un chaînon manquant dans le décuplet des baryons, le Ω (sss). La confirmation éclatante de ce modèle vint avec la découverte de cette particule dans une photo de chambre à bulles en 1964 à Brookhaven (voir fig. IX, 6).

Pourtant, dans le même temps où les quarks faisaient leur entrée comme constituants élémentaires de la matière, apparaissait une difficulté théorique nouvelle, un aspect inédit lié à ce type d'élémentarité : le confinement des quarks.

Comment une particule peut-elle être déclarée élémentaire alors qu'elle est inobservable et que, pis encore, elle n'existe pas même à l'état libre ?

Ainsi, lorsque l'on crée une paire quark-antiquark, on ne parvient jamais à isoler ces charges fractionnaires. On observe, au contraire, des *jets* de particules « ordinaires » dans chacune des directions du quark et de l'antiquark. Les premières observations de ces jets étroits de particules correspondant à la production présumée de paires quark-antiquark furent faites auprès des anneaux de collision $e^+ e^-$ de la machine PETRA* située près de Hambourg (en 1978). Dans cette machine, les électrons et les positrons circulent en sens inverse dans un anneau et se rencontrent de plein fouet avec une énergie dans le centre de masse de 40 GeV au plus. A basse énergie (inférieure à 8 GeV), dans la réaction $e^+e^- \rightarrow$ hadrons (π, K, p...), les hadrons se retrouvent distribués de manière presque isotrope dans l'espace. A haute énergie, par contre (au-delà de 20 GeV), les hadrons se regroupent toujours (ou presque) en deux jets* diamétralement opposés (fig. IX, 7). Comment cela s'interprète-t-il ? La collision e^+e^- passe dans « un premier temps » par l'annihilation en un photon virtuel ayant une masse invariante égale à l'énergie dans le système du centre de masse de la collision. Ce photon se couple dans sa désintégration à n'importe quelle paire particule-antiparticule chargée (fig. IX, 8). On peut ainsi avoir $e^+e^- \rightarrow \gamma \rightarrow e^+e^-$ ou $e^+e^- \rightarrow \gamma \rightarrow \mu^+\mu^-$ ou encore $e^+e^- \rightarrow \gamma \rightarrow$ quark antiquark. La production des hadrons passe par cette dernière réaction. Les quarks ne pouvant se manifester à l'état de charge fractionnaire libre, il se produit une « hadronisation* » des quarks en particules de charge entière. L'hadronisation du quark et celle de l'antiquark ne peuvent s'opé-

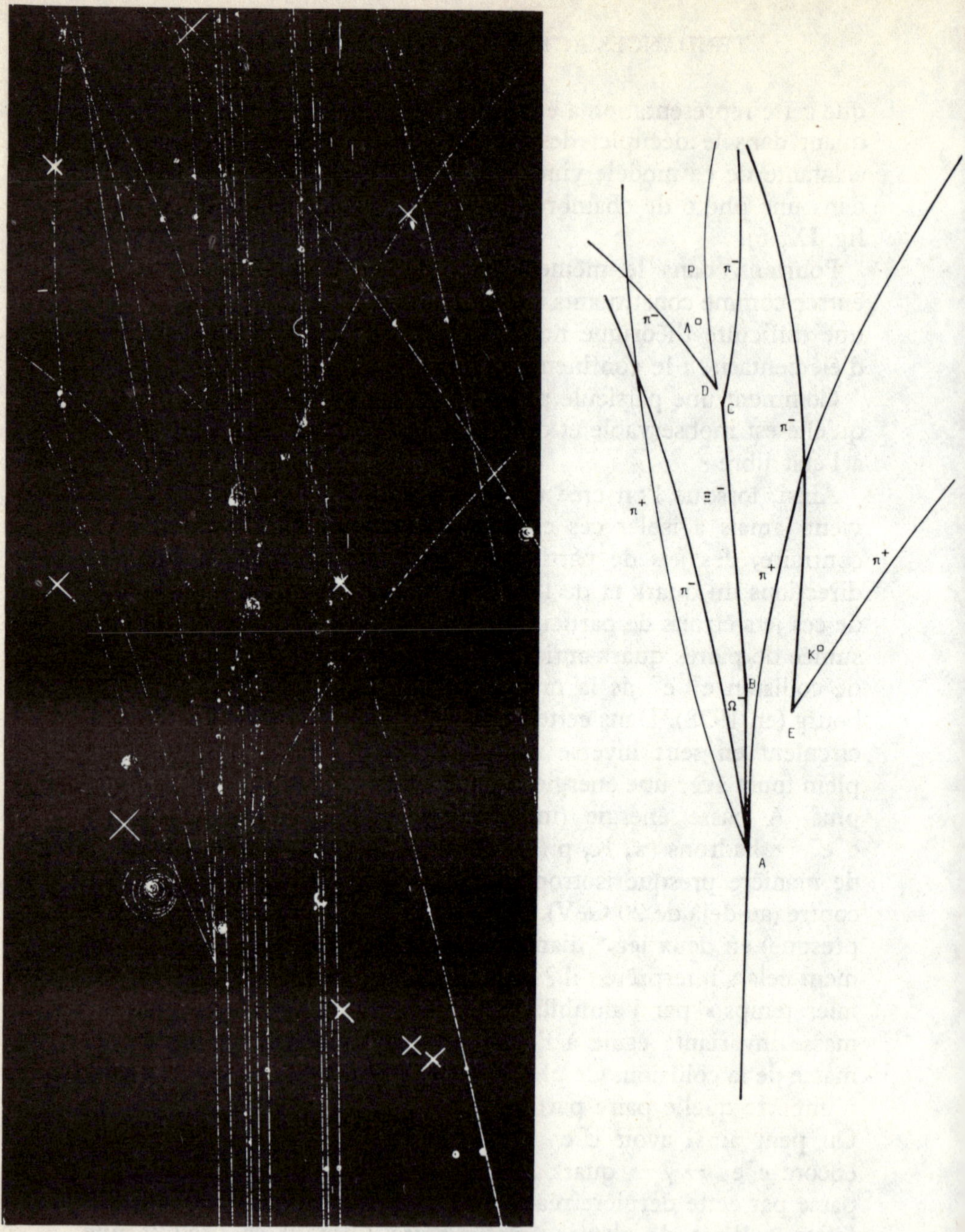

Figure IX. 6

Production de Ω

La photographie et le schéma représentent la création et la désintégration d'une particule Ω^- dans l'interaction avec un proton d'un méson K^- de 14,3 GeV/c. Cette photographie a été prise avec la chambre à bulles de 2 mètres au CERN.

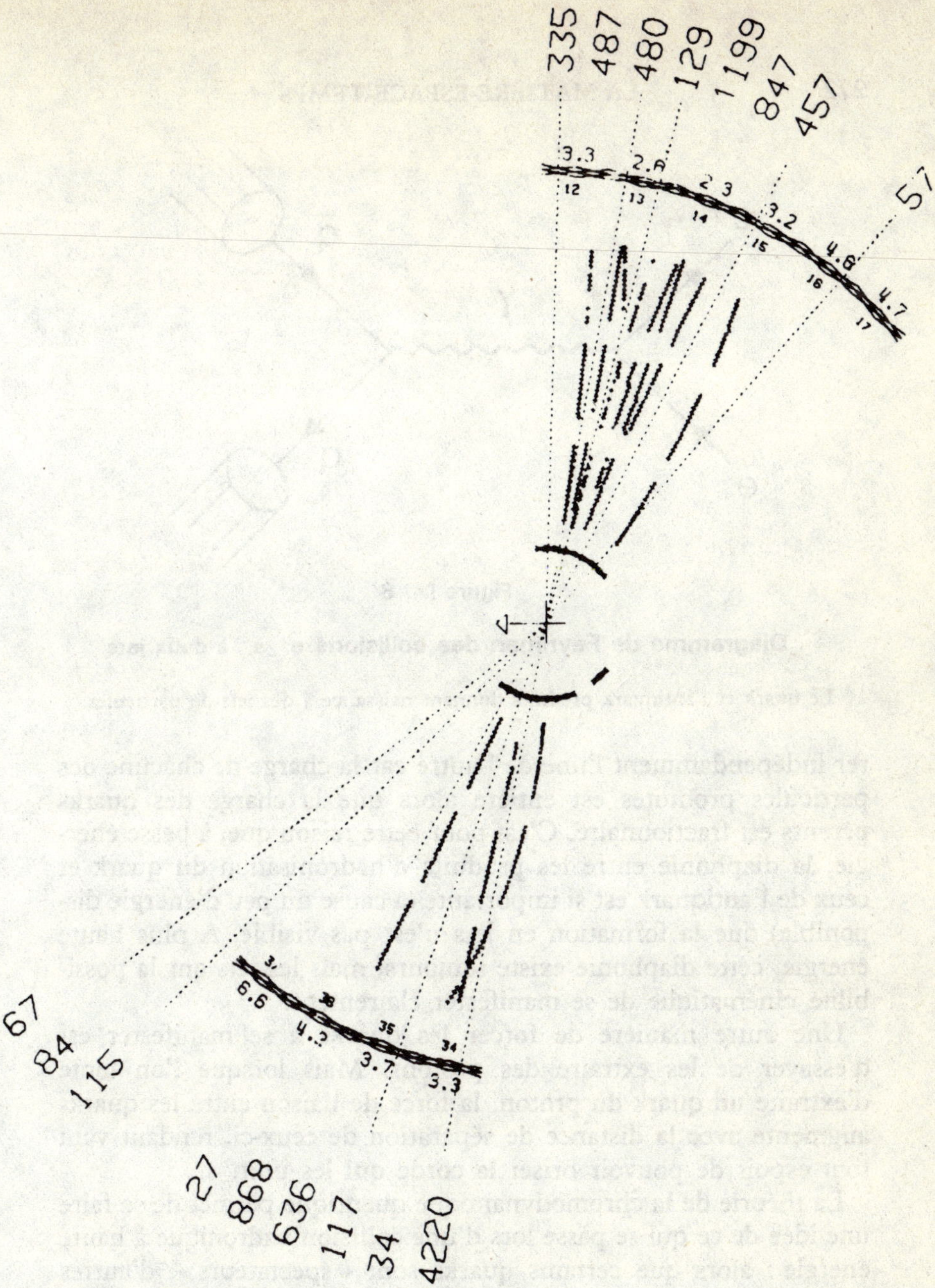

Figure IX. 7

Production de deux jets dans les interactions $e^+ e^-$

Production de deux jets de particules, dont les traces sont reconstruites par ordinateur ; il s'agit d'une collision $e^+ e^-$ à 30 GeV d'énergie dans le système du centre de masse observée par le détecteur JADE à Hambourg (Laboratoire DESY). L'électron et le positron dans l'état initial sont dans l'axe perpendiculaire au plan de la figure et ne sont pas visibles. Ce type de collision est représentatif du processus décrit dans la figure suivante.

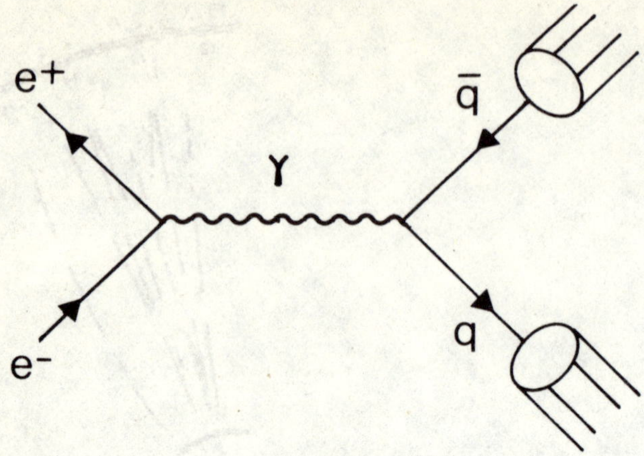

Figure IX. 8

Diagramme de Feynman des collisions $e^+ e^-$ à deux jets

Le quark et l'antiquark produits donnent naissance à des jets de particules.

rer indépendamment l'une de l'autre car la charge de chacune des particules produites est entière alors que la charge des quarks parents est fractionnaire. C'est pour cette raison que, à basse énergie, la diaphonie entre les produits d'hadronisation du quark et ceux de l'antiquark est si importante (à cause du peu d'énergie disponible) que la formation en jets n'est pas visible. A plus haute énergie, cette diaphonie existe toujours, mais les jets ont la possibilité cinématique de se manifester clairement.

Une autre manière de forcer les quarks à se manifester est d'essayer de les extraire des protons. Mais lorsque l'on tente d'extraite un quark du proton, la force de liaison entre les quarks augmente avec la distance de séparation de ceux-ci, rendant vain tout espoir de pouvoir briser la corde qui les unit.

La théorie de la chromodynamique quantique permet de se faire une idée de ce qui se passe lors d'une collision hadronique à haute énergie : alors que certains quarks sont « spectateurs », d'autres peuvent être actifs et entrer en collision, et des paires quark-antiquark peuvent être créées. Une recombinaison des quarks spectateurs, des quarks actifs et des paires peut se manifester sous la forme de jets de particules.

Ce type de collision a été clairement observé pour la première fois auprès du collisionneur de protons et d'antiprotons du CERN. La figure IX, 9 montre une telle collision dans laquelle les jets de particules produits par des quarks sont clairement visibles. L'observation de tels événements est la manifestation directe de l'existence de collisions frontales entre des constituants quasi ponctuels du proton et de l'antiproton.

A la fois malgré et à cause de cet échec dans l'observation directe des quarks par la manière forte (briser le proton à coups de marteau), les physiciens se sont tournés vers une autre méthode, l'observation du proton au microscope.

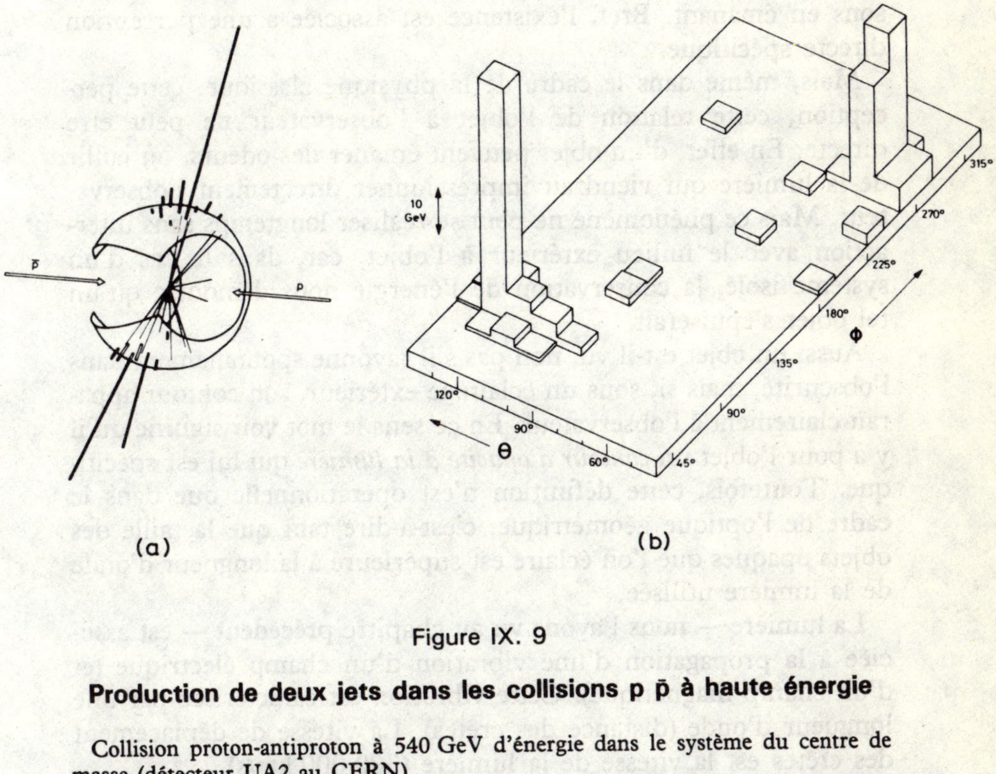

Figure IX. 9

Production de deux jets dans les collisions p p̄ à haute énergie

Collision proton-antiproton à 540 GeV d'énergie dans le système du centre de masse (détecteur UA2 au CERN).

a) Configuration des traces chargées : elles se regroupent en deux jets (la longueur des lignes est proportionnelle au flux d'énergie dans la direction considérée).

b) Distribution des flux d'énergie en fonction de l'angle polaire θ et de l'angle azimutal φ par rapport à l'axe des faisceaux.

Voir « l'intérieur » des particules en les « éclairant »

Voir avec de la lumière « visible »

Peut-on voir un quark avec de la lumière visible ? Non, bien sûr. Et pourtant on peut les « voir » dans un sens pas très différent de ce qu'on entend habituellement par voir.

Dans le langage courant, en effet, un objet existe si avant tout on peut le voir ou tout au moins le sentir, le toucher, écouter des sons en émanant. Bref, l'existence est associée à une perception directe spécifique.

Mais, même dans le cadre de la physique classique, cette perception, cette relation de l'objet à l'observateur ne peut être directe. En effet, d'un objet peuvent émaner des odeurs, ou jaillir de la lumière qui viendrait impressionner directement l'observateur. Mais ce phénomène ne peut se réaliser longtemps sans interaction avec le milieu extérieur à l'objet, car, dans le cas d'un système isolé, la conservation de l'énergie nous démontre qu'un tel objet s'épuiserait.

Aussi un objet est-il vu, non pas s'il rayonne spontanément dans l'obscurité, mais si, sous un éclairage extérieur, son contour apparaît clairement à l'observateur. En ce sens le mot voir signifie qu'il y a pour l'objet un *contour d'opacité à la lumière* qui lui est spécifique. Toutefois, cette définition n'est opérationnelle que dans le cadre de l'optique géométrique, c'est-à-dire tant que la taille des objets opaques que l'on éclaire est supérieure à la longueur d'onde de la lumière utilisée.

La lumière — nous l'avons vu au chapitre précédent — est associée à la propagation d'une vibration d'un champ électrique (et d'un champ magnétique). Cette vibration est caractérisée par une longueur d'onde (distance des crêtes). La vitesse de déplacement des crêtes est la vitesse de la lumière (300 000 km/s).

Un faisceau de lumière monochromatique parallèle est décrit de plus par une direction de propagation : les lignes de crêtes sont alors parallèles et s'avancent dans une direction qui leur est perpendiculaire, tout comme le mouvement apparent de larges fronts de vagues sur la mer. Ces larges fronts de vagues peuvent rencontrer un obstacle telle une longue digue parallèle à la plage : la digue fait ombre, c'est-à-dire que le front de vagues continuera son chemin, mais amputé de la portion qui s'est fracassée sur la digue. Ainsi en est-il aussi d'un faisceau de lumière parallèle éclairant un objet de taille bien supérieure à la longueur d'onde de la lumière : le faisceau de lumière derrière l'objet reste parallèle mais amputé d'une partie correspondant au contour d'opacité de l'objet.

Que se passe-t-il maintenant lorsque la taille de l'objet est beaucoup plus petite, en particulier lorsque l'extension spatiale est inférieure à la longueur d'onde de la lumière qui l'éclaire ?

L'ombre de l'objet s'estompe complètement, la lumière est diffusée par l'obstacle. Ceci se voit encore une fois très bien sur la mer, lorsque des vagues parallèles heurtent un rocher qui émerge. Il apparaît un front de vagues diffusées qui vient se superposer au front incident.

D'où provient cet effet de diffusion des ondes sur un objet opaque petit ? Le champ électrique associé à la vibration lumineuse incidente interagit avec les charges électriques de l'objet éclairé. Ces charges mises en mouvement vibrent donc autour d'une position d'équilibre. Cette vibration s'accompagne de l'émission de lumière de même fréquence qui vient s'ajouter à la lumière incidente : plus exactement le champ électrique résultant est la somme du champ incident et du champ créé par toutes les charges de l'objet.

Il est facile de démontrer alors que si L représente l'extension spatiale de l'objet opaque dans un plan perpendiculaire à la direction de la lumière incidente, la distribution des angles de sortie θ de la lumière après son interaction avec l'objet, c'est-à-dire *l'ouverture angulaire* $\Delta\theta$ de la lumière diffusée, est reliée à la taille L de l'objet par la relation :

$$L\,\Delta\theta = \lambda$$

ou λ est la longueur d'onde de la lumière.

Cette relation de diffusion est l'analogue pour la lumière des relations d'incertitude de la mécanique quantique. Les seuls ingrédients sont :

— L'interaction des charges électriques de l'objet avec la lumière incidente, c'est-à-dire avec les champs électriques véhiculés par l'onde lumineuse ;

— L'additivité des ondes.

Le résultat en est que lorsque la taille de l'objet éclairé est bien supérieure à la longueur d'onde de la lumière incidente, la lumière n'est pas ou peu déviée ($\Delta\theta \simeq 0$) et l'objet fait ombre.

Par contre, lorsque la taille de l'objet devient comparable ou inférieure à la longueur d'onde de la lumière incidente, cette lumière est diffusée dans toutes les directions ($\Delta\theta$ grand) et l'objet n'est plus porteur d'image.

On a donc là un critère de ponctualité de l'objet par rapport à une échelle de distance représentée par la longueur d'onde de la lumière qui l'éclaire.

Voir avec de la lumière « invisible »

Pour améliorer le pouvoir de résolution, c'est-à-dire pour diminuer l'angle d'ouverture de la lumière diffusée, on peut utiliser de la lumière de longueur d'onde plus petite que la lumière visible : la lumière ultraviolette ou mieux encore les rayons X. Mais il s'agit là de lumière invisible, qui ne peut être détectée directement par l'œil humain. Cette lumière devra donc lors de la détection interagir avec un nouvel intermédiaire, une plaque photographique, ou bien un écran qui deviendra brillant, cette fois en lumière visible aux endroits où il a été touché. Il y a donc deux intermédiaires entre l'objet et l'œil de l'observateur : la lumière ultraviolette ou X et l'écran qui transforme cette lumière invisible en lumière visible. La lumière invisible tient le rôle du faisceau frappant l'objet. Elle est absorbée ou diffusée par l'objet sans changement de longueur d'onde. L'écran tient le rôle de détecteur qui nous apporte l'information visuelle sur la déviation du faisceau par l'objet.

Faisons varier la longueur d'onde incidente des petites longueurs d'onde vers les grandes, c'est-à-dire des grandes énergies vers les petites. Tant que la lumière n'est pas diffusée, c'est que la taille de l'objet est plus grande que la longueur d'onde. Une diffusion importante et à grand angle surviendra lorsque la longueur d'onde sera devenue plus grande que la taille de l'objet. Là aussi nous avons donc un système de mesure de l'extension spatiale de l'objet ou plus précisément de l'extension spatiale de l'ensemble des charges électriques contenues dans l'objet.

Il est à noter, et ceci est important pour l'étude de la structure des protons en quarks, que ce critère de ponctualité ne fonctionne que si l'objet que l'on cherche à caractériser ne bouge pas trop. Le critère est assez précis : il doit bouger de beaucoup moins qu'une longueur d'onde pendant le temps d'interaction, c'est-à-dire pendant le temps que la lumière met à parcourir sa dimension.

« Voir » avec un faisceau d'électrons

Les idées qui précèdent peuvent être transposées à l'utilisation d'un faisceau d'électrons à la place d'un faisceau de lumière. En mécanique quantique, en effet, il n'y a pas de différence conceptuelle entre un faisceau de lumière parallèle (qu'on appelle d'ailleurs aussi un faisceau de photons) et un faisceau d'électrons.

A l'énergie des photons est associée une fréquence de la lumière et donc aussi une longueur d'onde :

$$E = h\,\nu \text{ et } \lambda = c\,h\,/E$$

Nous avons ainsi un tableau de correspondance :

Énergie des photons	Longueur d'onde
1 eV	12500 A = 1,25 10^{-4} cm
1 keV	1,25 10^{-7} cm
1 MeV	1,25 10^{-10} cm
1 GeV	1,25 10^{-13} cm

Cette onde est une amplitude de probabilité : son module au carré en un point de l'espace est proportionnel à la probabilité de présence des photons, donc à l'intensité du faisceau et donc au carré du champ électrique régnant en cet endroit.

Un faisceau d'électrons monocinétiques est lui aussi représenté par une amplitude de probabilité qui correspond à une onde de matière. Si les électrons ont une vitesse v très inférieure à la vitesse de la lumière c, la longueur d'onde associée au faisceau est :

$$\lambda = v\ h\ /E$$

où $E = 1/2\ m\ v^2$ est l'énergie cinétique des électrons.

Comment interagit un faisceau d'électrons avec la matière ? Exactement comme la lumière, par l'intermédiaire du champ coulombien, il est dévié par les charges électriques de l'objet. Les électrons, tout comme les photons, permettent de sonder la matière. Du fait qu'ils n'interagissent que par l'interaction électromagnétique qui est très bien comprise (l'interaction faible est négligeable dans la plupart des cas) et que nous pouvons les détecter dans l'état final, il nous est possible de remonter à la répartition de la charge électrique à l'intérieur de l'objet sondé.

Le transfert d'impulsion, c'est-à-dire la différence vectorielle d'impulsion entre les électrons incidents et les électrons sortants, va jouer ici le rôle que tenait l'ouverture angulaire de la lumière diffusée. Ceci provient des relations d'incertitude inhérentes au caractère ondulatoire des électrons : $L\Delta p > h$ avec $p = h / \lambda$ qui sont l'équivalent des relations « de diffusion » que nous avons évoquées pour la lumière.

Aussi la déviation d'un faisceau d'électrons par un obstacle ne dépend-elle que de l'impulsion et donc de la longueur d'onde λ_{el} associée au faisceau, et de la répartition de la charge électrique à l'intérieur de l'obstacle comme par exemple un noyau d'atome.

Soit $\varrho(R)$ la densité de charges à l'intérieur de l'obstacle (on suppose que cette densité tombe brutalement à zéro au-delà d'un rayon limite R_{obs}) :

— si λ est inférieur à R_{obs}, le faisceau n'est pas dévié. Il n'y a pas de transfert d'impulsion du faisceau incident à l'obstacle. La situation est similaire à celle de l'optique géométrique ;

— si λ est supérieur à R_{obs}, l'obstacle diffuse les électrons. On observe ainsi des électrons émis à grand angle par rapport à la direction incidente.

Mais il nous faut envisager encore une autre alternative qui correspond, en plus du transfert d'impulsion, à un transfert d'énergie. Dans le système du centre de masse électron-obstacle, l'électron peut (figure IX, 10) ressortir avec la même énergie que l'électron incident : c'est la diffusion élastique sur l'obstacle. Mais il peut aussi ressortir avec une énergie inférieure à celle de l'électron incident. C'est alors l'indication d'une collision avec une sous-structure de l'obstacle (diffusion inélastique).

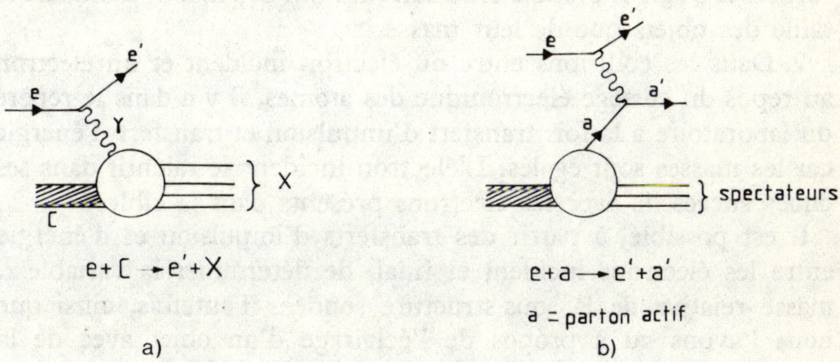

Figure IX. 10

Diffusion d'un électron sur une cible

a) Diagramme de Feynman de la collision e+cible→e'+X.
b) Schématisation du processus élémentaire sur un parton a de la cible e+a→e'+a'.

Ce sont ces sous-structures que l'on désigne sous le vocable de partons. Si x désigne la fraction de masse de l'obstacle que porte le parton, on peut déterminer x en mesurant le quadrivecteur énergie-impulsion de l'électron sortant. Lorsque la collision est élastique, x est bien sûr égal à 1.

C'est ainsi la diffusion à grand angle (grand transfert d'impulsion) qui indique la taille de la structure avec laquelle interagit l'électron et c'est la distribution en x (transfert d'énergie) qui indique le poids relatif de cette sous-structure (fraction de masse).

Ajoutons deux remarques qui nous permettent de comprendre qualitativement certains aspects dont il faut tenir compte pour l'interprétation des résultats :

1. La diffusion à grand angle est facilitée lorsque la collision a lieu entre les électrons incidents et des structures lourdes (noyau, nucléon...). Ainsi lorsqu'une balle de ping-pong est projetée contre une boule de billard venant en sens inverse, il est fréquent de voir la balle de ping-pong déviée très fortement tout en conservant la même vitesse (transfert d'impulsion sans transfert d'énergie) alors que la trajectoire de la boule de billard est à peine perturbée. Il s'agit là d'effets cinématiques qui dépendent moins de la taille des objets que de leur masse.

2. Dans les collisions entre un électron incident et un électron au repos du cortège électronique des atomes, il y a dans le repère du laboratoire à la fois transfert d'impulsion et transfert d'énergie car les masses sont égales. L'électron incident se ralentit dans ses chocs successifs avec les électrons présents dans la cible.

Il est possible, à partir des transferts d'impulsion et d'énergie entre les électrons incident et final, de déterminer la variable x, masse relative de la sous-structure sondée. Toutefois, ainsi que nous l'avons vu à propos de l'éclairage d'un objet avec de la lumière invisible, il se peut, si les partons ne sont pas au repos, que l'information recueillie à partir de la distribution angulaire de diffusion des électrons ne soit plus porteuse d'image et ne donne pas directement accès à des sous-structures ayant une masse relative égale à x. On comprend qu'il en soit ainsi si les partons sont animés d'une vitesse importante à l'intérieur de l'obstacle et si le temps de transit d'un parton est du même ordre de grandeur que la durée de l'interaction, c'est-à-dire du temps que mettent les électrons à traverser l'obstacle. Ceci malheureusement devient inévitable à cause des relations d'incertitude qui contraignent le parton à une grande vitesse si son volume de confinement est petit. C'est le cas notamment à l'intérieur du proton. L'information est-elle donc brouillée ? Non, si l'on veut bien considérer les mêmes phénomènes de diffusion, mais cette fois dans un autre repère, celui où l'obstacle initial, au lieu d'être au repos, est animé d'une très grande vitesse, voisine de celle de la lumière. Le choix du repère est en effet le privilège du physicien. Ce choix est dicté par la simplicité de l'interprétation des variables cinématiques. Le plus séduisant pour l'étude de la collision d'un électron sur un parton est le repère dit *repère du mur de brique.* Ce repère est défini comme celui dans lequel le parton frappé est retourné : si x représente la fraction d'impulsion de l'obstacle emportée par le parton qui va être frappé, celui-ci a une impulsion xP (où P est l'impulsion de l'obstacle à l'électron) et le parton final a une impulsion −xP.

Dans un tel repère (fig. IX, 11), l'effet de dilatation du temps ralentit les mouvements internes des partons. L'obstacle est pour ainsi dire gelé. Dans ce repère x représente strictement la fraction d'impulsion de l'obstacle emportée par le parton.

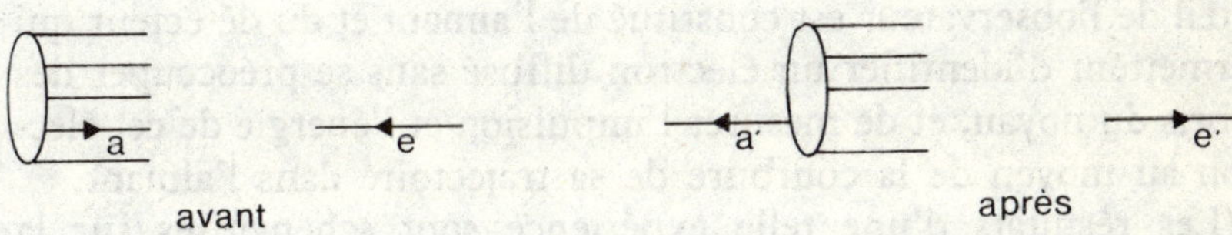

Figure IX. 11

Le repère du « mur de brique »

Dans ce repère, le parton frappé est retourné.

Un exemple : les collisions électron-carbone

Imaginons une expérience dans laquelle nous puissions faire varier l'énergie du faisceau d'électrons du keV à quelques centaines de GeV. La cible est une feuille de graphite (carbone) d'une centaine de microns d'épaisseur, perpendiculaire à la direction du faisceau. Un *spectromètre à un bras* constitué d'un aimant sélecteur d'impulsion et d'un détecteur permettant d'identifier les électrons compte le nombre d'électrons diffusés dans une direction donnée avec une impulsion donnée.

En faisant varier la direction sélectionnée par le spectromètre et le champ magnétique, on mesure la probabilité de diffusion d'un électron d'énergie incidente E_{inc}, vers une direction θ avec une énergie diffusée E_{dif} pour la réaction :

$$e + C \rightarrow e + X$$

où X désigne l'ensemble des particules non observées.

Le principe d'une telle expérience est donc d'éclairer la cible dont on veut analyser la structure nucléaire avec un faisceau d'électrons dont l'énergie va déterminer le pouvoir de résolution. L'œil de l'observateur est constitué de l'aimant et du détecteur qui permettent d'identifier un électron diffusé sans se préoccuper des débris du noyau, et de mesurer l'impulsion et l'énergie de cet électron au moyen de la courbure de sa trajectoire dans l'aimant.

(Les résultats d'une telle expérience sont schématisés sur la figure IX, 12 et sont commentés ci-dessous.)

ÉNERGIE INFÉRIEURE À 10 keV (0,01 MeV)

Pour une énergie cinétique des électrons inférieure à 10 keV, le détecteur ne « voit » rien. Aucun électron ne traverse la feuille de carbone. Ce sont les collisions successives contre les électrons du carbone qui absorbent petit à petit toute l'énergie de l'électron incident qui se trouve ainsi piégé dans le milieu.

ÉNERGIE ÉGALE À 20 keV

L'électron ressort généralement mais « groggy » par les nombreuses collisions qu'il a subies contre les électrons du milieu. Son énergie à la sortie est bien inférieure aux 20 keV incidents et il peut partir dans n'importe quelle direction, ayant perdu le souvenir de sa direction incidente.

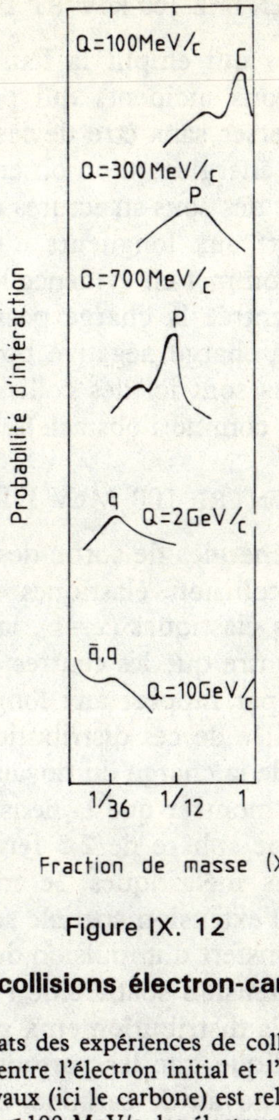

Figure IX. 12

Les collisions électron-carbone

Schématisation des résultats des expériences de collision électron-carbone.

Le transfert d'impulsion entre l'électron initial et l'électron final dans des diffusions d'électron sur des noyaux (ici le carbone) est relié au pouvoir de résolution.

Ainsi, pour des transferts ≤ 100 MeV/c, les électrons diffusent globalement sur le noyau de carbone.

Pour des transferts de l'ordre de 700 MeV/c, ils diffusent sur les protons, qui sont à ce degré de résolution des partons du carbone.

Pour des transferts de l'ordre de 2 GeV/c, les centres diffuseurs correspondent au trente-sixième du noyau de carbone. Ils sont associés, tout naturellement, aux quarks.

Énergie comprise entre 100 keV et 100 MeV

Le nuage d'électrons qui emplit la feuille de carbone devient transparent aux électrons incidents qui possèdent suffisamment d'énergie pour la traverser sans être déviés.

C'est à partir de ces énergies qu'on observe la diffusion à grand angle des électrons par des sous-structures chargées qui paraissent ponctuelles par rapport aux longueurs d'onde du faisceau incident. C'est ainsi que l'on met en évidence le noyau atomique dans lequel se trouve concentrée la charge positive de l'atome et qui vient contrebalancer la charge négative portée par le nuage électronique. Les collisions sont ici des collisions élastiques ($x = 1$ si on considère le noyau comme l'obstacle).

Énergie comprise entre 100 MeV et 500 MeV

La distribution des énergies de sortie des électrons fait apparaître les deux types de collision, élastiques et inélastiques :

1. Pour les collisions élastiques ($x = 1$), la distribution du transfert d'impulsion Q montre que les centres diffuseurs ne sont plus maintenant ponctuels par rapport aux longueurs d'onde incidentes. Une analyse détaillée de ces distributions permet de mesurer la répartition spatiale de la charge du noyau de carbone. L'analyse ainsi menée conduit à montrer que la densité de charge est à peu près constante dans une sphère de 2,5 fermis de rayon.

2. Pour les collisions inélastiques, le transfert d'impulsion Q donne une mesure de l'extension spatiale sondée R, par $QR > h$. Ainsi, c'est avec un transfert d'impulsion de l'ordre de 300 MeV/c que l'on sonde une extension spatiale de l'ordre de 1 fermi. A ce transfert d'impulsion, la distribution en x présente un pic marqué à $x = 1/12$, ce qui implique que les partons ont une masse douze fois plus petite que le noyau de carbone, c'est-à-dire que les protons sont, à ces énergies, des partons du noyau. La largeur de la distribution aux alentours de $x = 1/12$ est due au fait que les protons ne sont pas au repos à l'intérieur du noyau mais agités d'un mouvement continuel qu'on appelle le *mouvement de Fermi.* Cette « agitation » des protons à l'intérieur du noyau se comprend à partir des relations d'incertitude de la mécanique quantique. Le pro-

ton est confiné par les interactions fortes à l'intérieur du noyau, donc dans un rayon de quelques fermis. Ceci n'est possible que si son impulsion est entachée d'une incertitude qui correspond justement à cette agitation.

ÉNERGIE COMPRISE ENTRE 500 MeV ET 2 GeV

Les électrons pénètrent maintenant de plus en plus à l'intérieur du noyau : la diffusion à grand transfert permet d'étudier le parton proton. Son extension spatiale est de l'ordre de 1 fermi (10^{-13} cm). Dans la distribution en x, la structure proton est dominante : les électrons sont donc essentiellement diffusés par les protons du noyau carbone.

ÉNERGIE COMPRISE ENTRE 1 GeV ET 100 GeV

C'est le domaine d'énergie le plus récemment exploré et dans lequel apparaissent à nouveau des sous-structures. Elles s'observent particulièrement bien dans l'analyse de la distribution en x des électrons diffusés à des transferts de l'ordre de quelques GeV/c. Jusqu'aux transferts les plus grands qu'on puisse atteindre actuellement (quelques dizaines de GeV/c) les électrons interagissent comme s'ils diffusaient sur des centres chargés ponctuels, que l'on appelle des quarks. C'est à Stanford (USA), vers 1973, qu'ont été mises en évidence les diffusions des électrons sur des quarks. C'est en effet à Stanford que se trouvait le faisceau d'électrons le plus intense et de la plus haute énergie. Le faisceau était dirigé sur une cible et, à l'aide d'un « spectromètre à un bras » muni d'un aimant pour l'analyse de l'impulsion et d'un identificateur d'électron, on observait la cible sous un angle que l'on pouvait varier.

Mais tandis que l'interprétation de la diffusion à grand angle pour des transferts de l'ordre de quelques GeV/c ne fait appel qu'à trois quarks par nucléon (proton ou neutron), la diffusion à des transferts de l'ordre de quelques dizaines de GeV/c fait appel à de plus en plus de diffuseurs ponctuels.

En chromodynamique quantique, les quarks sont liés entre eux par l'échange de gluons. La multiplication des centres diffuseurs avec l'amélioration du pouvoir de résolution vient du fait que ce qui apparaissait comme un seul quark pour des résolutions relativement modestes, se révèle être un quark ayant émis un gluon, qui à son tour a émis une paire quark-antiquark donnant accès à de nouveaux centres diffuseurs. Ces expériences ont confirmé les prédictions théoriques de la chromodynamique quantique.

Voir avec des neutrinos

Dans les expériences précédentes, les électrons sondaient l'extension spatiale de la charge électrique dans la matière : leurs interactions étaient de type électromagnétique.

Les neutrinos sont neutres électriquement et n'interagissent que par l'interaction faible. Cette interaction est si rare que ceci implique l'utilisation de cibles très lourdes qui jouent aussi le rôle de spectromètre. (Un neutrino de 1 GeV pourrait traverser jusqu'à environ 25 000 fois la terre sans interagir.)

En irradiant la cible avec un faisceau de neutrinos, on sonde ainsi l'extension spatiale non pas de la densité de charge électrique, mais de la densité d'une charge qui par analogie est appelée la charge faible.

Les expériences avec des faisceaux de neutrinos (ν_μ) présentent deux caractéristiques principales.

D'une part, les ν_μ sont produits par la désintégration en vol des $\pi(\pi^+ \rightarrow \mu^+ + \nu_\mu)$ dans un long tunnel d'environ 1 km. On réussit à faire ainsi des faisceaux d'environ un milliard de neutrinos de quelques dizaines de GeV par seconde.

D'autre part, l'appareillage est très massif pour avoir un taux d'interaction maximum. L'expérience CDHS (CERN, Dortmund, Heidelberg, Saclay), qui a collecté quelques centaines de milliers d'interactions, est constituée de quelque 1 600 tonnes de fer (ill. IX, 4) entrelardées de détecteurs permettant d'identifier et de mesurer les muons produits lors d'une interaction ainsi que l'énergie emportée par les fragments du noyau frappé.

Les résultats de l'analyse des expériences de diffusion des neutrinos sont en remarquable accord avec celles de diffusion des électrons. La charge faible est localisée sur les mêmes partons que la charge électrique, les quarks.

L'existence des gluons

En faisant le bilan de l'impulsion portée par les partons chargés (électriquement et faiblement), on ne trouve qu'environ 50 % de l'impulsion du proton. On a donné le nom de *gluons* aux partons électriquement et faiblement neutres (transparents aux électrons et aux neutrinos) qui portent l'impulsion manquante. Après l'élaboration de la chromodynamique quantique, les gluons ont été identifiés aux bosons de jauge de cette interaction.

Nous savons que les gluons doivent jouer pour l'interaction forte le rôle que jouent les photons pour l'interaction électromagnétique. Revenons à la réaction d'annihilation $e^+e^- \rightarrow \gamma \rightarrow e^+e^-$. Dans cette réaction, il arrive parfois que l'on retrouve un photon supplémentaire dans l'état final : $e^+e^- \rightarrow e^+e^- \gamma$. La fig. IX, 13 a montre des diagrammes de Feynman qui permettent de comprendre et de calculer ces processus dans lesquels un des électrons ou positrons a rayonné un quantum de l'interaction électromagnétique, un photon. La probabilité de trouver ce photon supplémentaire est de l'ordre de 1/137, la constante de couplage des interactions électromagnétiques. De même, on s'attend que la réaction $e^+e^- \rightarrow \gamma \rightarrow$ quark-antiquark conduise parfois (fig. IX, 13 b) le quark ou l'antiquark à rayonner un quan-

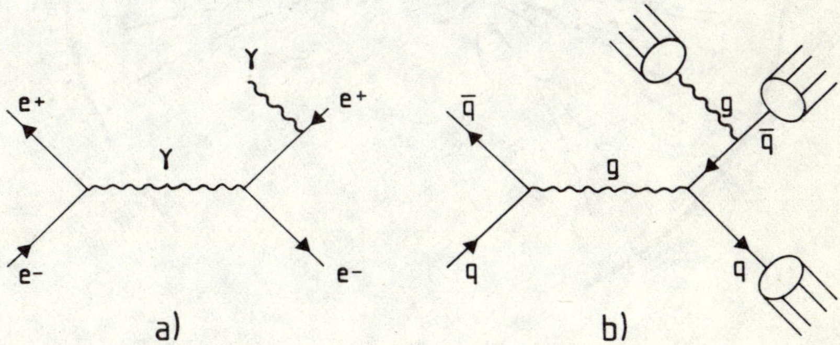

Figure IX. 13

Diagramme de Feynman des collisions $e^+ e^-$ à trois jets

a) Rayonnement d'un photon par un électron.
b) Rayonnement d'un gluon par un quark.

tum de l'interaction forte, un gluon. Le gluon, dans l'état final, doit se manifester comme un troisième jet de particules, car celui-ci porte une charge de couleur qui doit être écrantée dans les particules produites, au moyen de réarrangements avec les particules des deux autres jets. Ces interactions à trois jets ont aussi été observées à PETRA (fig. IX, 14) avec les taux et les configurations attendues. On peut dire que ceci fut la première observation directe de la manifestation des gluons.

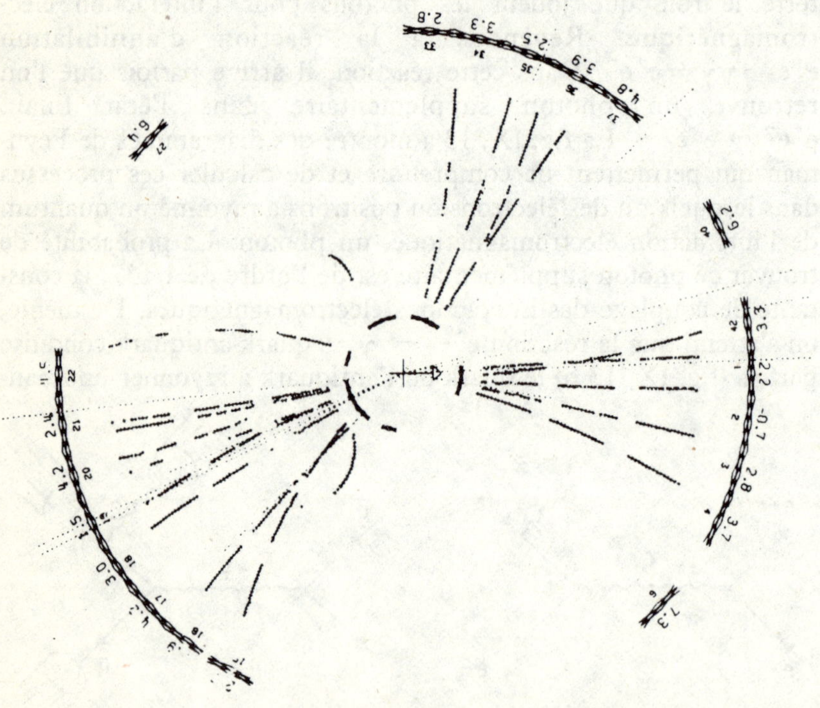

Figure IX. 14

Production de trois jets dans les interactions e⁺ e⁻

Exemple d'une collision $e^+ e^-$ ayant produit trois jets de particules dans l'état final. (Détecteur JADE à Hambourg. Collision à 31 GeV d'énergie dans le système du centre de masse.)

L'étude des collisions protons- antiprotons à très haute énergie a permis de mettre en relief le rôle des gluons en tant que constituants élémentaires des protons et des antiprotons. Dans ces interactions, on observe, en effet, non seulement des collisions quarks-antiquarks, mais aussi quarks-gluons, antiquarks-gluons, gluons-gluons, avec dans l'état final des configurations à deux jets ou à trois jets.

La découverte des particules W et Z : le retour au marteau

L'énergie nécessaire ou la manière forte

Les caractéristiques attendues pour les bosons intermédiaires de l'interaction faible sont rassemblées dans l'encadré : « Les bosons intermédiaires ».

L'énergie nécessaire pour produire des particules ayant une masse environ cent fois plus élevée que celle des protons est considérable : aucune machine dans les années soixante-dix ne permettait d'atteindre ces énergies. Ainsi les machines de six kilomètres de circonférence au CERN à Genève et à Fermilab aux États-Unis permettaient d'accélérer des protons jusqu'à 450 GeV et de les envoyer se fracasser contre une cible fixe de protons (hydrogène liquide). Mais cela ne permet de réaliser des chocs protons-protons qu'avec une énergie d'environ 30 GeV dans le système du centre de masse et donc de ne produire que des particules d'une masse de 30 GeV au plus, nettement inférieure aux masses supposées du W et du Z.

Pour pouvoir créer des W et des Z par une telle méthode, il faudrait un accélérateur de protons d'au moins 5 000 GeV et encore serait-on seulement au seuil, du point de vue énergétique, de production de ces particules... et, au voisinage du seuil, les probabilités de production sont infimes. Une telle machine, au moins dix fois plus grande que les machines existantes, ne semblait pas pouvoir être construite avant longtemps. La stratégie menée au CERN fut alors la suivante :

L'injecteur PS (synchrotron à protons de 26 GeV) du SPS (la grande machine permettant d'atteindre les 450 GeV) accélère les protons jusqu'à 26 GeV : c'est là une énergie suffisante pour produire des antiprotons (qui comme on sait n'existent pas à l'état naturel) à partir de collisions de protons de 26 GeV sur une cible fixe. En faisant ainsi fonctionner le PS pendant vingt-quatre heures en « usine à antiprotons », on parvient à stocker dans un petit accumulateur environ 10^{12} antiprotons. Le stockage de ces antiprotons, qui ont des impulsions et des directions différentes les unes des autres lors de leur production, constitue en soi une prouesse technique.

Au bout de vingt-quatre heures, les antiprotons sont injectés dans le SPS ainsi que 10^{13} protons. Protons et antiprotons qui portent des charges électriques opposées vont tourner en sens inverse les uns des autres et être accélérés jusqu'à 270 GeV, ce qui permet de réaliser des collisions frontales de protons de 270 GeV contre des antiprotons de 270 GeV, donc à une énergie de 540 GeV dans le système du centre de masse, équivalente à celle que l'on obtiendrait si on accélérait des protons (ou des antiprotons) jusqu'à une énergie de 150 000 GeV et qu'on les envoyât contre une cible de protons au repos (fig. IX, 15).

10 W, 1 Z pour 1 milliard de collisions

Mais encore ne suffit-il pas de réaliser une seule collision proton-antiproton, 270 GeV contre 270 GeV, pour pouvoir espérer produire une particule W ou une particule Z. Comme nous l'avons vu, les protons sont faits de quarks et les antiprotons d'antiquarks. Une collision proton-antiproton est donc avant tout une collision quark-antiquark, les autres quarks et antiquarks restant en quelque sorte les spectateurs de la réaction (fig. IX, 16).

Les quarks (et les antiquarks) emportent une fraction variable de l'impulsion du proton (ou de l'antiproton) d'une collision à l'autre. C'est justement grâce aux expériences de diffusion d'électrons ou de neutrinos, que nous avons décrites précédemment,

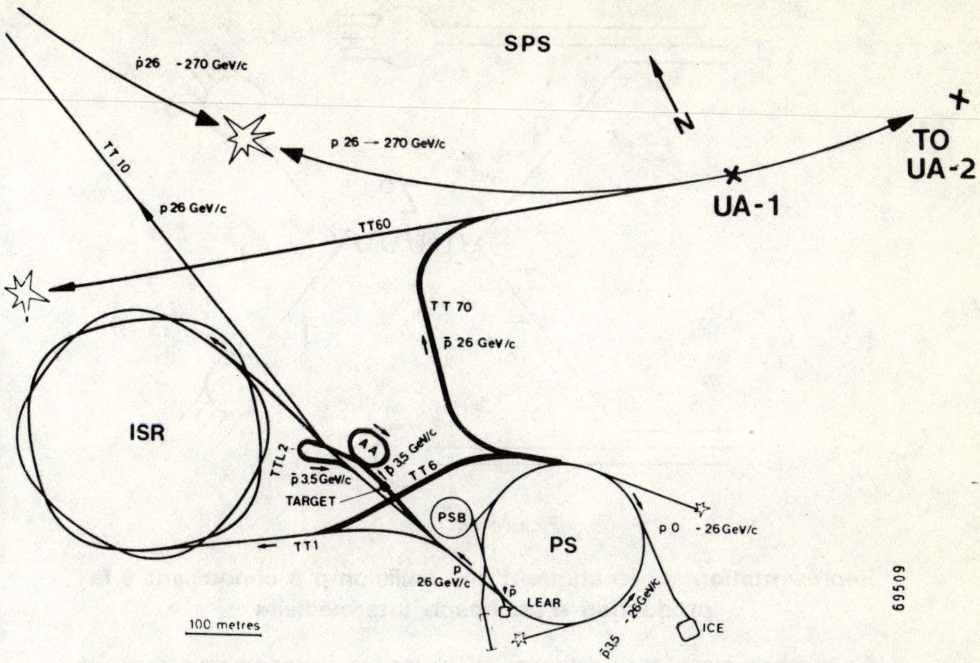

Figure IX. 15

Configuration des accélérateurs pour la découverte des bosons intermédiaires

Le CERN dispose d'un impressionnant complexe d'accélérateurs et d'anneaux de stockage de protons et d'antiprotons, tous reliés les uns aux autres. La création de bosons intermédiaires a mis en jeu essentiellement trois machines : l'AA, le PS et le SPS. Les antiprotons sont d'abord créés dans des collisions de protons (accélérés par le PS) sur une cible fixe (Target), puis stockés dans l'accumulateur d'antiprotons, l'AA. Ce dernier reçoit des bouffées d'antiprotons toutes les 2,5 secondes environ, et accumule au bout d'une journée un faisceau intense. Ce faisceau est alors injecté dans le PS puis le SPS qui reçoit simultanément, et en sens inverse, un faisceau de protons. Les deux faisceaux (protons et antiprotons) sont alors accélérés jusqu'à 270 GeV et conservés dans le SPS. Ils perdent les deux tiers de leurs intensités en une journée environ, par suite des collisions entre eux d'une part, mais surtout par suite des collisions avec le gaz résiduel dans le tube de la machine. Une journée est cependant bien adaptée à la reconstitution d'un nouveau faisceau d'antiprotons dans l'AA.

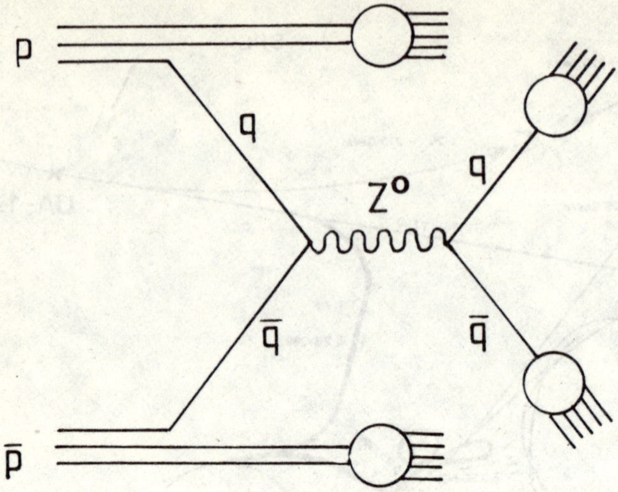

Figure IX. 16

Représentation schématique d'une collision p $\bar{p}$ conduisant à la production d'un boson intermédiaire

Un quark du proton et un antiquark de l'antiproton fusionnent pour former un Z^0. Celui-ci se désintègre presque immédiatement (10^{-25} s) en une paire lepton-antilepton ou quark-antiquark émise à grand angle par rapport à l'axe des faisceaux. Les autres quarks et antiquarks sont des « spectateurs » de la réaction. Ils donnent naissance, dans l'état final, à des jets de particules centrés autour de l'axe des faisceaux.

que peut être déterminée la probabilité qu'un quark emporte une fraction x de l'impulsion du proton. Pour produire un W ou un Z, il faut que l'énergie dans le centre de masse de la collision quark-antiquark soit justement égale à la masse du W ou du Z. La théorie prévoyait que pour un milliard de collisions proton-antiproton à 540 GeV dans le système du centre de masse, on pourrait observer en moyenne 5 W^+, 5 W^- se désintégrant en électron-neutrino, et un Z^0 se désintégrant en électron-positron. Les détecteurs doivent donc être capables d'extraire une poignée de collisions intéressantes parmi un milliard alors que dans chacune de ces collisions sont créées une centaine de particules et que la signature des collisions ayant conduit à la création des particules W ou Z est seulement la présence d'électrons ou de positrons de grande énergie. Le neutrino qui ne laisse pas de trace dans les détecteurs ne peut être détecté qu'à travers un bilan détaillé des impulsions et énergies de la centaine de particules détectées. Deux détecteurs placés auprès de ce collisionneur de protons et d'antiprotons furent pilotés par plus de deux cents physiciens dont une cinquantaine de Français. Ces détecteurs sont parmi les plus complexes (ill. IX, 17 dans le cahier d'illustrations) jamais réalisés. Le nombre d'interactions est de quelques milliers par seconde. Un « filtre à bosons intermédiaires », extrêmement rapide, permet de réduire en temps réel, c'est-à-dire avec le temps disponible entre deux interactions successives (quelques microsecondes), le nombre d'interactions dans lesquelles un boson pourrait avoir été produit à quelques interactions par seconde. Pour chacune de ces interactions, plusieurs dizaines de milliers d'informations sont recueillies sur bande magnétique. Au total, sur une dizaine de milliards d'interactions, une dizaine de millions sont mises sur bande magnétique. Les informations recueillies sont alors analysées pour isoler les quelques dizaines de W et la poignée de Z qui furent découverts et dont la masse fut déterminée :

$$M_W = 81 \pm 2 \text{ GeV/c}^2$$
$$M_Z = 93 \pm 2 \text{ GeV/c}^2$$

en excellent accord avec les prédictions théoriques. En 1984 le prix Nobel de physique fut décerné à deux des initiateurs de ces expériences : Carlo Rubbia et Simon Van der Meer.

La découverte des bosons intermédiaires W et Z constitue l'un des plus grands succès de la physique des particules élémentaires des quarante dernières années. Elle témoigne de la vitalité expérimentale de cette discipline et particulièrement de l'avance que l'Europe a prise dans ce domaine. Elle témoigne aussi de la complexité atteinte dans ce genre d'expérience qui n'a peut-être d'équivalent que dans les expériences spatiales.

Vers une nouvelle conception de l'élémentarité

Nous avons traité dans ce qui précède de toutes sortes de particules élémentaires et des manières dont on peut se convaincre de leur existence propre. Les leptons chargés, les neutrinos et les quarks sont les fermions de matière ; le photon, les gluons et les bosons intermédiaires sont les bosons d'interaction.

Les relations entre une particule élémentaire et le (ou les) champ d'interaction auquel elle est couplée sont subtiles. Déjà, en physique classique, des contradictions bien connues surgissent : ainsi, l'énergie contenue dans le champ électromagnétique créé par une charge élémentaire ponctuelle est infinie. Ce n'est que dans la théorie quantique relativiste que de tels problèmes ont pu trouver leur solution. Nous citerons deux exemples qui mettent en jeu les notions mêmes de particule et d'élémentarité.

Particule et champ de force

Ainsi considérons un électron en chute libre dans un champ de gravitation créé par un astre lourd. Pour un observateur placé sur l'astre cet électron apparaît accéléré et donc rayonne de la lumière. Il est possible d'ailleurs de détecter au sol cette lumière qui précède l'électron dans sa chute, au moyen d'une cellule photoélectrique ou même d'un photomultiplicateur qui compte un par un les photons.

Pour un observateur en chute libre avec l'électron, l'électron apparaît au repos et donc ne rayonne pas de lumière. Il aura beau placer un photomultiplicateur devant l'électron, celui-ci n'enregistrera rien, ne détectera pas de lumière et donc ne comptera pas de photons.

Autrement dit, la lumière détectée dans un référentiel est inexistante dans un autre. Ce paradoxe vient du fait que l'énergie n'est pas un invariant relativiste. L'énergie transportée par les photons tend vers zéro lorsque l'on passe progressivement du repère lié à l'astre à celui lié à l'électron. Ceci est dû à la masse nulle du photon.

Les détecteurs de photons ont nécessairement un seuil en énergie et deviennent insensibles à la lumière émise par l'électron au fur et à mesure qu'on s'approche du repère lié à l'électron. La longueur d'onde de la lumière qui est directement liée à l'énergie des photons tend vers l'infini et les lignes de champ prennent la forme en étoile qu'on leur connaît lorsqu'elles proviennent d'une charge immobile.

On pourrait dire dans le langage quantique que l'électron est accompagné de photons d'énergie nulle ou de longueur d'onde infinie qui acquièrent de l'énergie lorsqu'ils sont vus par un observateur accéléré par rapport à l'électron. L'électron n'est ainsi pas « pensable » sans son cortège de « photons potentiels ».

Particule ponctuelle et trou noir

Quelles sont les limites aujourd'hui à la notion de ponctualité ? L'électron est maintenant sondé jusqu'à 10^{-16} cm à l'aide des accélérateurs les plus puissants et se révèle toujours ponctuel à ces échelles de distance. Mais l'électron a une masse. A cette masse est associé un rayon caractéristique (en l'occurrence 10^{-55} cm) : à une distance inférieure à ce rayon, et si l'électron est ponctuel, sa masse courbe les rayons lumineux au point qu'ils sont complètement piégés. L'électron est ainsi un trou noir de rayon 10^{-55} cm. Ceci signifie qu'il n'est plus possible de le sonder à ces échelles de distance puisque rien ne s'en échappe.

Mais, en fait, un autre obstacle nous attend déjà avant de parvenir à ce trou noir de 10^{-55} cm. En effet, pour sonder des distances faibles, il nous faut accélérer une autre particule qui diffusera sur la première. L'énergie de la collision est reliée à l'échelle de distance que l'on peut explorer. Mais à cette énergie est aussi associée un rayon caractéristique de trou noir. Lorsque le rayon du trou noir est de l'ordre de grandeur de l'échelle de distance qu'on explore, les effets de la gravitation sont si importants qu'on ne sait aujourd'hui les traiter. Ceci se produit pour des distances inférieures à 10^{-32} cm et donc des énergies supérieures à 10^{19} GeV, bien au-delà, il est vrai, de ce que l'on sait réaliser aujourd'hui. Néanmoins, ces échelles d'énergie et de distance sont un véritable défi que les théoriciens tentent de surmonter.

Élémentarité et renormalisation

L'équilibre entre la phase vapeur et la phase liquide de l'eau présente, dans les conditions de température et de pression voisines du point critique (P = 221 bars, T = 647 K), une particularité fascinante. Si on examine un échantillon d'eau placé dans ces conditions on observe des gouttes de liquide et des bulles de gaz. Si on améliore maintenant le pouvoir de résolution en utilisant un microscope plus puissant, on observe la présence de fines bulles de gaz à l'intérieur des gouttelettes de liquide et de fines gouttelettes de liquide à l'intérieur des bulles de gaz. Au fur et à mesure que la résolution de l'appareil s'améliore, le phénomène se reproduit sans cesse : les phases liquides et gaz s'emboîtent les unes dans les autres et sont mêlées les unes aux autres à toutes les échelles de distance.

La nouvelle conception de l'élémentarité repose sur un « équilibre » quelque peu similaire : ainsi, ce qui apparaît comme un électron lorsqu'il est « vu » avec une résolution modeste se révèle émettre un photon virtuel ensuite réabsorbé. Avec une résolution encore meilleure, ce photon virtuel peut émettre une paire électron-positron qui se recombine ensuite (fig. IX, 18) : bien sûr, ces paires ne peuvent être réelles car cela violerait le principe de la conservation de l'énergie. La durée de ces transitions virtuelles est limitée par les inégalités de Heisenberg.

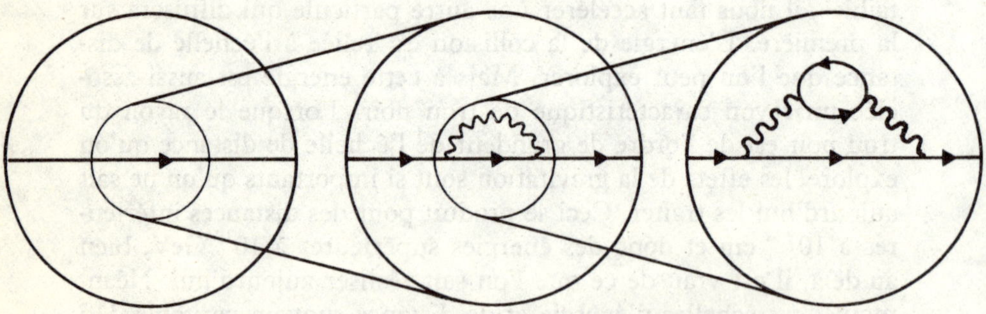

Figure IX. 18

L'électron, une particule élémentaire

Un électron, vu au « microscope », manifeste des structures à toutes les échelles. Ces structures traduisent le caractère indissociable de l'électron et des quanta des champs de force qu'il émet puis réabsorbe (voir figure IV.2).

Néanmoins, on a là un processus de type *fractal* similaire à celui qui a été décrit dans l'analyse du concept de trajectoire d'une particule. Ceci traduit l'unification entre les concepts de particule et de champ à laquelle la théorie quantique relativiste est parvenue.

Selon la conception moderne de l'élémentarité, c'est la constante h, c'est-à-dire l'action qui est insécable alors que la particule manifeste une complexité à toutes les échelles. On est loin de la conception atomiste des grecs de l'Antiquité.

L'électron est ainsi habillé d'un nuage de charges positives et négatives. Ces paires virtuelles ont tendance à se polariser, c'est-à-dire à s'orienter vers l'électron, les charges positives masquant la charge nue de l'électron. Supposons maintenant que nous voulions mesurer la charge de l'électron. Expérimentalement, on mesure la charge contenue à l'intérieur d'une sphère de rayon r, centrée sur l'électron. Mais, à cause de la polarisation des paires de particules virtuelles (polarisation du vide autour de l'électron), cette charge varie avec le rayon r. Elle augmente quand r diminue. On pourrait penser trouver la charge nue en faisant tendre r vers 0. Mais, catastrophe, la charge contenue dans la sphère tend vers l'infini quand le rayon tend vers zéro. Ceci peut paraître choquant mais en fait n'est pas grave dans la mesure où la charge contenue dans n'importe quelle sphère autour de l'électron est, elle, finie.

Dans toute expérience, les charges sont séparées d'une certaine distance. En physique atomique, cette distance est de l'ordre d'un angström. La charge à utiliser est alors celle contenue dans une sphère de angström et centrée sur la particule chargée. Cette méthode qui consiste à remplacer la charge nue, qui est infinie, par une charge finie mesurée à une certaine distance de la particule est appelée renormalisation de la charge. Nous l'avons discutée au chapitre VI. Dans le cas de l'électromagnétisme, ici décrit, il s'agit de la charge électrique, mais pour d'autres interactions, il s'agira bien sûr de la charge spécifique associée à chacune des interactions. Cette renormalisation de la charge n'est possible que pour des types bien précis de champs d'interaction. C'est un critère de bien-fondé d'une théorie prétendant décrire un type d'interaction que d'assurer la renormalisation de la charge correspondante.

Une spectaculaire synthèse théorique est intervenue dans les années soixante-dix lorsque l'on a réalisé que la théorie de la renormalisation peut s'appliquer à l'étude quantitative des systèmes critiques. La stratégie dite du groupe de renormalisation consiste à moyenner, échelle après échelle, les fluctuations qui affectent ces systèmes. Les caractéristiques phénoménologiques, comme par exemple la chaleur spécifique, se comportent comme des puissances de l'écart à la température critique : $(T-T_c)^\beta$. L'exposant β (exposant critique) peut être mesuré expérimentalement et prédit théoriquement par la méthode du groupe de renormalisation ; l'accord est remarquable.

L'extension de la vision qui a permis de réaliser une sorte de microscopie des noyaux à l'aide de faisceaux de particules les éclairant conduit à une rupture dans les concepts d'élémentarité hérités de la physique classique. L'amélioration du pouvoir de résolution ne conduit pas à se rapprocher continûment de l'hypothétique point matériel, fondement de la physique classique, mais à l'apparition de phénomènes nouveaux irréductibles aux concepts de la physique classique : la particule est maintenant entourée d'un champ de force qui lui est caractéristique. Champ de matière et champ de force se mêlent à toutes les échelles.

L'identité d'une particule est inhérente à la manière dont elle interagit.

CHAPITRE X

Unification et cosmologie

L'unification du modèle standard de la physique des particules et de celui de la cosmologie permet de proposer des scénarios de différenciation des interactions fondamentales. Immédiatement après le « big bang » créateur de notre univers, toutes les particules et toutes leurs interactions étaient indiscernables ; des transitions de phase, s'accompagnant de brisures de symétries ont différencié les particules et leurs interactions, et produit le germe de toute la variété des structures actuellement présentes dans l'univers. L'observation des conséquences phénoménologiques de ces théories constitue un grand défi expérimental actuel.

Les tentatives d'unification des interactions forte, faible et électromagnétique

Les motivations

LA VOLONTÉ UNIFICATRICE

L'unification des interactions, c'est-à-dire la recherche de relations profondes entre des phénomènes apparemment très divers, a toujours été l'un des principes moteurs dans l'histoire des sciences. Les succès dans cette quête d'unification marquent des étapes fondamentales dans cette histoire : l'unification des phénomènes liés à la chute des corps et de ceux liés au mouvement des astres célestes, c'est-à-dire la loi de la gravitation universelle de Newton en 1687, en est la première grande manifestation. En 1864 c'est l'unification à travers les lois de Maxwell des phénomènes électriques et des phénomènes magnétiques, de l'optique et de l'électricité, qui jusqu'alors étaient considérés comme d'essences différentes : c'est la naissance de l'électromagnétisme. Enfin, plus récemment, c'est l'unification partielle des interactions électromagnétique et faible, ces dernières étant responsable de la désintégration béta, c'est la naissance de l'interaction électrofaible. Il va de soi que les physiciens souhaiteraient ne pas s'en tenir là, mais tenter d'incorporer l'interaction électrofaible, l'interaction forte et l'interaction gravitationnelle dans une même théorie. Cette dernière interaction, toutefois, se singularise par rapport aux autres. Les interactions électromagnétique, faible et forte sont associées à des *symétries de jauge* et sont traitées quantiquement, c'est-à-dire par des interactions visualisées à l'aide de *diagrammes de Feynman* dans lesquels les particules échangent des quanta caractéristiques de ces interactions : le photon pour l'interaction électromagnétique, les bosons intermédiaires pour l'interaction faible, les gluons pour l'interaction forte. La théorie de la gravitation, par contre, résiste à un traitement quantique. De portée infinie, elle devrait être associée à l'échange d'une particule de masse nulle baptisée graviton. Associés à la courbure de l'espace qui est une notion *tensorielle*, les gravitons devraient être de spin 2. C'est là la grande différence avec les autres interactions qui sont toutes de type vectoriel et associées à des échanges de particules de spin 1. C'est pourquoi l'unification dans un premier temps des interactions électromagnétiques, faibles et fortes, qui correspondent toutes trois à des échanges de particules de spin 1, paraît plus facile et plus naturelle.

LA QUANTIFICATION DE LA CHARGE ÉLECTRIQUE : POURQUOI L'ÉLECTRON ET LE PROTON ONT-ILS LA MÊME CHARGE ?

L'électromagnétisme est l'interaction entre particules la mieux comprise. La source en est la charge électrique, le quantum de champ le photon, le groupe de symétrie de jauge associé est U(1), qui correspond à une invariance du lagrangien dans un changement local de la phase des champs de matière chargés électriquement.

Et pourtant, une question lancinante persiste : pourquoi la charge électrique est-elle quantifiée et non continue, et pourquoi la charge électrique des protons qui eux sont formés de quarks (qui à priori n'ont pas grand-chose en commun avec les électrons) est-elle juste opposée à la charge électrique de l'électron ?

Cette question n'est pas nouvelle. Déjà Dirac, dans le cadre de la mécanique quantique, même non relativiste, avait apporté une réponse possible. On sait que les charges magnétiques ne s'observent dans la nature et jusqu'à présent que par paires : ainsi un aimant a-t-il toujours un pôle nord et un pôle sud. Si on casse un aimant, on obtient deux aimants, chacun fait d'un pôle nord et d'un pôle sud. On ne peut isoler un des pôles, on ne peut isoler une charge magnétique, alors qu'il existe des charges + (les protons) et des charges − (les électrons) qui peuvent être isolées les unes des autres.

Dirac a analysé les effets qu'aurait une charge magnétique induisant autour d'elle un champ magnétique au comportement similaire à celui du champ électrique induit par une charge électrique isolée (loi en $1/r^2$). Cette charge magnétique, ce « monopole de Dirac » aurait des effets désastreux dans le cadre de la mécanique quantique (ligne de singularité à champ infini), sauf s'il existe une relation entre la charge électrique et la charge magnétique, à savoir que leur produit soit un multiple d'une valeur bien définie dans la théorie. Dans ce cas, tous les effets désastreux s'annulent. De plus, et surtout, ceci fournirait une explication à la quantification des charges électriques.

L'essence du raisonnement est la suivante. Postulons l'existence de charges magnétiques isolées appelées monopoles. Elles induisent des anomalies* dans la théorie, en l'occurrence la mécanique quantique. Ces anomalies ne disparaissent que si la charge électrique est quantifiée et est reliée à la charge magnétique de manière bien définie. Comme la charge électrique est effectivement quantifiée ceci donne « crédit » à l'existence de ces monopoles. De nombreux expérimentateurs sont partis à la recherche de ces hypothétiques monopoles, les recherchant soit à l'état libre auprès des accélérateurs ou dans le rayonnement cosmique qui nous bombarde en permanence, soit à l'état de reliques piégées dans des minéraux ou des météorites ou même dans des échantillons lunaires. Jusqu'ici ces recherches sont restées sans succès.

Une autre voie paraît maintenant possible pour tenter d'expliquer la quantification de la charge électrique : c'est la voie de l'unification. Ainsi, la théorie électrofaible permet de rendre compte du fait qu'à l'intérieur d'un multiplet d'isospin faible comme un doublet électron-neutrino, toutes les différences de charge sont quantifiées : en effet une particule d'un multiplet peut émettre un W^+ ou un W^- et devenir une autre particule du même multiplet. La démarche à suivre semble claire : c'est en regroupant les quarks et les leptons dans de nouveaux multiplets et en engendrant toutes les particules à partir de ces multiplets fondamentaux que l'on parviendra à obtenir une quantification naturelle de la charge électrique. Mais regrouper quarks et leptons dans une même représentation signifie qu'il existe une symétrie dont découlent à la fois les interactions des quarks et celles des leptons. C'est donc qu'il existe une description unifiée des interactions fortes, faibles et électromagnétiques.

LA SIMILARITÉ DES FAMILLES DE QUARKS ET DE LEPTONS

Les quarks sont au nombre de six : u, d, s, c, t, b. Les leptons sont au nombre de six : e, ν_e, μ, ν_μ, τ, ν_τ.

L'interaction faible regroupe les quarks en trois familles :

$$\begin{pmatrix} u \\ d \end{pmatrix} \quad \begin{pmatrix} c \\ s \end{pmatrix} \quad \begin{pmatrix} t \\ b \end{pmatrix}$$

Les deux membres de chaque famille sont couplés par l'interaction faible. Il en est de même pour les leptons qui sont eux aussi couplés par l'interaction faible et regroupés en trois familles :

$$\begin{pmatrix} \nu_e \\ e \end{pmatrix} \begin{pmatrix} \nu_\mu \\ \mu \end{pmatrix} \begin{pmatrix} \nu_\tau \\ \tau \end{pmatrix}$$

Cette similarité entre les familles de quarks et celles de leptons laisse supposer là aussi qu'il y a une symétrie qui les englobe et qui par là même englobe les trois types d'interaction.

La convergence des constantes de couplage

Dans les deux chapitres précédents, nous avons montré une interprétation de la théorie de la renormalisation au moyen de la « polarisation du vide ». Les fluctuations quantiques polarisent le vide assimilé à un milieu matériel. Dans une théorie de jauge abélienne comme QED, seuls les fermions de matière sont porteurs de charge, les bosons d'interaction sont neutres. La polarisation du vide par les fermions virtuels produit un effet d'écran : la charge renormalisée augmente quand la distance diminue. Dans une théorie de jauge non abélienne, comme QCD ou comme la théorie de l'interaction faible, les bosons d'interaction sont chargés, et leur contribution à la polarisation du vide est opposée à celle des fermions de matière. Le résultat final est que les charges renormalisées, qui ne sont rien d'autre que les nombres caractérisant le couplage effectif, ont un comportement en fonction de la distance qui dépend du caractère abélien ou non abélien de la symétrie de jauge. En électrodynamique le couplage effectif décroît avec la distance, en chromodynamique et en interaction faible, il croît avec la distance. Si nous portons maintenant sur un même diagramme (fig. X, 1) la variation de ces couplages effectifs, on constate qu'ils convergent vers la même valeur pour des distances de l'ordre de 10^{-28} cm. Se rapprocher à 10^{-28} cm, c'est mettre en jeu des énergies de 10^{15} GeV. A ces énergies les trois constantes de couplage deviennent égales et il est séduisant de penser que les trois interactions deviennent indiscernables, tout comme les interactions faible et électromagnétique deviennent indiscernables à plus de 100 GeV. C'est donc l'échelle d'énergie privilégiée pour la grande unification.

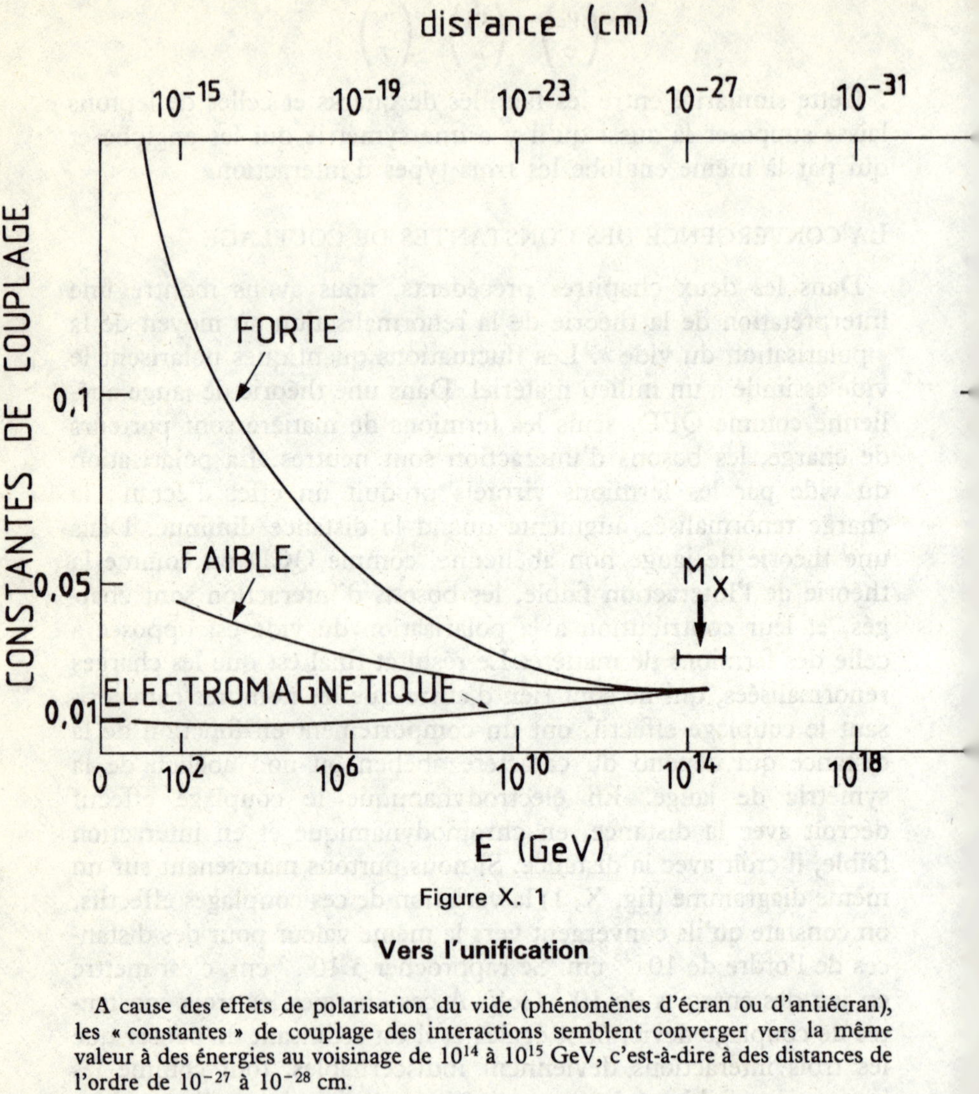

Figure X. 1

Vers l'unification

A cause des effets de polarisation du vide (phénomènes d'écran ou d'antiécran), les « constantes » de couplage des interactions semblent converger vers la même valeur à des énergies au voisinage de 10^{14} à 10^{15} GeV, c'est-à-dire à des distances de l'ordre de 10^{-27} à 10^{-28} cm.

L'INTERACTION ÉLECTROFAIBLE ET L'ANGLE DE MÉLANGE

Nous avons vu que les constantes de couplage associées à l'interaction faible, c'est-à-dire aux groupes de symétrie U(1) et SU(2), étaient reliées dans la théorie par un angle de mélange θ_w. Mais, dans le cadre de la théorie électrofaible, θ_w est un paramètre libre qui relie les deux constantes de couplage. Tous les phénomènes d'interaction électrofaible sont décrites par une valeur unique du paramètre électrofaible qui est maintenant connue avec précision : $\sin^2\theta_w = 0{,}23 \pm 0{,}02$. Il est clair que cette situation dans laquelle θ_w est un paramètre libre n'est guère satisfaisante. La prédiction de θ_w dans le cadre d'une théorie plus vaste est encore une motivation à l'unification.

Un exemple de théorie de grande unification : SU(5)

SU(5) ET LA REPRÉSENTATION DES PARTICULES ÉLÉMENTAIRES

Il y a plusieurs façons d'incorporer U(1), SU(2) et SU(3) dans une seule et même symétrie de jauge plus globale. La symétrie d'unification la plus simple est le groupe SU(5) (Georgi et Glashow, 1974).

SU(5) est un groupe de symétrie dont la représentation minimale est d'ordre 5 (de même que pour SU(3) cette représentation minimale était d'ordre 3 et associée aux triplets de quarks colorés). Ces quintuplets fondamentaux contiennent à la fois des quarks et des leptons. L'un d'entre eux, par exemple, est associé à cinq particules d'hélicité droite (projection du spin alignée avec l'impulsion) : le quark d sous ses trois couleurs, le positron et l'antineutrino ($d^{bleu}{}_{droit}$, $d^{jaune}{}_{droit}$, $d^{rouge}{}_{droit}$, $e^{+}{}_{droit}$, $\bar{\nu}_e$). Tous sont reliés par la symétrie SU(5). Les trois premiers sont reliés par la symétrie SU(3) qui est un *sous-groupe* de SU(5), les deux derniers par la symétrie SU(2) qui est elle aussi un sous-groupe de SU(5).

De même que U(1) possède un générateur, que SU(2) en possède deux, que SU(3) en possède huit, SU(5) possède vingt-quatre générateurs qui sont associés chacun à des bosons d'interaction. Les douze générateurs de U(1), SU(2) et SU(3) en font partie : ils sont associés aux γ, $W^{\pm}$, Z^0 et aux huit gluons. Les douze autres particules de jauge (bosons d'interaction) restantes sont celles qui induisent des transitions entre les quarks et les antileptons du quintuplet fondamental. Ces particules sont appelées les leptoquarks* X. Leurs charges électriques sont $-1/3$ ou $-4/3$ (afin de conserver la charge dans ces transitions). Leurs masses sont de l'ordre de 10^{15} GeV car elles sont associées à l'unification des quarks et des leptons qui ne peut se produire que lorsque les constantes de couplage associées aux groupes U(1), SU(2) et SU(3) convergent vers une valeur unique.

La quantification de la charge

La théorie basée sur SU(5) fournit un mécanisme à la quantification de la charge. La charge est toujours un multiple de 1/3 car toutes les charges sont toujours des sommes des charges des particules du quintuplet fondamental. De plus, le fait que tous les systèmes que l'on observe soient de charge entière provient du fait qu'ils sont neutres par rapport à la couleur. La seule manière de construire un système neutre par rapport à la couleur est soit d'utiliser les électrons ou neutrinos, soit d'utiliser des combinaisons de quarks « neutres » par rapport à la couleur et donc de charge électrique entière.

En fait, la quantification de la charge est plus profonde que cela dans la théorie. On montre en effet que si un groupe de symétrie est non abélien, comme c'est le cas pour SU(5), s'il se scinde en dessous de l'énergie d'unification (ici 10^{15} GeV), par le mécanisme de brisure spontanée de symétrie que nous avons décrit au chapitre VIII, en plusieurs groupes associés aux différents types d'interaction que nous connaissons, et si l'un de ces groupes « débris » est U(1), cette brisure entraîne l'existence de monopoles magnétiques de Dirac. Ceci, comme nous l'avons vu, implique la quantification de la charge électrique pour que la théorie ne présente pas d'anomalies inacceptables.

Prédictions sur l'angle θ_W

Dans le cadre de la théorie électrofaible, un photon, même virtuel, ne peut se transformer en un Z^0. Or, le photon et le Z^0 sont couplés par des diagrammes (fig. X, 2) faisant intervenir une boucle de fermions (boucle de leptons chargés ou boucle de quarks).

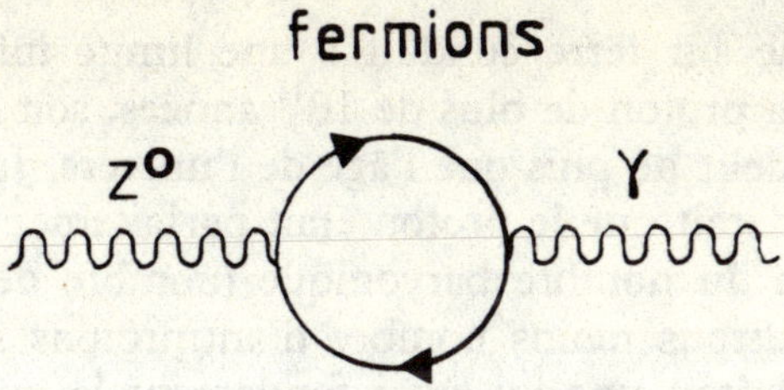

Figure X. 2

Diagramme de couplage du Z^0 au γ

Le Z^0 se couple au photon par des transitions virtuelles : émission puis réabsorption d'une paire fermion-antifermion. La somme des amplitudes de transition doit être nulle, car le Z^0 et le γ sont deux états orthogonaux dans les théories d'unification. Ceci impose une contrainte sur l'angle θ_W.

Pour la représentation fondamentale d'ordre 5, on peut ainsi calculer la somme des amplitudes correspondant tour à tour à toutes les boucles de fermions possibles. La nullité de cette somme ne se produit que pour une valeur de $\sin^2\theta_w$ égale à 3/8. Cette prédiction, $\sin^2\theta_w = 3/8$ est clairement trop haute par rapport à la valeur expérimentale (0,23). Mais il faut se souvenir que $\sin^2\theta_w$ est tiré du rapport des constantes de couplage associées à U(1) et à SU(2). La prédiction de SU(5), théorie de grande unification des interactions fortes, électromagnétiques et faibles, ne peut être valable qu'à des énergies de l'ordre de 10^{15} GeV, échelle d'énergie de l'unification. Pour comparer aux données expérimentales actuelles (vers 100 GeV), il faut tenir compte de l'évolution de ce rapport entre 10^{15} GeV et 100 GeV. Lorsque ceci est fait, on obtient une valeur de $0{,}21 \pm 0{,}01$ pour $\sin^2\theta_w$ très proche de la valeur mesurée. Si on considère qu'en principe cette prédiction aurait pu tomber n'importe où entre 0 et 1, le résultat obtenu est tout à fait spectaculaire.

PRÉDICTIONS SUR LA DURÉE DE VIE DES PROTONS ET DES NEUTRONS

Il n'y a pas de doute que les protons soient stables à des échelles de temps même assez grandes : on peut montrer que l'existence même de la vie sur terre conduit à une limite inférieure sur la durée de vie du proton de plus de 10^{15} années, soit au moins cinq ordres de grandeur de plus que l'âge de l'univers. Jusqu'à maintenant, on considérait que le proton était parfaitement stable et que la conservation du nombre baryonique (nombre de protons plus nombre de neutrons moins nombre d'antiprotons moins nombre d'antineutrons) était une loi aussi fondamentale que la conservation de la charge électrique.

Les théories de grande unification prévoient, au contraire, que les protons doivent se désintégrer en violant la conservation du nombre baryonique. Cette désintégration se fait par l'échange des particules X (fig. X, 3) qui connectent des quarks à des leptons. L'exemple montré sur cette figure où un quark u est transformé en un positron, conduit à la désintégration $p \rightarrow e^+ \pi^0$.

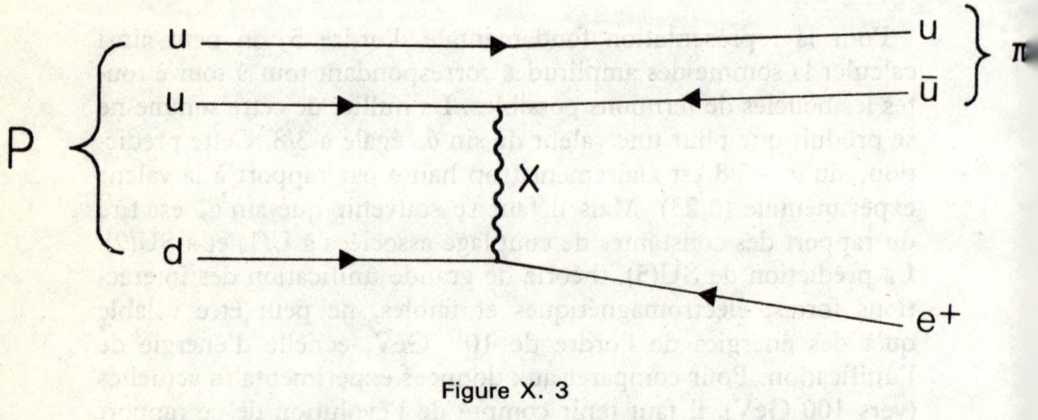

Figure X. 3

Un diagramme de désintégration d'un proton

Un quark u et un quark d du proton échangent un leptoquark X de masse 10^{14} à 10^{15} GeV/c^2, se transforment en un antiquark ū et un e^+. Le quark u « spectateur » se combine à l'antiquark ū pour donner un π^0.

Il est possible de calculer la probabilité de désintégration du proton. Le temps de vie est proportionnel à la masse de la particule X à la puissance 4. Ceci peut se comprendre en termes quasi classiques : pour que l'échange de particules aussi massives que les particules X puisse se produire, il faut que deux quarks à l'intérieur du proton « passent » très près l'un de l'autre (pour que les relations d'incertitude soient satisfaites). Plus la masse de la particule X est grande, plus la distance entre les quarks doit être petite, et plus la probabilité est donc faible. La masse prévue pour les particules X (point de rencontre des constantes de couplage) est $3\ 10^{14}$ GeV. La durée de vie du proton est ainsi prédite aux environs de 10^{31} années. Mais l'incertitude sur la masse d'unification (après tout, il faut faire une extrapolation sur treize ordres de grandeur !) est d'un facteur 4 environ, ce qui induit une incertitude d'un facteur 256 sur la durée de vie du proton. On peut donc dire que dans cette classe de modèles, la durée de vie du proton est prédite dans la fourchette entre $3\ 10^{29}$ et $3\ 10^{33}$ années.

Les recherches expérimentales sur la durée de vie des protons

Comment est-il possible d'observer la désintégration d'un proton, si la durée de vie de celui-ci est de l'ordre de 10^{31} années, alors que l'âge de l'univers n'est que de 10^{10} années environ ? La seule manière d'y arriver est d'observer non pas un seul proton, mais une très grande quantité. Ainsi, dans 1 000 tonnes de matière, il y a $6\ 10^{32}$ protons et neutrons. Chacun de ceux-ci est susceptible de se désintégrer dans l'année qui vient avec une probabilité de 10^{-31} (le neutron à l'intérieur du noyau ne peut se désintégrer en proton plus positron plus antineutrino par interaction faible, comme il le ferait à l'état libre pour des raisons cinématiques). On s'attend donc à une soixantaine de désintégrations par an, environ. Quatre grandes expériences ont lieu en ce moment qui guettent quelques désintégrations par an dans des détecteurs de plusieurs centaines de tonnes. Ces expériences sont profondément enterrées, dans des mines ou des tunnels, pour se prémunir des interactions des rayons cosmiques dans les détecteurs qui pourraient, dans certains cas, simuler la désintégration d'un proton ou d'un neutron.

Deux d'entre elles, les expériences américaine et japonaise, utilisent plusieurs milliers de tonnes d'eau comme détecteur. C'est en analysant la lumière Cérenkov émise par les produits de désintégration d'un proton ou d'un neutron dans l'eau que ces expériences pourront identifier ces désintégrations éventuelles.

Deux autres, une expérience de 150 tonnes dans le tunnel du Mont-Blanc et une de 900 tonnes dans le tunnel de Fréjus (ill. X, 4 dans le cahier d'illustration), collaborations de laboratoires européens, sont basées sur le principe du « sandwich ». De fines plaques de fer sont prises en sandwich par des détecteurs. D'un proton ou d'un neutron du fer qui se désintègre, émergent des traces qui sont visualisées dans les détecteurs sensibles.

Ces expériences, en cours depuis quelques années maintenant, n'ont obtenu aucun signal provenant de la désintégration des protons ou des neutrons. Pis encore, elle parviennent petit à petit à leur limite de sensibilité, dans la mesure où un bruit de fond incontournable vient diminuer sévèrement leur capacité à reconnaître de manière inambiguë la désintégration d'un nucléon : en effet des neutrinos du rayonnement cosmique, qui traversent les montagnes ou les mines, viennent interagir dans les détecteurs et simuler la topologie et les caractéristiques des événements recherchés.

Les limites inférieures actuelles sur la durée de vie du proton sont de l'ordre de quelque 10^{32} années, variant un peu suivant les modes de désintégration possibles.

Ces limites jettent un doute maintenant sur la validité des modèles précis que nous avons décrits. Néanmoins, même si ces modèles ne sont pas bons, la crédibilité des idées d'unification n'est pas entamée. Trop de faits expérimentaux demeurent qui conduisent à penser qu'il existe une échelle d'énergie d'unification. Est-elle de 3 10^{14} GeV comme dans le modèle précédemment décrit ou plus élevée ? Y a-t-il des mécanismes qui empêchent partiellement ou complètement les protons de se désintégrer ? Ces questions sont d'actualité. Les réponses sont variées suivant les classes de théorie d'unification.

La cosmologie

Depuis une trentaine d'années, les physiciens des particules élémentaires, les astrophysiciens et les physiciens nucléaires s'interrogent et étudient « l'objet » univers dans son ensemble. La cosmologie fait son entrée, nouvelle science du XXe siècle. Il est vrai que, de tout temps, philosophes et scientifiques se sont fabriqué une certaine conception du monde. Ces conceptions étaient soit mythiques, soit philosophiques, soit religieuses. En quoi la cosmologie actuelle diffère-t-elle des démarches anciennes ? Elle ne se prête pas plus que les précédentes à l'expérimentation : l'univers est un et nous ne pouvons que l'observer. Ce qui a séduit la plupart des scientifiques d'aujourd'hui, c'est le caractère prédictif de la théorie du big bang. A partir d'un univers simple et très chaud dans le passé, et en utilisant les lois de la physique que l'on a décrites dans les précédents chapitres, on « prédit » une évolution de l'univers qui reproduit — et tel est le succès de la cosmologie scientifique — les traits principaux des observations astronomiques à grande échelle. Il s'agit là d'un feu d'artifice des lois de la physique qui « conspirent » entre elles pour faire que l'univers soit ce qu'il est.

Les observations astronomiques à grande échelle

L'HOMOGÉNÉITÉ ET L'ISOTROPIE DE L'UNIVERS

L'homogénéité et l'isotropie de l'univers sont des propriétés qui ne se manifestent qu'à très grande échelle et qui n'ont été découvertes qu'au début de ce siècle. Elles constituent les fondements de la cosmologie, le principe cosmologique.

Nous savons que les étoiles sont groupées dans des galaxies. Nous faisons nous-mêmes partie d'une galaxie, la Voie lactée. A l'intérieur de notre galaxie, les étoiles ne paraissent pas distribuées de manière homogène et isotrope. Depuis notre système solaire, excentré, la direction du centre de la galaxie, la direction de la Voie lactée, est beaucoup plus lumineuse car peuplée de beaucoup plus d'étoiles que les autres directions. Ce n'est certainement pas à cette échelle que le milieu stellaire est homogène et isotrope.

Les galaxies sont elles-mêmes groupées en amas puis en superamas. Ce sont ces superamas qui constituent les molécules de notre gaz univers. Dans ce qui suit nous appellerons amas ces superamas afin d'éviter une utilisation abusive du préfixe « super ». Que signifie le principe cosmologique d'homogénéité et d'isotropie de ces amas ? Ce principe stipule qu'un observateur placé sur un amas de galaxies voit l'ensemble des autres amas de galaxies posséder les mêmes caractéristiques (distribution dans l'espace, distribution des vitesses) que celles observées par n'importe quel autre observateur situé sur n'importe quel autre amas de galaxies. Il n'y a pas de position privilégiée pour observer l'univers.

L'EXPANSION DE L'UNIVERS

Depuis un demi-siècle environ, des astronomes ont mesuré les vitesses des amas de galaxies par rapport au nôtre, celui dans lequel nous vivons, le groupe local. Ces observateurs ont confirmé l'hypothèse que l'astronome Hubble avait émise dès 1936. Ces résultats sont fondés sur le décalage vers le rouge de la lumière émise par les étoiles lointaines qui s'éloignent de nous (effet Doppler), avec des vitesses proportionnelles à leurs distances. La constante de proportionnalité, dite constante de Hubble*, est d'environ quinze kilomètres par seconde et par million d'années-lumière. Les galaxies situées à un million d'années-lumière s'éloignent à la vitesse de quinze kilomètres par seconde, celles situées à deux millions d'années-lumière s'éloignent à la vitesse de trente kilomètres par seconde, etc. Les plus lointaines galaxies repérées sont à quelques milliards d'années-lumière. Leurs vitesses d'éloignement s'élèvent à quelques dizaines de milliers de kilomètres par seconde. Elles sont donc encore très inférieures à la vitesse de la lumière (300 000 km/s).

La loi de Hubble est-elle en contradiction avec le principe cosmologique d'homogénéité et d'isotropie ? Non, bien au contraire, c'est une conséquence mathématique directe de ce principe que dans un milieu homogène et isotrope, la vitesse relative de deux amas de galaxies quelconques doit être proportionnelle à la distance qui les sépare.

Le principe cosmologique permet ainsi d'évacuer la question de savoir où se trouve le centre de l'univers : il n'y a plus de centre, ou, si l'on préfère, le centre se situe partout. Il n'y a pas, selon ce principe, de position privilégiée pour observer l'univers ni pour appliquer les lois de la physique.

Si l'on considère quinze kilomètres par seconde et par million d'années-lumière comme la valeur de la constante de Hubble, le temps écoulé depuis que les galaxies ont commencé à se mettre en mouvement doit être égal à un million d'années-lumière divisé par quinze kilomètres par seconde, soit *vingt milliards d'années.*

LA « TEMPÉRATURE » DE L'UNIVERS

En 1964, Penzias et Wilson, qui travaillaient pour la compagnie Bell Telephone, découvrirent en utilisant une antenne radio aux performances remarquables un bruit d'origine inconnue au cours d'observations à la longueur d'onde de 7,5 cm. Ce bruit semblait être le même dans toutes les directions ; ses fluctuations étaient inférieures à 10 %. Depuis, de nombreuses mesures ont été faites à différentes longueurs d'onde. Elles confirment l'existence d'un rayonnement diffus isotrope dont l'intensité en fonction de la longueur d'onde monte de manière abrupte jusqu'à des longueurs d'onde de 2 mm et décroît ensuite plus lentement, évoquant le spectre du « corps noir ».

Depuis 1890, on sait, en effet, que tout rayonnement en équilibre avec la matière est constitué par un spectre en longueur d'onde qui ne dépend que de la température et qui est aussi celui qu'émet une surface totalement absorbante portée à cette température. D'où le nom de spectre du corps noir.

La formule correcte décrivant ce spectre fut trouvée par Planck à la fin du XIXe siècle et fut à l'origine de l'idée de quanta et de la constante de Planck.

Le spectre du rayonnement diffus du cosmos est un spectre correspondant à une température de 2,7 K (−270,45 degrés C). L'accord entre la distribution de Planck et le spectre mesuré est tout à fait remarquable.

LES ABONDANCES DU RAYONNEMENT ET DE LA MATIÈRE

Il semble bien que la symétrie des lois de la physique entre la matière et l'antimatière ne se retrouve pas dans la composition des étoiles et des galaxies. S'il existait en effet une proportion importante d'étoiles, de galaxies composées d'antimatière et non de matière, la distance aléatoire entre les galaxies dans l'espace devrait conduire à l'existence de zones où la matière et l'antimatière sont en contact. Ces zones devraient être le siège de réactions d'annihilation matière-antimatière et nous devrions pouvoir observer les photons caractéristiques de ces réactions d'annihilation. Toutes les recherches pour identifier ces photons dans quelque direction que ce soit ont été vaines. Aussi les physiciens se résignent-ils à admettre que la matière nucléaire (hydrogène, hélium, éléments plus lourds) est bien de la matière et non de l'antimatière.

La densité de nucléons (neutrons et protons) dans l'univers actuel est extrêmement faible. Cette densité est bien sûr estimée à partir de la matière visible et de la densité de matière visible. La densité observée ne peut être qu'une limite inférieure à la densité réelle. On ne peut exclure l'existence de matière cachée. Cette densité est extrêmement faible : 0,1 à 0,2 nucléon/m^3. L'hydrogène représente 75 % de cette matière nucléaire et l'hélium représente pratiquement les 25 % restant, les autres éléments étant beaucoup moins abondants.

Cette densité peut être comparée à la densité des photons du rayonnement diffus à 2,7 K qui remplit l'univers. Ce rayonnement contient 0,5 10^9 photons/m^3. Le rapport du nombre de nucléons au nombre de photons est donc de l'ordre de 0,3 10^{-9}. En densité de particules, notre univers est donc dominé par le nombre des photons.

Néanmoins, l'énergie d'un nucléon ($E = mc^2$) est de 10^9 eV alors que l'énergie transportée par un photon de 2,7 K est de quelque 3 10^{-4} eV. L'énergie véhiculée par la matière est ainsi environ mille fois plus grande que l'énergie véhiculée par le rayonnement à 2,7 K. En densité d'énergie notre univers est actuellement dominé par la matière.

Le modèle du « big bang »

LE CADRE GÉOMÉTRIQUE

Le cadre géométrique est fourni par la théorie de la relativité générale d'Einstein. Un univers isotrope et homogène est caractérisé à un instant donné par sa vitesse d'expansion et par une densité d'énergie (toutes formes confondues : radiative, cinétique et énergie de masse). A cette densité est associée une courbure de l'espace : ceci signifie que les rayons lumineux, au lieu de se propager en ligne droite, se propagent suivant des lignes recourbées.

L'univers en expansion est « issu » d'une explosion initiale. Sa structure et son évolution pourraient être très différentes suivant que la densité d'énergie est inférieure ou supérieure à une densité dite critique. De même qu'un caillou lancé depuis la terre voit sa vitesse diminuer au fur et à mesure qu'il s'élève, l'expansion de l'univers doit se ralentir continûment. Dans l'exemple du caillou, il existe une vitesse critique dite vitesse de libération. Cette vitesse de libération dépend de la masse de la terre et de l'altitude du caillou. Si ce dernier a, pour une altitude donnée, une vitesse d'éloignement supérieure à la vitesse de libération correspondant à l'altitude considérée, le caillou s'éloignera de la terre indéfiniment. Dans le cas contraire, il atteindra une altitude maximum puis retombera sur terre.

Dans l'expansion de l'univers, la masse de la terre est remplacée par la densité d'énergie, l'altitude par le temps et la vitesse du caillou par la vitesse d'expansion de l'univers.

Si la densité d'énergie dans l'univers est aujourd'hui inférieure ou égale à une densité critique que l'on peut calculer à partir de la vitesse d'expansion observée aujourd'hui, l'expansion de l'univers se poursuivra éternellement. Dans notre analogie avec le caillou, cela revient à remplacer la notion de vitesse de libération par celle de masse critique (masse de la terre en l'occurrence) en dessous de laquelle l'attraction gravitationnelle devient suffisamment faible pour que le caillou s'éloigne indéfiniment. Un rayon lumineux émis à un endroit donné ne reviendra jamais à cet endroit. L'univers est spatialement infini.

Si maintenant, au contraire, la densité d'énergie est supérieure à cette densité critique, la gravitation recourbe l'univers sur lui-même. L'univers est alors fini, tel la surface d'une sphère, mais d'une sphère à trois dimensions. Le rayon lumineux revient à son point de départ. Dans ce cas, le champ de gravitation l'emportera sur l'expansion et l'univers finira par se recontracter et imploser sur lui-même.

La valeur de la densité critique ne dépend que de la vitesse d'expansion, de la constante de Hubble. Elle vaut aujourd'hui 3 nucléons (3 GeV) par mètre cube et se trouve environ dix fois supérieure à la densité de matière visible (la densité de radiation lumineuse et la densité d'énergie cinétique sont négligeables par rapport à la densité de masse aujourd'hui).

A cause du ralentissement de l'expansion de l'univers depuis l'explosion initiale, l'âge de l'univers est inférieur à la durée de vingt milliards d'années, qui est l'inverse de la constante de Hubble. La théorie de l'expansion de l'univers basée sur la relativité générale montre qu'en tenant compte de ce ralentissement *l'âge de l'univers se situe autour de quinze milliards d'années.*

L'ARCHÉOLOGIE DE L'UNIVERS

La cosmologie, en tant que discipline scientifique, n'existe guère que depuis le XXe siècle. Elle apparaît comme une apothéose de la physique. S'appuyant sur les lois de la physique telles que nous les connaissons, et sur les observations que nous faisons des échelles les plus petites aux échelles les plus grandes, elle constitue une archéologie de l'univers par la pensée. Non soumise à l'expérimentation (on ne peut réaliser un univers en laboratoire), elle est néanmoins soumise à de nombreux tests de cohérence à travers un scénario qui emporte l'adhésion par sa simplicité et sa beauté conceptuelle, et qui doit vraisemblablement décrire à une certaine étape de son déroulement un univers qui ressemble au nôtre.

Le *compte à rebours* que nous allons entreprendre va démarrer au temps quinze milliards d'années, notre époque, et nous conduire, à travers un processus accéléré, de l'infinie diversité et complexité du monde qui nous entoure à une sorte de soupe indifférenciée de particules avec laquelle nous nous heurterons à un mur, le mur de notre ignorance, c'est-à-dire en termes plus mathématiques à des *singularités : densité, température et énergie infinies au temps zéro.*

1. 15 milliards d'années, aujourd'hui

L'univers est rempli d'un rayonnement de photons à 2,7 K. La densité d'énergie est dominée par la matière (0,2 GeV/m^3). La densité d'énergie du rayonnement n'est en effet que de 0,38 MeV/m^3. Le nombre de nucléons ainsi que le nombre d'électrons est 10^9 fois plus petit que le nombre de photons.

Remontons dans le temps. Les galaxies se rapprochent les unes des autres à une vitesse proportionnelle à leur distance d'éloignement de 15 kilomètres par seconde et par million d'années-lumière, la densité de matière devient plus importante, le rayonnement plus chaud et plus dense, la courbure de l'univers plus forte. L'évolution d'une sphère de rayon R(t) (t représente le temps) emprisonnant une masse constante va nous permettre de suivre les évolutions comparées de la densité de matière et de la densité de rayonnement.

En remontant dans le temps, la sphère se contracte, R(t) diminue, la masse totale contenue dans la sphère restant constante. La densité de matière évolue donc proportionnellement à $1/R^3$ (t).

Pour la densité de rayonnement, il en va de même si on s'intéresse à la densité des photons. Mais il faut tenir compte aussi du fait que la température augmente comme 1/R(t). L'énergie moyenne des photons augmente donc comme 1/R(t). La densité d'énergie du rayonnement varie comme $1/R^4$ (t), donc augmente plus vite que la densité de matière.

La théorie de la relativité générale prédit parfaitement l'évolution en remontant le temps de tous les paramètres : R (t), la température T (t), la vitesse d'expansion H(t), la densité de matière ϱ_m (t), la densité du rayonnement ϱ_r (t).

Ainsi, approximativement, ϱ_r (t) varie comme $1/t^2$, H(t) comme 1/t et T (t) comme $1/\sqrt{t}$.

2. 15 millions d'années

La température du rayonnement est cent fois plus grande. La densité d'énergie de masse n'est plus que dix fois supérieure à la densité d'énergie du rayonnement. Les distances entre les galaxies sont réduites d'un facteur d'échelle égal à cent.

3. 10 millions d'années

Les galaxies s'interpénètrent et approchent d'un état d'indiscernabilité.

4. 1 million d'années

Les galaxies sont cette fois-ci si proches qu'elles ne forment plus qu'une soupe indifférenciée. Mais, outre la disparition des galaxies, deux autres phénomènes apparaissent.

La température du rayonnement, qui est maintenant de 3 000 K, donc mille fois supérieure à la température actuelle, correspond à une densité d'énergie égale à celle de la matière. A partir de maintenant, nous entrons dans une ère où l'univers est dominé par le rayonnement et non par la matière. Le second phénomène est le suivant : la matière dans l'univers est essentiellement formée d'hydrogène (75 %). Il y a aussi un peu d'hélium (25 %) et une proportion très faible d'éléments lourds. A partir de 3 000 K, l'hydrogène peut être dissocié par les photons. Le rayonnement, qui dans notre compte à rebours était totalement découplé de la matière, entre en équilibre avec celle-ci par des interactions du type $\gamma + H \rightarrow p + e^-$. Cet équilibre matière-rayonnement permet de parler maintenant de *température de l'univers.*

Continuons notre compte à rebours en gardant en mémoire que 10 000 K correspondent à une énergie cinétique moyenne par particule de 1 eV.

5. 1 seconde

La température est de 10^{10} K, soit de l'ordre du MeV. L'énergie du rayonnement et l'énergie cinétique des particules sont telles que les noyaux sont eux-mêmes dissociés. Les protons, les neutrons, les électrons et les photons s'entrechoquent violemment.

6. 0,01 seconde

Les événements se précipitent. L'énergie des photons (environ 10 MeV) est maintenant suffisante pour qu'ils soient susceptibles de se matérialiser en électrons-positrons. Les positrons font donc leur apparition en force : les électrons, les positrons et les photons sont en équilibre. Le nombre d'électrons et de positrons a considérablement augmenté et devient du même ordre de grandeur que celui des photons.

Les protons et les neutrons, par contre, restent encore à cet instant, 0,01 seconde, en nombre très petit.

7. 10^{-5} seconde

La température est maintenant de 3 10^{12} K, soit 300 MeV par particule. La densité d'énergie est de 300 MeV par fermi cube (1 fermi = 10^{-13} cm). Cette densité se rapproche de celle de la matière nucléaire, celle des protons et des neutrons à l'intérieur des noyaux. Au fur et à mesure que la densité s'élève, va se produire une première transition de phase, un peu à la manière des cristaux de glace qui se transforment en eau liquide et homogène lorsque la température s'élève au-dessus de 0 degré Celsius. Les quarks à basse température et basse densité de matière sont confinés dans des nucléons individualisés. Au-delà des températures et densités indiquées ci-dessus, les nucléons perdent leur identité et les quarks se trouvent déconfinés. On a ainsi un *plasma de quarks libres* soumis à des forces en $1/r^2$ donc de portée infinie, qui correspondent à l'échange de gluons. Les quarks rayonnent des gluons qui à leur tour se transforment en paires de quarks et d'antiquarks. Les photons, les gluons, les électrons, les positrons, les quarks et les antiquarks sont maintenant tous en nombre à peu près égal et forment une nouvelle soupe, qui continue à s'échauffer au fur et à mesure que nous approchons du point zéro dans le temps.

8. Un milliardième de seconde

Les quarks, les électrons, leurs antiparticules, les gluons et les photons s'entrechoquent avec une énergie, dans le système du centre de masse de chacune de ces collisions, de l'ordre de 30 GeV. Jusqu'alors, seules les interactions électromagnétiques et les interactions fortes jouaient un rôle important dans ces chocs. Progressivement, l'interaction faible se développe et entre en compétition avec les autres.

9. 10^{-11} seconde

L'interaction faible augmente linéairement avec l'énergie, mais de 10^{-9} à 10^{-11} seconde se produit une deuxième transition de phase. Les deux interactions faible et électromagnétique qui sont devenues du même ordre de grandeur fusionnent et deviennent indiscernables. C'est l'interaction électrofaible. De plus, la valeur moyenne dans le vide des champs de Higgs, qui était « responsable » de la grande masse des bosons intermédiaires, s'annulera dans cet intervalle de temps. L'annulation de cette valeur moyenne rend les bosons intermédiaires sans masse tout comme le photon. Le Z^0 et le γ deviennent totalement indiscernables. En ce sens, on peut bien parler de transition de phase*, la valeur moyenne du champ de Higgs changeant au cours de cette transition.

Au cours de cette période, d'autres particules se mettent à participer aux ébats : les neutrinos. Ceux-ci sont en effet copieusement produits dans les interactions faibles. Ainsi l'annihilation e^+e^- peut aussi bien donner des photons que des paires neutrinos-antineutrinos. Les réactions participent maintenant à l'équilibre matière-rayonnement. Les neutrinos, les électrons, les quarks, leurs antiparticules, les photons, les gluons et les bosons intermédiaires sont en équilibre du point de vue de leurs nombres et de leurs énergies.

10. 10^{-35} seconde

L'énergie moyenne de chaque particule est maintenant de $3\ 10^{14}$ GeV. C'est là qu'on imagine que s'opère la troisième transition de phase, la première historiquement parlant, c'est-à-dire la plus proche du big bang, celle qui correspond à l'unification des trois types d'interaction forte, électromagnétique et faible. Au cours de cette transition, les particules X responsables de la transformation des quarks en leptons voient leur rôle s'accroître et leurs masses devenir à leur tour nulles. Quarks et leptons qui se transforment les uns dans les autres deviennent à leur tour indifférenciables.

11. 10^{-44} seconde

L'énergie moyenne des particules tend vers *la masse de Planck* (10^{19} GeV). A une telle densité d'énergie, les effets gravitationnels dans les chocs entre particules ne peuvent plus être négligés. La gravitation doit alors être traitée de manière quantique, ce que nous ne savons pas encore faire de manière sûre aujourd'hui. Nous nous heurtons ainsi à un mur de l'ignorance, mur provisoire peut-être, espérons-le.

LES SCÉNARIOS DU FUTUR

Bien que la densité d'énergie aujourd'hui observée soit inférieure d'un facteur 10 à la densité critique, on ne peut malgré tout affirmer à l'heure actuelle que l'univers poursuivra son expansion et son refroidissement pour l'éternité.

Deux facteurs, en effet, demeurent qui pourraient laisser supposer que la plus grande partie de la masse de notre univers échappe à notre observation.

1. Les neutrinos

Nous avons vu qu'à une époque très reculée, très proche du big bang (avant 10^{-11} seconde), il devait y avoir autant de neutrinos et d'antineutrinos que de quarks, d'antiquarks, d'électrons, de positrons, de photons. Très rapidement, en moins d'une seconde, les électrons, les positrons d'une part, les quarks, les antiquarks d'autre part se sont annihilés, ne laissant subsister qu'un résidu très faible d'électrons et de quarks. Il ne peut en avoir été de même pour les neutrinos et les antineutrinos car leur section efficace (probabilité) d'annihilation est trop faible et la vitesse d'expansion de l'univers est trop grande pour qu'ils aient eu le temps de s'annihiler. La théorie prévoit donc que les neutrinos et les antineutrinos se sont découplés de la matière et du rayonnement extrêmement tôt. Doivent donc subsister de nos jours et autour de nous, dans tout l'univers, ces neutrinos et ces antineutrinos fossiles de cette époque des premiers instants après le big bang. Leur nombre, leur densité devraient être à peu près ceux des photons du rayonnement à 2,7 K. Il devrait donc y en avoir un milliard de fois plus que de protons ou d'électrons, soit de l'ordre de 300 par cm^3, en tenant compte de toutes les espèces de neutrinos. On s'attend que ces neutrinos soient légèrement plus « froids » (2 K) que les photons de 2,7 K car ces derniers furent réchauffés par l'annihilation des électrons et des positrons.

Mais le plus important est que si les neutrinos ont une masse, la densité d'énergie dans l'univers pourrait être bien supérieure à ce que l'on croit. Une masse de 10 eV, par exemple, qui n'est pas exclue par les limites des mesures actuelles de masse (actuellement la masse des ν_e est inférieure à 30 eV, celle des ν_μ inférieure à 500 keV et celle des ν_τ inférieure à 80 MeV) et qui serait 10^8 fois plus petite que celle des protons impliquerait une densité de masse des neutrinos dans l'univers dix fois plus importante que celle de la matière visible. Cela suffirait donc pour atteindre la densité critique. Deux défis se posent désormais aux expérimentateurs :

— essayer de mesurer la masse des neutrinos, si toutefois celle-ci n'est pas nulle. Améliorer les limites actuelles serait déjà un progrès important. De nombreuses équipes d'expérimentateurs sont mobilisées pour cette tâche ;

— essayer d'observer ces neutrinos et antineutrinos, reliquats du big bang qui devraient être au nombre de $300/cm^3$. Mais ces neutrinos sont si froids (si peu énergiques) qu'on ne voit, pour l'instant, aucun moyen de les détecter.

2. La courbe de rotation des galaxies

Le deuxième facteur tient à une énigme d'ordre observationnel. On observe que les galaxies sont groupées en amas. Dans ces amas, les galaxies tournent autour du centre de l'amas, tout comme les planètes du système solaire tournent autour du soleil. L'observation qui est à l'origine de cette énigme tient au fait que la vitesse de rotation des galaxies en fonction de leur éloignement au centre de l'amas est approximativement constante. Toutes les galaxies tournent à la même vitesse. Or dans la théorie de la gravitation, on s'attendrait (loi de Kepler) que le carré de la période soit proportionnel au cube de l'éloignement (grand axe). Dans ce cas, la vitesse devrait diminuer avec l'éloignement. La seule manière de s'accorder à cette loi est de supposer que les galaxies baignent dans un *halo massif* plus étendu que la taille de l'amas. Ce halo massif, masse cachée de l'univers, devrait être environ dix fois plus massif que la partie visible (les étoiles) et donc conduirait à une densité d'énergie dans l'univers proche de la densité critique.

La détection de cette masse cachée éventuelle est, bien sûr, à nouveau un défi majeur pour les expérimentateurs.

Des problèmes et des voies de recherche

LES PETITS « MIRACLES » QUI RESTENT DES ÉNIGMES

Dans le scénario de la théorie du big bang que nous venons d'exposer, il reste, outre le mystère du big bang lui-même auquel nous ne pouvons rien ajouter pour l'instant, que certaines coïncidences semblent trop fortuites, semblent des « petits » miracles qui ne satisfont pas notre désir de compréhension. En voici quelques exemples.

1. Un univers trop plat

Dans la théorie de la relativité générale, un univers homogène est défini par sa densité d'énergie $\varrho(t)$. La masse $4/3\pi R^3(t)\varrho(t)$ contenue dans une sphère de rayon R(t) nous sert d'étalon pour suivre l'évolution des paramètres R (t) et ϱ (t) au cours du temps. Cette évolution est caractérisée par le facteur d'expansion H = 1/R dR/dt. La densité critique ϱ_c (t) s'exprime en fonction de H :

$$\varrho_c (t) = (3/8\pi G)\, H^2$$

Selon les équations d'Einstein, ϱ (t) obéit à la relation suivante :

$$\varrho (t) / \varrho_c (t) = 1 + k/[R^2 (t)\, H^2 (t)] \qquad (1)$$

Le paramètre k définit le type de courbure de l'univers : on distingue ainsi trois catégories d'univers :

— $\varrho > \varrho_c$ et $k = +1$: l'univers est dit fermé. Les parallèles se rejoignent. Issu d'une explosion initiale, l'univers s'étend pendant un temps fini puis se contracte.

— $\varrho < \varrho_c$ et $k = -1$: l'univers est dit ouvert. Les parallèles divergent. Issu d'une explosion initiale, l'univers s'étend indéfiniment à une vitesse asymptotique non nulle.

— $\varrho = \varrho_c$ et $k = 0$: l'univers est dit plat. La géométrie est euclidienne. Issu d'une explosion initiale, l'univers s'étend pour toujours mais la vitesse d'expansion tend asymptotiquement vers zéro.

Dans toutes ces situations, R (t) varie comme t^n avec $n = 1/2$ pendant l'ère radiative (dominée par le rayonnement), c'est-à-dire pendant le premier million d'années, et $n = 2/3$ pendant l'ère dominée par la matière. Le problème de la platitude de notre univers réside dans le fait que si aujourd'hui ϱ/ϱ_c est de l'ordre de 0,1 à 0,3, il a dû être incroyablement près de 1 à l'époque très reculée jusqu'à laquelle nous sommes remontés, à 10^{-30} seconde par exemple. En effet, d'après l'équation (1), $\varrho/\varrho_c - 1$ est proportionnel à t^{2-2n}. Cette quantité aurait donc été incroyablement petite (de l'ordre de 10^{-40}) quelque 10^{-30} seconde après le big bang et l'univers aurait donc été extraordinairement plat peu après sa « naissance ».

2. Le problème de l'homogénéité et de l'existence des galaxies

L'uniformité et l'isotropie de la distribution de la matière est stupéfiante. La taille de l'univers observable est de l'ordre de 10^{28} cm. A l'échelle de 10^{26} cm la matière a une densité uniforme avec une précision de l'ordre de 10^{-4}. Mais à des échelles de distance plus petites, l'univers n'est pas homogène. Il est fait d'amas de galaxies, contenant des galaxies qui elles-mêmes contiennent des étoiles, etc. Qu'est-ce qui est à l'origine de cette homogénéité à grande échelle et de ces inhomogénéités à plus petites échelles ?

3. Les brisures de symétrie

Lorsque l'univers s'est refroidi à partir de l'explosion initiale, la valeur moyenne des champs scalaires de Higgs était nulle, ce qui correspondait à une indiscernabilité des interactions fortes, électromagnétiques et faibles, véhiculées par des quanta de masse nulle et variant donc comme l'inverse du carré de la distance entre les particules.

La première brisure de symétrie, après quelque 10^{-35} à 10^{-30} seconde, correspond à l'apparition d'une valeur moyenne non nulle dans le vide d'un des champs scalaires de Higgs. Reprenons l'exemple d'un liquide. Un liquide est un milieu très homogène et très isotrope. Lorsqu'il se refroidit et se cristallise au cours d'une transition de phase, différentes régions se cristallisent avec des orientations des plans cristallins différentes. Ces domaines finissent par se rejoindre, avec des frontières correspondant à des défauts dans le réseau cristallin. La symétrie d'ensemble du liquide a été perdue. Lors donc de la première transition de phase dans le refroidissement de l'univers, au cours de laquelle l'interaction forte s'est découplée de l'interaction électrofaible, quelque chose d'analogue à la cristallisation d'un liquide a dû se produire.

Le champ scalaire de Higgs pourrait avoir pris des valeurs différentes en différents domaines de l'univers où les lois de la physique seraient différentes de celles que nous connaissons. Ces différents domaines devraient être séparés par des frontières. Si ces frontières étaient observables, elles seraient des régions de grande anisotropie. Aucune de ces régions n'a bien sûr été observée.

4. Les monopoles

Dans les théories de grande unification, les points de rencontre de trois de ces domaines devraient correspondre à des particules. Ces particules devraient avoir les propriétés que l'on attribue aux monopoles magnétiques. Mais, de plus, ces monopoles devraient être très massifs (environ 10^{15} GeV) et se trouveraient accélérés par les champs magnétiques galactiques. Le nombre de ces monopoles prédit est si grand que d'une part ce nombre aurait eu des conséquences catastrophiques sur l'évolution de l'univers et que d'autre part, il est en contradiction flagrante avec les observations actuelles. Aucun monopole, jusqu'ici, n'a pu être détecté malgré des recherches très actives.

UNE SOLUTION POSSIBLE : L'UNIVERS INFLATOIRE

Le *scénario de l'univers inflatoire* est capable d'apporter une réponse à ces difficultés, tout en conservant les succès de la théorie standard. Le principe de base est que nous vivons dans un domaine particulier de l'univers, l'analogue d'un domaine d'un liquide cristallisé. Mais ce domaine s'est brutalement étendu à une époque reculée de l'histoire de l'univers si bien que ses frontières sont bien au-delà de la portée de nos télescopes. Les quelques monopoles présents dans ce domaine précis, avant son expansion, se trouvent maintenant répartis dans un volume considérable et ne jouent plus aucun rôle dans l'évolution de ce domaine. Mais comment un domaine de l'univers a-t-il pu connaître une pareille « inflation* » ?

La réponse peut être suggérée par l'équation (1). Si pendant un court instant ϱ est constant, R dR/dt est lui-même constant et donc R (t) évolue exponentiellement [e^{Ht}]. Le domaine R (t) connaît donc, pendant le laps de temps où ϱ est constant, une expansion exponentielle qu'on appelle l'ère inflatoire, et ϱ/ϱ_c tend vers l'unité.

Dans une transition de phase existe la possibilité de *surfusion*, c'est-à-dire la possibilité que le système conserve sa symétrie, refuse de se cristalliser alors que la température est passée au-dessous du point de congélation. Cela est dû à une barrière en énergie qui garde le système dans un état métastable. Cette situation bien sûr ne dure pas, d'où le terme de métastable. Lorsque l'univers s'est refroidi et est passé par sa première transition de phase, après quelque 10^{-35} seconde, il peut être passé par un état métastable, « emprisonné » dans une barrière énergétique. ϱ contient alors non seulement l'énergie de la radiation et de la matière mais aussi un terme constant associé à cette barrière ou plus précisément aux propriétés du vide.

Entre 10^{-35} et 10^{-30} seconde, le domaine particulier de l'univers dans lequel nous vivons aujourd'hui aurait connu une expansion d'un facteur gigantesque qui l'aurait conduit vers un type d'univers incroyablement proche de l'univers plat.

LA MATIÈRE ET L'ANTIMATIÈRE

En à peine plus d'une seconde, la température de l'univers est tombée en dessous de 1 MeV. Le rayonnement ne peut plus produire de paires électron-positron ou quark-antiquark. Les électrons, par contre, s'annihilent aussitôt qu'ils rencontrent un positron, les protons aussitôt qu'ils rencontrent un antiproton et les neutrons aussitôt qu'ils rencontrent un antineutron.

Pourquoi subsiste-t-il encore de la matière ? Il est vrai que le nombre de nucléons ou d'électrons est 10^9 fois plus petit que le nombre de photons. On pourrait penser que tous les électrons et tous les nucléons n'ont pu rencontrer leurs antiparticules correspondantes par suite de l'expansion de l'univers. C'est ce qui s'est en effet produit pour les neutrinos et les antineutrinos. Il pourrait dès lors subsister des régions à dominante matière et d'autres à dominante antimatière. Mais ceci semble contraire aux observations. L'antimatière est pratiquement complètement absente de l'univers (à l'exception sans doute des antineutrinos).

Cette dissymétrie matière-antimatière reste donc une énigme. Peut-être faut-il se résigner à l'attribuer aux conditions initiales de l'explosion primitive. Ceci, néanmoins, n'est guère satisfaisant alors que tous les autres phénomènes tendent à converger vers une symétrie initiale.

Récemment, une issue possible à cette énigme (proposée initialement par Andréï Sakharov) a eu la faveur de bon nombre de physiciens des particules. Elle se fonde sur ce que l'on appelle la *violation de CP*, où C représente la conjugaison de charge et P la parité. Cette violation a déjà été observée dans la désintégration des K^0. Les K^0 sont des particules d'étrangeté +1. Comme toutes les particules, ils possèdent un partenaire dans le monde de l'antimatière, le $\bar{K}^0$ d'étrangeté −1. Bien que leurs masse, durée de vie et spin soient les mêmes, elles présentent des particularités dans leurs modes de désintégration qui intriguent depuis longtemps les physiciens. Ainsi les K^0 et $\bar{K}^0$ se désintègrent-ils aussi bien en $\pi^+ \pi^-$ qu'en $\pi^+ \pi^- \pi^0$. Leurs produits de désintégration n'ont pas conservé le nombre quantique « étrangeté » qu'ils portent. C'est parce que l'interaction faible, responsable de la désintégration, viole la conservation de l'étrangeté. Plus curieux, cependant, est le fait que si on effectue une opération de parité suivie d'une autre de conjugaison de charge sur le système $\pi^+\pi^-$ (un des modes de désintégration) on retrouve le même système et la même amplitude de probabilité (rappelons que la probabilité est le carré de l'amplitude de probabilité en mécanique quantique). Par contre, si on réalise les mêmes opérations sur le système $\pi^+\pi^-\pi^0$, l'amplitude change de signe. Les états K^0 et K^0 ne sont donc pas des états propres de l'observable. CP. Par ailleurs la désintégration en $\pi^+ \pi^-$ se produit beaucoup plus tôt (lorsqu'elle se produit) que celle en $\pi^+ \pi^- \pi^0$. Les états K^0 et K^0, états propres d'étrangeté, produits au cours des interactions fortes qui, elles, conservent l'étrangeté, se comportent pendant leur durée de vie comme la superposition de deux états K^0_{court} et K^0_{long}. Le K^0_{court} est un état propre de CP correspondant à la valeur propre +1 qui a une durée de vie de 0,9 10^{-10} seconde et se désintègre en $\pi^+ \pi^-$ alors que le K^0_{long} est un état propre de CP avec la valeur propre −1, ayant une durée de vie plus longue de 5 10^{-8} seconde et se désintégrant en $\pi^+ \pi^- \pi^0$.

Voilà qui ressemble, jusqu'ici, à la description de systèmes physiques à deux états : une des descriptions (K^0 $\bar{K}^0$) est plus adaptée lorsque l'on s'intéresse à l'interaction forte, une autre

(K^0_{court} K^0_{long}) est plus adaptée lorsque l'on s'intéresse à la symétrie CP. Le puzzle vient maintenant du fait que l'on a observé, dans une proportion infime il est vrai, des désintégrations du K^0_{long} en $\pi^+ \pi^-$, ce qui est une violation de la symétrie CP.

En quoi tout ceci concerne-t-il la dissymétrie matière-antimatière, le petit excès de matière qui reste aujourd'hui dans notre univers ?

Avant la première transition de phase, les électrons, positrons, quarks et antiquarks étaient en équilibre par l'intermédiaire des particules X de grande unification.

Après le passage de la température au-dessous de 3 10^{14} GeV, au bout de quelque 10^{-30} seconde, l'énergie des quarks et des leptons n'est plus suffisante pour produire des particules X. Celles-ci ont en effet acquis une masse d'environ 3 10^{14} GeV au cours de la brisure de la symétrie de grande unification.

Supposons que juste avant cette époque, le nombre de quarks soit égal au nombre d'antiquarks, que le nombre d'électrons soit égal au nombre de positrons et que le nombre de particules X soit égal à celui de leurs antiparticules $\bar{X}$, ce qui satisfait notre quête de symétrie.

Après cette transition de phase, les X et les $\bar{X}$ vont disparaître en se désintégrant.

Deux canaux sont possibles pour les X et $\bar{X}$:

$$X \rightarrow uu \quad \text{et} \quad X \rightarrow e^+\bar{d}$$
$$\bar{X} \rightarrow \bar{u}\bar{u} \quad \text{et} \quad \bar{X} \rightarrow e^-d$$

Supposons que ces désintégrations manifestent une violation de CP similaire à ce que l'on a vu pour les K^0 et $\bar{K}^0$.

Alors, les probabilités P sont les suivantes :

$$X \rightarrow uu \;\; P = 0{,}5 + \epsilon \qquad X \rightarrow e^+\bar{d} \;\; P = 0{,}5 - \epsilon$$
$$\bar{X} \rightarrow \bar{u}\bar{u} \;\; P = 0{,}5 - \epsilon \qquad \bar{X} \rightarrow e^-d \;\; P = 0{,}5 + \epsilon$$

Les produits de désintégration vont s'annihiler, et après leur annihilation particule-antiparticule, il nous reste 2 ϵ électrons, 4 ϵ quarks u et 2 ϵ quarks d. Ceci correspond à un excès résiduel de matière qui, par rapport aux photons d'annihilation, est de l'ordre de $N_{matière}/N_\gamma = \epsilon$.

L'observation impliquerait ϵ de l'ordre de 10^{-9}. Pour les K^0, le paramètre équivalent est de l'ordre de 10^{-3}.

Bien qu'on ait là un mécanisme possible pour expliquer l'apparition d'un excès de matière sur l'antimatière et le rapport observé du nombre de nucléons au nombre de photons, ce mécanisme repose encore sur des données numériques ad hoc et une théorie de la violation de CP qui est loin d'être achevée.

Il est cependant intéressant de remarquer que si ce scénario est correct, la même cause (l'existence des particules X) expliquerait et la naissance de la matière (excès de la matière sur l'antimatière) et sa mort dans un futur lointain (désintégration des protons).

L'infiniment grand et l'infiniment petit

La cosmologie est sans doute l'une des branches les plus envoûtantes de la physique, celle où les présupposés philosophiques hantent le plus les physiciens en guidant leurs réflexions. Elle manifeste de plus l'unité de la physique en allant chercher dans l'infiniment petit les explications à l'histoire de l'univers considéré dans son ensemble, c'est-à-dire les explications à l'échelle de l'infiniment grand. Mieux encore, elle se nourrit de toutes les branches de la physique (physique du solide, physique nucléaire, physique des particules par exemple) pour décrire les différentes étapes qui marquent l'évolution d'une soupe indifférenciée et dense de particules vers une complexité de structure qui nous paraît proprement fantastique. Comment l'univers initial que nous avons décrit pouvait-il contenir toute cette productivité latente ? C'est bien là la question posée et nous n'avons pas de trop de toutes les lois et de toutes les branches de la physique pour essayer d'y répondre. Nous savons déjà que les valeurs des constantes fondamentales, des masses, y jouent un grand rôle et pour l'instant nous n'avons pas de théorie explicative de ces valeurs. Aucun physicien n'a donc la prétention de pouvoir répondre à ces questions ainsi posées. La physique se fait, hier comme aujourd'hui et aujourd'hui comme demain. Elle est une tension permanente, un but, une déontologie aussi.

CHAPITRE XI

Perspectives : vers la troisième quantification

Être infiniment ambitieux mais savoir raison garder...

L'épistémologie que nous avons développée au long des chapitres précédents peut permettre d'appréhender la dynamique propre de chacune des trois grandes branches de la physique contemporaine (cosmologie, physique des particules, physique statistique) et les échanges interdisciplinaires qui tendent à se développer. Nous proposons de distinguer des stades d'unification marqués chacun par des dominantes transversales. C'est ce qui est représenté dans le tableau XI, 1 que nous allons maintenant commenter.

Les étapes de l'unification

Le stade classique

Bien qu'il n'ait été remis en cause qu'au début de ce siècle, le stade classique fait figure de préhistoire. Néanmoins ce stade fournit la base principielle qui a permis tous les développements ultérieurs. Au stade classique, pour concevoir l'espace, la matière et le temps, la physique fonctionne au moyen de *principes.* Les principes débordent du cadre de la pensée strictement scientifique, ils sont plutôt à situer au niveau de la philosophie des sciences. Notons d'emblée que les développements ultérieurs n'ont pas invalidé ces principes mais qu'ils les ont au contraire consolidés et enrichis.

	Espace COSMOLOGIE	Matière Physique des PARTICULES	Temps Physique STATISTIQUE
Stade classique : LES PRINCIPES	PRINCIPE COSMOLOGIQUE	PRINCIPE DE MOINDRE ACTION	PRINCIPES DE LA THERMODYNAMIQUE
Première quantification : LA CONCEPTION DU VIDE	1 constante universelle c RELATIVITE RESTREINTE	1 constante universelle h LA COMPLEMENTARITE	L'EQUILIBRE, L'ESPACE DE FOCK
Seconde quantification : STADE LINEAIRE	2 constantes universelles G c RELATIVITE GENERALE	2 constantes universelles h c THEORIES DE JAUGE	Phénomènes légèrement hors d'équilibre ORDRE LOCAL
Troisième quantification : STADE NON LINEAIRE	3 constantes G c h RELATIVITE GENERALE QUANTIQUE	3 constantes h c G - Confinement - Hiérarchie de brisure - Anomalies - Générations	- Systèmes dynamiques - Turbulence - Chaos - Ordre par fluctuation - Opérateur temps - Cosmogonie inflatoire

Tableau XI. 1

Les trois quantifications

Le principe cosmologique est, en quelque sorte, le principe de relativité absolue, qui dit que tout, absolument tout est relatif ! L'espace est homogène et isotrope. Tout ce qu'on observe sur terre est extrapolable à l'ensemble de l'univers. Imaginer que les lois physiques qui s'appliquent sur terre sont différentes de celles qui s'appliquent ailleurs dans l'univers serait faire preuve d'un anthropocentrisme inadmissible : pourquoi nous serait-il donné à nous, et à nous seulement, de découvrir des lois physiques qui seraient sans équivalent dans le reste de l'univers ? Ce principe cosmologique est un véritable préalable de la pensée scientifique ; c'est sans doute le dernier auquel elle renoncera jamais.

Le principe de moindre action que nous avons longuement discuté au chapitre III permet, avons-nous dit, une relecture non mécaniciste de la mécanique classique. L'énergie, le concept central de la mécanique rationnelle, est dédoublée en énergie cinétique (actuelle) et énergie positionnelle (potentielle). Le principe de moindre action fait résulter la dynamique des systèmes matériels de la dialectique de ces deux formes de l'énergie : la trajectoire suivie par le portrait du système dans l'espace de phase est celle qui minimise l'intégrale d'action, intégrale sur le temps de la différence entre l'énergie cinétique et l'énergie potentielle.

Le théorème de Noether articule le principe cosmologique (sous la forme de propriétés de relativité) et le principe de moindre action dans des lois de conservation : une propriété de relativité (caractère non observable d'une entité absolue) est équivalente à une propriété d'invariance par une transformation de symétrie et à une loi de conservation d'une certaine quantité physique qui dès lors devient observable.

Ainsi la loi de conservation de l'énergie, qui constitue le premier principe de la thermodynamique, résulte, au travers du théorème de Noether, de l'homogénéité du temps, c'est-à-dire de l'invariance par translation dans le temps. En ce qui concerne la physique du temps, la véritable innovation principielle se situe dans le deuxième principe de la thermodynamique selon lequel l'entropie d'un système isolé ne peut qu'augmenter, et qui fonde la conception de l'irréversibilité temporelle.

La première quantification

Nous avons souligné que c'est par rapport à la donnée fondamentale de l'emboîtement des structures que s'articulent verticalement les branches de la physique : la cosmologie s'intéresse aux plus grandes échelles concevables, la physique des particules aux plus petites, la physique statistique aux rapports entre processus d'échelles différentes.

C'est à la cosmologie et à la physique des particules que revient la tâche de résoudre les contradictions liées à l'existence de constantes universelles. Bien sûr, il ne s'agit pas pour nous de minimiser le rôle et l'importance de la physique statistique dans l'avancée de la physique. Aucun des grands stades d'unification que nous allons discuter n'aurait été possible sans l'apport de la physique statistique. En retour cette discipline s'est enrichie des avancées de la cosmologie et de la physique des particules.

Les trois stades postclassiques que nous proposons sont des *stades de quantification :* la *première quantification* correspond à la prise en compte d'une constante universelle, la vitesse de la lumière c pour la physique de l'espace, le quantum d'action h pour la physique de la matière. La *seconde quantification* permet de tenir compte de deux constantes universelles, c et la constante universelle de la gravitation G en cosmologie, h et c en physique des particules. La *troisième quantification* qui, selon nous, est à l'ordre du jour (alors que les deux autres sont pour l'essentiel achevées) devra prendre en compte les trois constantes universelles c, h et G.

La dominante transversale du stade de la première quantification est l'élaboration d'une *conception nouvelle du vide*. En relativité restreinte, la conception du vide reste classique, en ce sens que le vide est l'espace vide de toute matière ; les lois de la relativité restreinte s'appliquent, comme celles de la mécanique classique, à des systèmes complètement isolés, se mouvant dans le vide. Toutefois la relativité restreinte réalise un approfondissement de la conception du vide, puisque au travers de l'espace-temps, une quatrième dimension est ajoutée à l'espace.

En mécanique quantique, l'espace de Hilbert permet de définir l'objectivité quantique ; la complémentarité joue par rapport à l'espace de Hilbert le même rôle que la relativité par rapport à l'espace-temps de Minkowski. Le vide est plutôt assimilé au niveau fondamental (d'énergie minimum) du système qu'à l'espace vide de toute particule.

En réalité, cette conception nouvelle s'inspire de la conception développée en physique statistique : pour un système thermodynamique, l'état fondamental est *l'état d'équilibre*, c'est-à-dire l'état vide de toute excitation. Ayant fourni ce concept à la théorie quantique, la physique statistique a reçu en retour un nouveau problème, celui de la statistique des systèmes à grand nombre de particules quantiques. Une fois de plus, la physique statistique a développé un nouveau concept, celui d'espace de Fock qui permet d'éviter toute corrélation en l'absence d'interaction : une conception encore enrichie du vide qui a joué un rôle décisif dans l'élaboration de la relativité quantique.

La seconde quantification

Comme théorie de la gravitation universelle, la relativité générale qui tient compte des deux constantes c et G établit les bases de la cosmologie théorique. D'autre part, comme nous l'avons montré au chapitre VIII, l'interprétation géométrique de la force de gravitation marque l'émergence du raisonnement par *invariance de jauge* qui sous-tend la construction du modèle standard de la relativité quantique.

Comme toutes les forces fondamentales dérivent d'un principe d'invariance de jauge, on peut dire que ce principe est une dominante transversale du stade de la seconde quantification. Comme nous l'avons illustré à l'aide d'analogies empruntées à la vie quotidienne (tirs au but au football, figures de chorégraphie...), le raisonnement basé sur des propriétés locales de symétrie peut permettre de résoudre certains problèmes de physique macroscopique. En fait, il s'agit d'une méthode d'une très grande généralité et d'une très grande efficacité. On peut dire que la plupart des problèmes de physique statistique concernant des systèmes dans lesquels existe un *ordre local* (par exemple des spins alignés dans un ferromagnétique) sont susceptibles d'un traitement par invariance de jauge. Lorsque l'on combine l'invariance de jauge et la méthode du groupe de renormalisation, on obtient une méthode permettant de *linéariser* des problèmes concernant des systèmes légèrement hors de l'équilibre ou proches d'une transition de phase du second ordre.

Vers la troisième quantification

Nous pensons que, pour l'essentiel, la seconde quantification est achevée : le modèle standard de la physique des particules fondé sur les théories de jauge, celui de la cosmologie fondé sur la théorie de la relativité générale, apportent des réponses globalement satisfaisantes aux problèmes soulevés par la prise en compte simultanée de deux constantes universelles.

D'aucuns aiment à faire souffler sur notre discipline un vent d'immodestie, multipliant les expressions ronflantes et grandiloquentes pour caractériser les perspectives de la physique des particules : on prétend passer des « Grand Unified Theories », théories de grande unification (en anglais, le mot « grand » signifie grandiose) aux « Super Grand Unified Theories » et maintenant à la « Theory of Everything » (la théorie de Tout !).

Nous pensons cependant que le problème fondamental qui est à l'ordre du jour est celui de la troisième quantification. Et il est vrai qu'il s'agit d'une très grande ambition : tenir compte des trois constantes universelles h, c et G est l'objectif commun de la cosmologie et de la physique des particules. Atteindre ce but (par deux itinéraires différents) reviendrait à unifier complètement ces deux disciplines. Pour la cosmologie, il s'agirait de reculer l'horizon d'ignorance représenté par l'échelle de Planck ; il s'agirait de commencer à s'attaquer à la dynamique (nécessairement quantique) du « big bang » lui-même ! L'unification complète de la cosmologie et de la physique des particules impliquerait de s'intéresser à l'état de l'univers dans lequel il n'y a aucune structure intermédiaire entre les particules élémentaires et l'univers dans son ensemble. Du point de vue de la physique du temps qui s'intéresse aux relations entre niveaux différents d'emboîtement, une telle situation représenterait une frontière pouvant déboucher sur une théorie de l'origine du temps.

Mais la difficulté des problèmes rencontrés est à la hauteur de l'ambition. Pour quantifier la théorie de la relativité générale, il ne suffit plus de sommer les contributions de toutes les trajectoires possibles, mais celles de toutes les métriques d'espace-temps possibles ! S'il est vrai que la physique statistique, qui est entrée dans le stade non linéaire, produit actuellement des avancées dans de nombreux domaines (théorie de la turbulence, théorie de l'ordre par fluctuation, construction d'un opérateur temps...) les problèmes sur lesquels bute la physique des particules sont d'une très grande difficulté, et on peut sans grands risques prédire que ceux-ci vont occuper les physiciens pendant de longues périodes.

Les butoirs du modèle standard

Le confinement

L'étude de la chromodynamique quantique à grande distance est difficile car, la constante de couplage effective devenant grande, la méthode perturbative ne s'applique plus. Tel est le premier butoir du modèle standard. Selon le consensus qui règne parmi les spécialistes, l'ensemble des forces de chromodynamique à grande portée n'a d'autre effet que de confiner les partons (quarks et gluons) à l'intérieur des hadrons.

Ce consensus est justifié par les résultats obtenus à l'aide d'une méthode d'étude de la chromodynamique à grande distance : la quantification sur réseau*. Selon cette méthode, la sommation sur toutes les trajectoires de la théorie quantique des champs est modélisée par la sommation sur toutes les configurations d'un système statistique, un réseau comportant des interactions locales (entre sites voisins). Cette méthode a permis d'une part de confirmer qu'à grande distance les forces de chromodynamique sont susceptibles de confiner les quarks et les gluons. D'autre part cette méthode a permis de mettre en évidence la possibilité d'une transition de phase en chromodynamique : il semble en effet qu'au-delà d'une température critique, l'effet de confinement ne fonctionne plus. Dans le cadre du modèle standard de la cosmologie, la température critique étant atteinte par au-dessus, la matière traverserait cette transition en passant d'une phase « déconfinée » (un « plasma » de quarks et de gluons) à la phase « confinée » (un gaz de hadrons). Les calculs de chromodynamique sur réseau conduisent à une température de transition de l'ordre de 200 Mev (dans des unités où la constante de Boltzman est égale à 1, la température s'exprime en Mev). Une telle température situerait la « hadrogenèse » à 10^{-5} seconde après le big bang.

Des expériences sont en cours de préparation pour tester cette théorie, en abordant la transition, bien sûr en sens inverse : en bombardant des noyaux lourds par d'autres noyaux accélérés à plusieurs centaines de Gev par nucléon, on espère créer (bien sûr pendant des temps très brefs) des conditions de température et de densité d'énergie susceptibles de « déconfiner » les quarks et les gluons. Le défi sous-jacent à ce genre d'expérience est de trouver des « signatures » suffisamment convaincantes de l'effet de déconfinement.

Une autre conséquence de la méthode de quantification sur réseau est la découverte de méthodes numériques pour effectuer, de manière non perturbative, la somme sur toutes les trajectoires nécessaire en théorie des champs. Des algorithmes de « Monte Carlo* » permettent d'effectuer une telle sommation sur ordinateur. Mais, pour obtenir des résultats significatifs, les coûts (chiffrés en temps de fonctionnement de grands ordinateurs) sont plutôt prohibitifs. Se développent actuellement des programmes de construction d'ordinateurs spécifiques (c'est-à-dire destinés seulement à effectuer ce genre de calculs, ou bien des calculs très similaires). On espère ainsi être capable, dans quelques années, de prédire les masses des hadrons à partir de la chromodynamique quantique.

La hiérarchie des brisures de symétrie

Un autre butoir du modèle standard concerne les mécanismes de brisure spontanée de symétrie. Certes, le mécanisme de Higgs fournit une réponse globalement satisfaisante : l'existence d'un champ scalaire ne s'annulant pas dans le vide confère une masse aux bosons de jauge. La renormalisabilité de la théorie n'est pas perdue en cas de brisure spontanée d'une symétrie de jauge. Alors que la brisure spontanée d'une symétrie globale implique l'existence d'un boson scalaire de masse nulle (ce qu'on appelle un boson de Goldstone), un tel phénomène ne se produit pas lorsque la symétrie qui est brisée est une symétrie locale. Cet aspect est d'ailleurs un argument supplémentaire en faveur d'une invariance de jauge dans l'interaction faible : si la symétrie spontanément brisée de l'interaction faible avait été une symétrie globale (et non locale), l'existence d'un boson de Goldstone aurait impliqué une portée infinie pour l'interaction faible.

Le mécanisme de Higgs ne satisfait pas si l'on envisage son application aux problèmes de l'unification. Pour l'unification électrofaible le mécanisme de Higgs requis pour obtenir les masses maintenant mesurées des bosons intermédiaires n'est pas assez contraint. La fourchette dans laquelle doit se situer la masse du boson de Higgs semble beaucoup trop large. D'autre part, sa signature semble très difficile à discerner. Tant et si bien que jusqu'à présent on n'a encore aucune évidence claire du mécanisme de brisure de la symétrie locale de l'interaction faible. La situation est encore plus grave lorsque l'on essaie d'unifier les interactions forte et électrofaible. Il faut alors imaginer un emboîtement de deux mécanismes de Higgs, l'un pour briser le groupe SU(2)XU(1) de l'interaction électrofaible aux environs de 100 Gev et l'autre pour briser la symétrie de grande unification aux environs de 10^{15} Gev. Ces deux mécanismes, qui doivent intervenir à des échelles d'énergie très différentes, doivent être ajustés avec une précision de treize chiffres significatifs. Si aucun argument théorique nouveau ne vient étayer cet ajustement, il est évident qu'un modèle aussi ad hoc ne peut être satisfaisant.

Premières alternatives au modèle minimal de grande unification

L'absence d'événements prouvant clairement que le proton se désintègre, le caractère tout à fait artificiel de l'emboîtement des mécanismes de brisure, amènent à rechercher des alternatives au modèle SU(5).

En s'inspirant de l'analogie avec les supraconducteurs dans lesquels les électrons-apariés (paires de Cooper) induisent la brisure de symétrie, on a essayé de provoquer la brisure de la symétrie électrofaible par des paires fermions-antifermions. Les fermions du modèle standard (les leptons et les quarks) ne sont pas assez massifs pour provoquer, par ce mécanisme, une brisure jusqu'à 100 Gev. Le modèle « technicolor* » introduit de nouveaux fermions dont les masses sont de l'ordre de la centaine de Gev, interagissant au travers d'une nouvelle interaction, analogue à la chromodynamique, baptisée interaction « technicouleur ». L'avantage de ce modèle est la prédiction d'une nouvelle interaction et de toute une nouvelle spectroscopie. En ce sens ce modèle est radicalement opposé au modèle minimal qui s'accommode d'un véritable *désert* entre 100 Gev et 10^{15} Gev. Jusqu'à présent, il n'y a aucune preuve en faveur du modèle technicolor. De plus ce modèle présente quelques difficultés en liaison avec des transitions de courant neutre changeant la saveur : alors qu'expérimentalement ces transitions sont fortement inhibées, le modèle technicolor les autorise. Les tenants de ce modèle ont dû commencer à le modifier pour tenir compte de cette difficulté. A l'heure actuelle, ce modèle n'est pas très populaire.

Une autre tentative pour dépasser le modèle standard consiste à rechercher une éventuelle structure sous-jacente aux particules actuellement considérées comme élémentaires. Ces modèles, qualifiés de « composites* », introduisent aussi de nouveaux fermions élémentaires, les *préons* ou *rishons* que nous avons évoqués au tout début de l'ouvrage, qui interagissent par de nouvelles interactions. L'avantage recherché dans de tels modèles serait une réduction du nombre de particules élémentaires. Mais leur difficulté est qu'ils prédisent d'assez nombreux partenaires aux particules standard, des partenaires qui n'ont pas été observés. De plus, le problème du confinement tend à saper la crédibilité de cette approche : il est déjà difficile d'admettre que les quarks soient confinés, c'est-à-dire inobservables à l'état libre, que dire alors des préons qui devraient être en quelque sorte doublement confinés (confinés dans des objets confinés) ?

Des perspectives

La supersymétrie

La tentative de dépassement du modèle standard qui recueille l'adhésion de la majorité des théoriciens s'appuie sur une nouvelle propriété de symétrie, la supersymétrie*.

Une opération de supersymétrie est, par définition, une opération qui transforme un fermion en boson et vice-versa. Dans un monde supersymétrique bosons et fermions seraient indiscernables, ce seraient les membres de nouveaux multiplets des *supermultiplets.* La supersymétrie représenterait une unification encore plus profonde que celle réalisée par la relativité quantique, de la matière et des interactions.

En tous les cas, si le monde a été supersymétrique, il ne l'est plus car les bosons et les fermions connus actuellement sont réellement différents. Mais alors, pourquoi inventer cette symétrie si elle n'a plus rien à voir avec le monde physique actuel ? En fait, la supersymétrie est un moment de la quête de l'unité qui caractérise la physique actuelle.

Élargir les propriétés de symétrie semble être la meilleure façon de dépasser le modèle standard fondé sur l'invariance de jauge, en en conservant les acquis. Ainsi, la supersymétrie peut fournir un scénario plausible de dépassement du modèle standard : la supersymétrie aurait été spontanément brisée très peu de temps après le « big bang » ; les partenaires supersymétriques des particules standard (les « sleptons* », partenaires scalaires des leptons, les « squarks* », partenaires scalaires des quarks, et les « gauginos* », partenaires de spin 1/2 des bosons de jauge) auraient des masses plus élevées que les particules ordinaires, des masses voisines de la centaine de Gev ; aux énergies actuelles les particules standard ne participent qu'aux interactions ordinaires ; des effets nouveaux, dont la signature commence à être assez bien précisée, apparaîtraient au-dessus du seuil de production de partenaires supersymétriques non standard.

L'intérêt de la supersymétrie est d'ordre théorique. La supersymétrie est une symétrie interne, ses opérations agissent sur la fibre. Mais il se trouve que l'on peut, à partir du produit de deux opérations de supersymétrie, obtenir l'opérateur de quadri-impulsion qui est le générateur des translations d'espace-temps. Ainsi, en unifiant fermions et bosons, la supersymétrie relie la fibre (l'espace des degrés de liberté interne des champs quantiques) et la base (l'espace-temps de Minkowski). La supersymétrie est un pas de plus en direction de l'unification de la matière et de l'espace-temps.

D'ailleurs, on a réalisé que, si l'on impose une invariance locale de supersymétrie, c'est-à-dire par des opérations de supersymétrie dépendant du point d'espace-temps où on les applique, on obtient une théorie qui ressemble fort à la théorie de... la gravitation ! C'est pourquoi une théorie *localement supersymétrique* est dite de supergravité*. Une telle théorie implique comme boson d'interaction un graviton de spin 2, qui a comme partenaire supersymétrique un « gravitino* » de spin 3/2. On quantifia cette théorie dans l'espoir de constater qu'elle serait renormalisable. Alors que la présence d'un graviton de spin 2 tend à rendre la théorie non renormalisable, la supersymétrie, qui associe bosons et fermions, modère les divergences des intégrales de Feynman associées aux transitions virtuelles (les boucles de fermions et celles de bosons interviennent toujours avec des signes opposés). Au total, avec la supersymétrie locale, on dispose d'un premier chemin conduisant à une éventuelle théorie renormalisable de la gravitation quantique.

On pourrait penser qu'il ne s'agit que d'une satisfaction purement gratuite puisque les problèmes de quantification de la gravitation ne se posent qu'à des énergies hors d'atteinte en laboratoire. En fait il apparaît que les propriétés des théories supersymétriques peuvent être extrêmement intéressantes pour résoudre des problèmes un peu plus immédiats. Ainsi les problèmes liés aux brisures spontanées de symétrie peuvent trouver des solutions relativement satisfaisantes grâce à la supersymétrie. Cette approche prédit, en effet, de manière naturelle l'existence de particules scalaires (les sleptons et les squarks).

Les mécanismes de brisure, ajustés à l'approximation classique (c'est-à-dire sans tenir compte des transitions virtuelles), restent stables lorsque l'on prend en compte les corrections quantiques (la compensation entre les contributions des boucles de fermions et de bosons atténue les effets des corrections quantiques) ; il en résulte que l'emboîtement des brisures à des échelles très différentes est plus plausible qu'avec des symétries ordinaires. A partir de cet argument des scénarios cosmologiques inflatoires commencent à être envisagés, qui intègrent la supersymétrie. Dans les modèles supersymétriques les plus populaires, les particules supersymétriques les plus légères (le « photino* » ou les « gluinos* ») pourraient être des fermions stables, neutres, massifs, n'interagissant que très faiblement. Ces particules pourraient constituer la matière invisible que nous avons évoquée plus haut.

Les cordes et les supercordes

La supersymétrie illustre de manière spectaculaire la dynamique de la physique des particules que nous avons expliquée au chapitre II : pour dépasser le modèle standard, on le confronte à une situation très éloignée du domaine expérimentalement accessible, en l'occurrence on se confronte aux problèmes de la relativité générale quantique qui n'ont aucune incidence pratique immédiate. Mais, au travers d'une chaîne de raisonnements logiques, on arrive à des prédictions susceptibles de vérification expérimentale, en l'occurrence la prédiction de partenaires supersymétriques des particules ordinaires à des masses voisines de 100 GeV. Si jamais ces particules étaient découvertes, il s'agirait d'une prodigieuse avancée.

En tous les cas, la conviction est en train de gagner la grande majorité des théoriciens qu'il n'y a pas d'unification possible des interactions forte et électrofaible qui ignorerait les problèmes de la gravitation quantique. Le grand rêve d'Einstein, celui de la théorie unitaire de toutes les particules et de toutes les interactions, sort petit à petit du domaine de l'utopie. La supersymétrie est un premier (petit) pas dans la direction de la réalisation de ce rêve. Plus récemment une sorte de frénésie s'est emparée des théoriciens à propos d'une nouvelle approche, dite des supercordes*.

La théorie des *cordes* date des années soixante-dix. Les études de la phénoménologie des réactions hadroniques avaient conduit à un modèle intégrant le modèle des quarks, qui consistait à se représenter les hadrons comme de petites cordes dont les quarks sont les extrémités. (Nous avons évoqué ce modèle dans le premier chapitre.) C'était la première fois que l'on imaginait un modèle de hadrons étendus, composites de quarks confinés. Au moment où il était proposé, ce modèle n'avait pas de grande capacité prédictive. Il a toutefois été très utile pour aiguiller la recherche vers la chromodynamique quantique. Indépendamment de ce prolongement, ce modèle a été étudié d'un strict point de vue théorique. Imaginer que les quanta d'une théorie de relativité quantique soient des cordes au lieu d'être des particules ponctuelles implique une profonde modification du formalisme de la quantification. Si l'on veut généraliser la méthode de quantification de Feynman fondée sur la sommation des contributions de toutes les trajectoires, il faut remplacer les trajectoires, qui sont les lignes parcourues par des particules ponctuelles, par les surfaces balayées par des cordes au cours de leur mouvement. La quantification d'une théorie de cordes revient à sommer les contributions de toutes les surfaces que peuvent balayer des cordes réelles ou virtuelles. Il s'agit bien sûr d'un problème très difficile, mais quoi de mieux pour stimuler l'imagination et créer les conditions pour découvrir de nouveaux concepts ?

La découverte de la chromodynamique quantique a amené à délaisser les modèles de cordes destinés à la physique hadronique. En réalité, la chromodynamique quantique apparaît plutôt comme la théorie quantitative dont il est possible de déduire la structure en corde des hadrons : comme l'a confirmé la quantification sur réseau, les forces de chromodynamique à grande distance confinent les quarks comme des extrémités de cordes.

Une nouvelle application des théories de cordes est, en revanche, apparue dès lors que l'on comprit que la quantification faisait intervenir des cordes qui ne sont pas présentes à l'approximation classique : en partant de cordes ouvertes (c'est-à-dire ayant des extrémités), on obtient par quantification une corde fermée. Le niveau fondamental de cette corde fermée est une particule de masse nulle et de spin 2, et si la tension des cordes est de l'ordre du carré de la masse de Planck (soit 10^{19} tonnes !), la théorie que l'on obtient ressemble fort à une théorie de la gravitation quantique, dans laquelle le niveau fondamental de la corde fermée incarnerait le graviton.

En combinant la supersymétrie et la structure en corde, on obtient la théorie de supercordes, qui est sérieusement considérée par certains théoriciens comme pouvant déboucher sur la « théorie de tout », unifiant toutes les interactions, forte, électrofaible et gravitationnelle.

La structure en corde représente un élargissement considérable de l'espace de symétrie. Une corde a une infinité de modes d'excitation, c'est pourquoi une théorie de cordes est équivalente à une théorie de champs à nombre infini de composantes : la *dimension de la fibre devient infinie*, l'espace de symétrie interne s'élargit.

Or on avait remarqué dans le modèle standard une propriété qui a des conséquences troublantes : il s'agit des anomalies. On dit que l'on a une situation d'*anomalie* lorsqu'une certaine symétrie est satisfaite à l'approximation classique et est violée par les corrections quantiques impliquant des transitions virtuelles. Le modèle standard de l'interaction électrofaible présente des anomalies, sauf si les fermions de matière (les leptons et les quarks) obéissent à des contraintes très précises qui conduisent à les grouper en familles.

Ces contraintes impliquent que les couples de leptons et les couples de saveurs de quarks formant les courants faibles chargés soient en nombre égal. Il y a trois couples de leptons : $(e\ \nu_e)$, $(\mu\ \nu_\mu)$, $(\tau\ \nu_\tau)$; il doit donc y avoir trois couples de saveurs de quarks. Comme on connaît déjà cinq saveurs de quarks, u, d, s, c, b, la condition de non-anomalie implique l'existence de la sixième saveur, la saveur t, qui n'a pu encore être clairement mise en évidence. Supposant que cette sixième saveur existe effectivement, on peut grouper les fermions du modèle standard en trois *générations :*

$$[(e\ \nu_e), (d\ u)_R, (d\ u)_B, (d\ u)_J],$$
$$[(\mu\ \nu_\mu), (s\ c)_R, (s\ c)_B, (s\ c)_J],$$
$$[(\tau\ \nu_\tau), (b\ t)_R, (b\ t)_B, (b\ t)_J]$$

où les indices R, B, J désignent les trois « couleurs rouge, bleu et jaune ».

Comprendre les raisons de l'organisation des fermions de

matière en générations est l'un des défis théoriques majeurs de la troisième quantification. C'est pourquoi il est tentant de faire de la condition de non-anomalie un principe (que l'on pourrait appeler principe de négation de la négation) qui indiquerait que plus une théorie peut avoir d'anomalies sans effectivement les avoir, plus elle est proche de la réalité.

Les théories de supercordes pouvant satisfaire ce principe, elles sont à la mode actuellement : les symétries des théories de supercordes sont beaucoup plus vastes que la symétrie de jauge ou même que la supersymétrie ; les risques d'anomalies sont beaucoup plus grands, mais la condition de non-anomalie contraint à peu près complètement l'ensemble de la théorie. Il n'y aurait pratiquement qu'une seule théorie de supercordes possible qui soit sans anomalies !

On aurait mauvaise grâce à ignorer un petit détail : l'espace-temps d'une telle théorie ne peut pas être de dimension 4, il ne peut être que de dimension 26 ou 10. Le groupe de symétrie interne doit avoir 496 générateurs ! Il en faut plus pour rebuter les théoriciens qui recherchent déjà, en s'inspirant des travaux menés dans les années vingt par Kaluza et Klein, des explications à la réduction dimensionnelle, au processus de compactification de vingt-deux dimensions non physiques de l'espace-temps...

Là vous n'avez peut-être pas tout compris. Mais ne vous inquiétez pas, vous n'êtes pas les seuls. Et puis, nous sommes arrivés à la fin de l'ouvrage.

Conclusion

Où sont rappelés les principaux enseignements de l'ouvrage et où est affirmée la portée culturelle de la physique des particules.

Avons-nous tenu notre pari d'expliquer, en langage naturel, à un public majoritairement non spécialiste, les tenants et aboutissants d'une des disciplines les plus sophistiquées de la recherche fondamentale contemporaine ? La réponse ne nous appartient plus, elle appartient aux lecteurs.

Il ne s'agissait certes pas, avec cet ouvrage, de former des professionnels de la physique des particules. Mais il ne s'agissait pas non plus de tomber dans le piège d'une certaine facilité, en s'appuyant sur des images simplistes et nécessairement trompeuses. C'est pourquoi les lecteurs non spécialistes nous pardonneront certains des passages qui leur auront paru difficiles, faute que nous ayons voulu gommer les difficultés. Notre volonté était de nous adresser à des lecteurs désireux d'appréhender le mouvement des connaissances dans ses tendances les plus actuelles, et donc prêts à consentir à un certain effort. A leur intention nous voudrions, dans cette conclusion, récapituler les apports de la physique des particules qui nous semblent essentiels.

Cette discipline, qui vient de traverser de profondes mutations, continue à se développer. Comme les moyens techniques dont elle a besoin sont extrêmement importants, son avenir appartient de plus en plus aux grands enjeux de la politique scientifique mondiale. Des pays s'associent pour partager les frais impliqués par ces recherches. Les expériences, extrêmement complexes, regroupent des centaines de physiciens et de techniciens au sein de collaborations internationales. Le CERN, organisation européenne pour la recherche en physique des particules, a constitué une réussite exemplaire pour fournir le cadre, depuis plus de trente ans, à une coopération des pays européens. Les états membres participent au financement du CERN selon un pourcentage proportionnel à leur produit national brut. La garantie pluriannuelle de ce financement, le caractère exclusivement public et pacifique des recherches, l'entière maîtrise par les scientifiques de la gestion et de la planification de l'organisme sont des atouts qui ont porté la physique européenne des particules au premier rang mondial.

Malheureusement, dans les temps de crise actuelle, et malgré de spectaculaires avancées comme la découverte des bosons intermédiaires en 1983, l'avenir de la physique des particules semble incertain et la tentation d'en réduire les moyens apparaît chez certains gouvernements.

Il est vrai que l'avenir de cette discipline est objectivement incertain : la qualité même du modèle standard le rend très difficile à dépasser. Tous les efforts actuels pour le mettre en défaut sont restés vains. Les perspectives que nous avons évoquées dans le chapitre précédent sont certes grandioses, mais, justement, elles ne concernent que des problèmes totalement académiques comme celui de la gravitation quantique.

Il serait vain de cacher qu'une certaine angoisse s'empare des physiciens des particules, celle du désert : il n'est pas interdit, en effet de supposer qu'aucun fait expérimental majeur nouveau n'intervienne entre les quelques centaines de Gev que l'on arrive péniblement à réaliser en laboratoire et les 10^{15} Gev de la grande unification. Un tel scénario pessimiste n'est pas exclu, encore que l'histoire des sciences ne fournisse aucun exemple d'un tel manque de chance (avant le départ de l'expédition de Christophe Colomb, il n'était pas interdit de penser qu'il n'y eut rien au-delà des îles Açores...).

Quoi qu'il en soit, et même si les retombées technologiques de la physique des particules, le prestige attaché aux grandes découvertes scientifiques ou l'opprobre réservée à ceux qui prennent le risque de ne pas les permettre, sont des arguments de poids auprès des autorités qui décident d'une politique scientifique, il ne nous semble pas que ce soit l'essentiel.

L'unification interne

La physique des particules, comme les autres disciplines de recherche fondamentale, a pour but d'élaborer des liens explicatifs entre des phénomènes apparemment sans rapport les uns avec les autres. Son apport spécifique est de soumettre l'appareil conceptuel de la physique au banc d'essai de la confrontation avec la réalité dans des conditions extrêmes et idéales de fonctionnement.

Elles ne peut avancer que sur la base de faits expérimentaux. Les plus belles constructions théoriques ne restent qu'à l'état de pures spéculations tant qu'elles ne sont pas étayées (ne serait-ce que très indirectement) par des évidences expérimentales. Mais toute faille résultant de cette confrontation peut être productrice de concepts nouveaux qui dépassent les anciens.

Ainsi se constitue ce qu'il est convenu d'appeler le modèle standard qui rassemble les théories et concepts qui ne seront plus invalidés par le développement de la discipline, qui ne seront plus que confirmés ou dépassés.

Ce modèle standard évolue par paliers qui peuvent durer relativement longtemps. Une modificaton du modèle standard est en général la marque d'une véritable révolution scientifique.

Pour la physique des constituants élémentaires et des interactions fondamentales, le premier modèle standard remonte à Newton. Sa théorie de la gravitation universelle réalisait une synthèse spectaculaire de la mécanique terrestre et de la mécanique céleste. Cette théorie a certes été dépassée par des développements ultérieurs (elle est une approximation de la théorie de la relativité générale) mais elle n'a pas été invalidée. C'est un acquis du patrimoine culturel de l'humanité.

La première modification du modèle standard a été provoquée par la théorie de Maxwell. Cette théorie réalise une deuxième synthèse, une deuxième unification, celle des phénomènes électriques, magnétiques et optiques. Après cette synthèse, qui s'est ajoutée à la théorie de Newton, sans l'affecter, le modèle standard était déjà capable de rendre compte de manière satisfaisante de la quasi-totalité des phénomènes physiques connus à cette époque. La théorie de Maxwell, non plus, n'a pas été invalidée. Au contraire, parce qu'on lui faisait confiance, elle a fourni un point d'appui pour lever les contradictions qui sont apparues au début du vingtième siècle.

Ces contradictions ont provoqué une véritable crise de la physique, une crise qui ne s'est résolue qu'après un formidable bouillonnement de débats et de controverses opposant les plus éminents des physiciens. En même temps que s'élaborait le nouveau cadre de la physique théorique, le modèle standard accomplissait de nouveaux sauts qualitatifs.

En 1915, Einstein, qui avait déjà procédé à la remise en cause décisive du caractère absolu du temps avec la théorie de la relativité restreinte, étendait la théorie de la relativité à la description de l'interaction gravitationnelle. La théorie de la relativité générale à laquelle il aboutissait ainsi marque un dépassement du modèle standard, un dépassement de la théorie de Newton. Il s'agit d'une construction théorique (confirmée avec précision par plusieurs faits expérimentaux) d'une extraordinaire clairvoyance, qui marque l'émergence de la conception géométrique des forces. L'interaction gravitationnelle y est conçue au moyen d'un espace-temps de métrique (ou de courbure) variable. La métrique de l'espace-temps dépend de la matière, et cette dépendance, qui s'exprime dans les équations d'Einstein, est complètement équivalente à la relation entre le champ de gravitation et la matière. Au total, il est possible de formuler la théorie de la relativité générale en faisant abstraction de la gravitation et en la remplaçant par un principe d'invariance de jauge. Une dynamique est dite invariante de jauge si elle est invariante par des transformations de symétrie dépendant du point d'espace-temps où on les applique.

H. Weyl a tenté d'étendre à l'électromagnétisme la conception géométrique de la gravitation. C'est d'ailleurs à l'occasion de cette tentative qu'il inventa le terme d'invariance de jauge. Mais cette tentative n'a pas abouti car, à cette époque, la plupart des concepts essentiels de la théorie quantique n'existaient pas encore.

C'est pourquoi, pendant les nombreuses années où s'est élaboré le cadre de la théorie quantique et relativiste des champs, le modèle standard demeura constitué de la relativité générale pour la gravitation et de la théorie de Maxwell pour l'interaction électromagnétique. En réalité, comme la gravitation n'est importante qu'à l'échelle macroscopique, la relativité générale est à considérer comme appartenant au modèle standard de la cosmologie plutôt qu'à celui de la physique des particules. Elle constitue d'ailleurs le fondement du véritable modèle standard de la cosmologie, le fameux modèle du « big bang ».

Il aura fallu attendre les années cinquante pour que le modèle standard de la physique des particules évolue à nouveau avec la mise sur pied de l'électrodynamique quantique qui intègre les effets quantiques et relativistes, et dont la théorie de Maxwell est l'approximation classique. Les succès de l'électrodynamique quantique dans l'explication des données expérimentales prouvent que le cadre de la théorie des champs quantiques est adapté à la résolution de la crise que nous avons évoquée plus haut. En particulier, il est apparu que la procédure de renormalisation, qui permet de gérer les infinis qui apparaissent dans la théorie quantique des champs en interaction, est susceptible de fournir un critère décisif d'élémentarité.

Dans le même temps les deux nouvelles interactions qui avaient été mises en évidence, l'interaction nucléaire faible et l'interaction nucléaire forte, ont été explorées expérimentalement. Les progrès réalisés dans les techniques d'accélération et de détection ont permis d'accumuler une masse considérable de données expérimentales et de constituer toute une nouvelle phénoménologie. L'aspect le plus spectaculaire de la physique des particules des années cinquante et soixante a été l'émergence puis la prolifération de la famille des hadrons, les particules qui participent à toutes les interactions, y compris l'interaction nucléaire forte.

Cette phénoménologie a fourni un vaste champ de confrontation à la réalité, aux concepts en cours d'élaboration de la théorie quantique et relativiste. Et, c'est finalement sur une période relativement courte (essentiellement les années soixante-dix) que s'est produit le dernier déplacement du modèle standard, celui que nous avons décrit dans cet ouvrage.

L'avenir dira peut-être qu'il s'agit d'une *véritable révolution scientifique*, comparable par son importance aux précédentes modifications du modèle standard que nous venons d'évoquer. Trois avancées décisives marquent cette étape : la mise en évidence d'un nouveau niveau d'élémentarité, celui des *quarks*, la découverte d'une théorie entièrement nouvelle pour l'interaction forte, la *chromodynamique quantique*, et l'*unification des interactions électromagnétique et faible*.

La clé de ces progrès se trouve dans la relecture de l'électrodynamique quantique, dans la redécouverte de la tentative de H. Weyl. L'électrodynamique quantique dérive, en effet, d'un principe d'invariance de jauge. En théorie quantique des champs, la conservation de la charge est associée à l'invariance par changement de la phase du champ de matière. Faire de cette invariance, une invariance de jauge est équivalent à coupler le champ de matière à un champ électromagnétique. Ainsi, tout comme l'interaction gravitationnelle au travers de la théorie de la relativité générale, l'interaction électromagnétique est susceptible d'une interprétation géométrique. Mais, l'espace où se déploie cette géométrie est d'un type nouveau ; il s'agit de ce que l'on appelle un espace fibré, un emboîtement d'espace dans lequel chaque point de l'espace-temps (appelé base) est remplacé par un espace abstrait, espace des degrés de liberté interne des champs quantiques, appelé fibre.

Il suffit alors, pour chaque interaction, de repérer quelle est la symétrie interne susceptible d'être érigée en invariance de jauge, pour construire l'ensemble du modèle standard. La symétrie de couleur SU (3) et l'isospin faible sont les invariances de jauge respectivement de la chromodynamique quantique et de l'interaction faible.

L'unification de la physique

Le rapide survol historique que nous venons d'effectuer semble confirmer une véritable loi épistémologique : chaque déplacement du modèle standard, chaque révolution scientifique s'accompagne d'une unification. La dynamique de la physique des particules est une dynamique d'unification interne : on sépare les différents types d'interaction pour ne pas affronter toutes les difficultés en même temps, mais, au fur et à mesure que l'on résout les problèmes, on réunifie les interactions fondamentales.

Un tel processus est cependant tout le contraire d'une promenade. Unifier des dynamiques à priori très différentes comme par exemple l'interaction électromagnétique et l'interaction faible nécessite de mobiliser un arsenal conceptuel et expérimental qui dépasse le cadre de la seule physique des particules. C'est pourquoi, dans sa quête d'unification interne, la physique des particules participe à l'unification tendancielle de l'ensemble de la physique.

La première ligne de force de l'élaboration puis d'un éventuel dépassement du modèle standard est l'invariance de jauge. Ce principe unificateur, qui associe force et géométrie, est emprunté à l'autre grande branche de la physique de frontière, la cosmologie. L'interaction entre la physique des particules et la cosmologie se fait de plus en plus étroite, au point que l'on peut dire que la tendance est à la fusion au sein d'une discipline unique. Dans le chapitre précédent, nous avons relié cette tendance au fait que le problème majeur qui est actuellement à l'ordre du jour, est celui de la troisième quantification. Cosmologie et physique des particules poursuivent, par deux itinéraires différents, le même objectif : tenir compte simultanément des trois constantes universelles, la vitesse de la lumière c, le quantum d'action h et la constante de la gravitation G.

Nous avons vu aussi que les théoriciens des particules sont en train de se convaincre qu'il n'y a pas de grande unification possible qui continuerait à laisser de côté la gravitation. Se pose alors le problème de la quantification de la gravitation. La voie la plus prometteuse vers la solution de ce problème semble être l'élargissement des propriétés de symétrie avec la supersymétrie, la supergravité et les supercordes, et elle pourrait aboutir à un dépassement du modèle du big bang et du modèle standard des interactions autres que gravitationnelles.

Mais l'élaboration du modèle standard ne peut se suffire d'un principe unificateur. Il lui faut aussi et un principe de différentiation (car la synthèse n'est pas la confusion) et un critère opératoire pour choisir parmi les théories candidates celle qui a le plus de chances d'être la plus adéquate. C'est en interaction très étroite que la physique statistique et la physique des particules ont développé la théorie des brisures spontanées de symétrie et la théorie de la renormalisation qui répondent à ces besoins.

Si l'on rassemble le modèle du big bang, le modèle standard des interactions forte et électrofaible et les méthodes de la physique statistique, on obtient un scénario cohérent de la cosmogenèse.

Les expériences de physique des particules, à l'heure actuelle, reposent sur l'étude des collisions de particules dont l'énergie ne dépasse guère quelques centaines de GeV. Les observations que nous faisons sont inscrites temporellement dans l'histoire de l'univers. La température de notre univers, en expansion depuis quinze milliards d'années, est très basse (2,7 K). Mais il n'en a pas toujours été ainsi. Si nous remontons le temps à partir des observations actuelles et des lois de la physique que nous connaissons, un univers complètement différent se substitue, dans le passé lointain, à celui que nous connaissons. Les interactions électromagnétique, faible et forte, qui sont aujourd'hui si différentes les unes des autres par leur intensité et leur portée, fusionnent les unes avec les autres. Le vide quantique (c'est-à-dire l'état d'énergie minimale) passe par une série de transitions de phase : déconfinement des quarks et des gluons, annulation de la masse des bosons intermédiaires, annulation de la masse des leptoquarks vers 10^{15} GeV. Les interactions deviennent indiscernables. Les particules, qui ne peuvent être différenciées que par la manière dont elles interagissent, deviennent à leur tour indiscernables. Puis, lorsque la température continue à s'élever, on approche de la catastrophe de Planck*, l'échelle d'énergie (10^{19} GeV) à laquelle les fluctuations du vide peuvent créer des trous noirs virtuels...

Ce scénario ne sert pas qu'à stimuler notre imaginaire. C'est un banc d'essai par la pensée, de l'appareil conceptuel de la physique. Cet appareil, ainsi testé, peut être utilisé à des échelles plus accessibles, et il se montre extrêmement fructueux.

La mécanique quantique est maintenant entrée dans la vie de tous les jours (électronique, lasers...). Plus récemment, les concepts d'invariance de jauge, de brisure spontanée de symétrie, de groupe de renormalisation ont trouvé des applications dans la physique statistique.

La physique atomique a découvert des transitions violant la parité qui ne peuvent s'interpréter qu'en utilisant la théorie électrofaible, elle-même née de la description des collisions de particules élémentaires aux énergies les plus hautes atteintes aujourd'hui.

La physique nucléaire s'interroge de plus en plus sur le statut des quarks à l'intérieur des noyaux ; elle s'ouvre aux méthodes les plus modernes de la physique statistique. La physique hadronique, elle-même, tend à quitter la physique des particules pour s'intégrer à la physique statistique (quantification sur réseau et étude de la transition de déconfinement).

L'astrophysique s'empare gloutonnement de tous les derniers résultats obtenus en physique des particules.

Il n'est jusqu'aux biologistes qui ne s'interrogent sur les conséquences dues à l'interaction faible, sur le vivant et le « triomphe » des molécules lévogyres dans le règne du vivant.

L'unification catégorielle

En réexaminant de manière critique l'acte de mesure en physique, la mécanique quantique a modifié notre manière de penser notre rapport à la réalité. Elle ouvre le champ à une réflexion profonde sur la nature de l'objectivité physique et sur l'espace de représentation de cette objectivité.

Cet espace de représentation ne peut plus ignorer les conditions de l'observation. Le statut même des concepts scientifiques a dû être modifié.

La matière et les forces ont été unifiées dans le cadre de la théorie quantique relativiste à travers le concept très élaboré de champ quantique, susceptible de représentations complémentaires, ondulatoire et corpusculaire. Le concept de champ quantique, qui rend compte des notions classiques de champ de force et de particule de matière, débouche sur les concepts radicalement nouveaux de champ de matière et de particules d'interaction.

Les idées dominantes qui ont émergé au cours de ces dernières décennies sont celles de symétrie et d'invariance des lois de la physique dans des changements des coordonnées de l'espace.

L'espace est ici plus « vaste » et plus abstrait que l'espace à trois dimensions dont nous sommes familiers. Il contient des coordonnées abstraites, des dimensions internes. De ces symétries découlent nécessairement (logiquement) l'existence d'interactions c'est-à-dire de couplages entre deux types de particules, les unes associées au champ de matière, les autres au champ d'interaction (qu'il est convenu d'appeler le champ de jauge). Il se dégage une dualité dans la description des lois physiques à l'œuvre au niveau élémentaire : la géométrie d'un espace fibré ou le couplage entre particules. *C'est en ce sens que l'on peut parler de matière-espace-temps.* L'espace vide de champs n'a ainsi plus de sens : *le vide, état d'énergie minimum, est rempli de champs d'interaction qui, en vertu des principes relativistes et quantiques, sont soumis à des fluctuations quantiques.* Ces fluctuations correspondent à la matérialisation des champs pendant des laps de temps très courts. Toute la matière et toutes les interactions sont donc présents dans l'espace vide pourvu que l'on considère cet espace pendant des intervalles de temps suffisamment brefs. Aux échelles extrêmes, la matière, l'espace et le temps sont indissociables.

Nous qualifions de catégorielle cette unification, pour signifier que *matière, espace et temps ne sont plus traités comme des concepts scientifiques mais plutôt comme des catégories gnoséologiques.* Cet élargissement est rendu nécessaire par la prise en compte du quantum d'action qui, tout compte fait, traduit le caractère insécable du rapport objet-sujet.

L'accession de la science à l'âge expérimental lui a permis de s'affranchir de la philosophie qui prétendait lui dicter ses objets de recherche ou boucher les trous de la connaissance. Mais, si la science prétendait maintenant à son tour imposer des conceptions étroites et dogmatiques comme le mécanicisme ou le réductionnisme naïf, elle serait condamnée à se dessécher. Avec l'unification catégorielle que nous venons d'évoquer, nous pensons que la physique actuelle est en mesure de dialoguer, à part entière, avec la philosophie, d'en apprendre la rigueur intellectuelle et de lui fournir des bases concrètes.

Il s'agit d'*échafauder une logique de l'univers qui nous entoure, de chercher des fils conducteurs dans la diversité du monde, d'une quête de l'unité dans le multiple.* Mais cette démarche est hautement élaborée, elle n'est pas révélée. C'est au prix d'une méthodologie rigoureuse mettant en symbiose des pratiques expérimentales et des démarches théoriques que les concepts adéquats et les structures explicatives s'emboîtent les unes dans les autres. Des oppositions séculaires trouvent ainsi des réponses dans la théorie physique moderne, telle l'opposition entre l'atomisme de Démocrite et l'univers des nombres de Pythagore, ou plus récemment le conflit entre la vision géométrique des interactions d'Einstein et la vision complémentaire de Bohr.

Cet édifice scientifique en construction permanente imprègne profondément notre culture, car il modifie sans cesse notre représentation du monde et, à travers cette représentation, notre rapport au monde. Une conception cohérente s'en dégage : matière, espace et temps sont indissociables ; l'univers est en expansion ; son évolution est un processus qui implique que la permanence n'est de mise à aucune échelle ; son histoire et son devenir sont inscrits dans chacune de ses parties. La physique n'a assurément pas l'exclusivité de cette élaboration. Mais les autres approches, qu'elles soient philosophiques ou politiques, mystiques ou esthétiques, ne peuvent plus faire aujourd'hui l'économie de l'acquis scientifique. Elles se doivent, pour être crédibles, d'en tenir compte comme d'un patrimoine culturel essentiel pour l'humanité.

Remerciements

Nous remercions chaleureusement tous nos collègues théoriciens et expérimentateurs qui nous ont prodigué leurs encouragements et avec qui nous avons eu de très stimulantes discussions.

Michel Cribier (physicien), Michel Goldberg (biologiste) et Marc Goldberg (étudiant en philosophie) ont bien voulu effectuer une lecture critique du manuscrit. Qu'ils en soient très chaleureusement remerciés.

Nous remercions vivement Mesdames Odile Lebey, Dominique Brou, Rolande Dosbioz, Jeanne Saint-Saens, Marie Bertevas et Danielle Breisch, Messieurs Henry de Lignières et Jacques Mazeau qui nous ont aidés pour la mise en forme et la présentation du manuscrit.

Bibliographie

La bibliographie que nous présentons ici est succincte. Les spécialistes ne trouveront donc pas les références dont ils ont besoin pour leur travail. D'autre part, de nombreux ouvrages cités dans cette bibliographie sont difficilement accessibles aux non-spécialistes. Nous avons choisi de dresser la liste par chapitre des principaux ouvrages que nous avons consultés ou cités dans le texte.

De nombreuses revues publient régulièrement en français des articles d'accès aisé, sur l'actualité et les perspectives de la physique des particules. Citons parmi les plus diffusées : *La Recherche, Pour la Science, Science et Avenir, Science et Vie.*

CHAPITRE I

H. Reeves, *Patience dans l'azur. L'évolution cosmique,* Paris, Le Seuil, 1981.

P. Radvanyi, M. Bordry, *La radio-activité artificielle et son histoire,* Paris, Le Seuil, 1984.

J. Monod, *Le hasard et la nécessité. Essai sur la philosophie naturelle de la biologie moderne,* Paris, Le Seuil, 1970.

J.P. Changeux, *L'homme neuronal,* Paris, Fayard, 1983.

J.H. Mulvey (Ed.), *The nature of matter,* Oxford, Clarendon Press, 1981.

G. Cohen-Tannoudji, J.P. Baton, *Un aperçu sur la recherche en physique des particules élémentaires, Note,* CEA-N-2479, 1986.

R. Balian : *Du microscopique au macroscopique,* Cours de physique statistique de l'École Polytechnique, Paris, Ellipses, 1982.

CHAPITRE II

J. Alegria et al., *L'espace et le temps aujourd'hui,* Paris, Le Seuil, 1983.

I. Prigogine et I. Stengers, *La nouvelle alliance,* Paris, Gallimard, 1979.

Communications, numéro spécial, *L'Espace perdu et le temps retrouvé,* Paris, Le Seuil, 1984.

I. Prigogine, *Physique, temps et devenir,* Paris, Masson (2e édition), 1980.

F. Jacob, *La logique du vivant,* Paris, Gallimard, 1976.

R.P. Feynman, *La nature des lois physiques,* Paris, Laffont, 1970.

CHAPITRE III

L. Landau et E. Lifchitz, *Mécanique,* Moscou, Mir.

R.P. Feynman, R. B. Leighton, M. Sands, *Lectures on Physics,* Addison-Wesley Publishing, Inc. California Institute of Technology, 1963.

CHAPITRE IV

B. Mandelbrot, *Les objets fractals,* Paris, Flammarion, 1984.

L. Landau et E. Lifchitz, *Théorie des champs,* Moscou, Mir, 1970.

Dialectica, Volume 2, nos 3-4, Neuchâtel, 1948.

L. Landau et E. Lifchitz, *Mécanique quantique,* Moscou, Mir, 1980.

CHAPITRE V

A. Berthelot, "Comments on Determinism, Locality, Bell's Theorem and Quantum Mechanics", *in : Il Nuovo Cimento,* Vol. 57 B, n° 2, p. 193, 1980.

J. Bonitzer, *Philosophie du hasard,* Paris, Messidor, 1984.

B. D'Espagnat, *A la recherche du réel*, Paris, Gauthier-Villars, 1979.

J.-M. Levy-Leblond et F. Balibar, *Quantique, Rudiments,* Paris, Inter-éditions, 1984.

S. Deligeorges (Ed.), *Le monde quantique,* Paris, Le Seuil, 1984.

C. Cohen-Tannoudji, B. Diu et F. Laloe, *Mécanique quantique,* Paris, Herman, 1973.

A. Messiah, *Mécanique quantique,* Paris, Dunod, 1960.

L. Tarassov, *Physique quantique et opérateurs linéaires,* Moscou, Mir, 1980.

A. Einstein et M. Born, *Correspondance 1916-1955* (Préface de W. Heisenberg), Paris, Le Seuil, 1972.

A. George, *Louis de Broglie, physicien et penseur,* Paris, Albin Michel, 1953.

E. Segré, *Les physiciens contemporains et leurs découvertes,* Paris, Fayard, 1981.

J.-L. Basdevant, *Mécanique Quantique,* Paris, Ellipses, 1986.

CHAPITRE VI

R.P. Feynman and A.R. Hibbs, *Quantum mechanics and path integrals,* New York, Mc Graw-Hill, 1965.

J.J.J. Sakurai, *Advanced quantum mechanics,* Menlo Park, Benjamin/Cummings, 1967.

C. Itzykson and J.B. Zuber, *Quantum field theory,* New York, Mc Graw Hill, 1980.

L. Landau et E. Lifchitz, *Théorie quantique relativiste* (première partie), Moscou, Mir, 1972.

E. Lifchitz et L. Pitayevski, *Théorie quantique relativiste* (seconde partie), Moscou, Mir, 1973.

CHAPITRE VIII

N.P. Konopleva and V.V. Popov, *Gauge fields.* Londres, Harwood Academic, 1981.

H. Weyl, *Temps, Espace, Matière. Leçons sur la théorie de la relativité générale,* Paris, Librairie scientifique Albert Blanchard, 1958.

C. Quigg, *Gauge Theories of the strong weak and electromagnetic interactions. Frontiers in physics,* Benjamin/Cummings, 1983.

I.J.R. Aitchison and A.J.G. Hey, *Gauge theories in particle Physics,* Bristol, Adam Hilger, 1982.

M. Berry, *Principles of cosmology and gravitation,* Cambridge, Cambridge University Press, 1976.

T.D. Lee, *Particle physics and introduction to Field theory,* Londres, Harwood Academic, 1981.

Berkeley, *Cours de Physique,* Berkeley, Paris, Armand Colin, 1973.

CHAPITRE IX

F.E. Close, *An Introduction to Quarks and Partons*, Londres, Academic Press, 1979.

P. Watkins, *Story of the W and Z*, Cambridge, Cambridge University Press, 1986.

D.H. Perkins, *Introduction to high energy physics*, Amsterdam, Addison-Wesley, 1982.

CHAPITRE X

S. Weinberg, *Les trois premières minutes de l'univers*, Paris, Le Seuil, 1978.

CHAPITRE XI

M. Jacob, *Les particules élémentaires* (Recueil d'articles de vulgarisation parus dans *Pour la Science*), Paris, Diffusion Belin, 1977-1983.

P. Bergé, Y. Pomeau, Ch. Vidal, *L'ordre dans le chaos*, Paris, Hermann, 1985.

GLOSSAIRE-INDEX

Abélien : Commutatif. *Commutateur, groupe, jauge.* **228, 241, 303.**

Accélérateur : Outil de la physique expérimentale des particules produisant des faisceaux de particules de haute énergie. *Détecteur, collisionneur.* **40, 44, 123, 213.**

Action : Produit d'une énergie par une durée, ou d'une impulsion par une longueur. *Lagrangien, quantum d'action, intégrale d'action, moment cinétique.* **33, 99, 105, 127, 128, 193.**

Amplitude : Nombre complexe dont le module au carré est une intensité ou une probabilité. *Transition, état, module, phase.* **146, 149, 153-156, 183, 194, 221, 277.**

Angle : (de mélange). Paramètre servant à définir la superposition linéaire de deux vecteurs, dont la somme des carrés des coefficients est égale à 1. *Angle de Cabibbo.* **239, 305, 306.**

Angström : Unité de longueur valant 10^{-8} cm. **133.**

Annihilation : Processus au cours duquel un fermion et son antiparticule se transforment en bosons. *Fermion, boson, vide, antiparticule, matérialisation.* **170, 172.**

(Opérateur d'). Fait passer de l'espace de Hilbert à n particules à celui à n — 1 particules. *Espace de Fock, vide, création.* **167.**

Anomalie : Situation dans laquelle une symétrie satisfaite à l'approximation classique est brisée par les corrections quantiques. *Générations, supercordes,* **302, 345.**

Antiparticule : Particules et antiparticules ont même masse, même spin, mais tous les nombres quantiques additifs opposés. *Positron,* *positronium, charmonium, vide, annihilation, création, matérialisation, espace de Fock, conjugaison de charge.* **28, 43, 124, 170, 172, 320, 328.**

Asymétrie : Quantité expérimentale mesurant la brisure d'une certaine symétrie. *Section efficace, polarisation.* **86.**

Asymptotique : (Champ). Champ quantique libre parce qu'éloigné de la zone spatio-temporelle d'interaction. *Espace de Fock, matrice S.* **181.** (Liberté). Découplage des partons à haute énergie. *Partons, chromodynamique quantique, confinement, invariance d'échelle.* **52, 72, 235.**

Atome : Structure formée du noyau et du cortège électronique. *Molécule, noyau, électron, électromagnétique.* **15, 16, 18, 22, 27, 32, 36, 113.**

Baryon : Hadron fermionique. *Hadron, méson, nucléon, hypéron, fermion, boson.* **41, 42, 43, 171, 229, 266, 308.**

Base : (d'un espace fibré). Espace de points dont chaque point est remplacé par la fibre. Ex. : l'espace-temps de Minkowski. *Fibre, espace-temps.* **219, 358.**
(de l'espace de Hilbert). Ensemble de vecteurs de l'espace de Hilbert permettant de reproduire par combinaison linéaire tous les vecteurs de cet espace. *Espace de Hilbert, représentation, complémentarité, observable, ensemble complet d'observables qui commutent, vecteur et valeur propres.* **162.**

Beauty : La cinquième saveur de quark, de charge − 1/3. *Saveur, quark, up, down, strange, charm, top, truth, nombre quantique additif.* **46, 229.**

Bell : (Inégalités de). Critère expérimental permettant de discriminer la théorie quantique de la théorie des variables cachées. L'observation expérimentale de la violation des inégalités de Bell a permis d'invalider les théories de variables cachées. *Variables cachées, complémentarité, phénomène quantique.* **194.**

Big bang : Modèle standard de la cosmologie. *Cosmologie, unification, modèle standard, relativité générale.* **76, 78, 178, 314-320, 336, 357.**

Bootstrap : Approche tendant à déterminer les amplitudes de transition à partir d'arguments d'auto-consistance. *Matrice S, dualité, principe de démocratie hadronique.* **182.**

Boson : Particule d'interaction. Obéit à la statistique de Bose-Einstein. Le spin des bosons est entier ou nul. *Fermion, statistique, jauge, inter-*

action, boson de Higgs. **24, 33, 34, 37-39, 49, 57, 58, 63, 66, 71, 125, 157, 158, 167, 169, 171, 172, 179, 228, 231, 244, 339, 342.**

Boucle : Ligne fermée de propagateurs reliant des vertex dans un diagramme de Feynman. La présence de boucles dans un diagramme de Feynman signale une transition virtuelle. *Diagramme de Feynman, vertex, propagateur, transition virtuelle.* **179, 185, 234, 342.**

Brisure : (spontanée de symétrie) : Situation dans laquelle les équations sont symétriques sans que les solutions le soient. *Mécanisme de Higgs, boson de Higgs.* **45, 62, 243, 244, 324, 338, 360.**

Bulles : (Chambre à), Détecteur ; outil de la physique expérimentale des particules. *Détecteur.* **133, 258.**

Cabibbo : (Angle de mélange de). Angle de mélange des saveurs down et strange dans la définition du courant hadronique faible. *Angle de mélange, saveur, down, strange, courant hadronique faible.* **239.**

Calorique : Concept utilisé jusqu'au XVIIIe siècle pour décrire les phénomènes relatifs à la chaleur. **97.**

Centre de masse : (Système du). Référentiel d'espace-temps dans lequel la somme vectorielle des impulsions est nulle. *Référentiel, vecteur, impulsion.* **123.**

Cerenkov : Détecteur utilisant la lumière émise par une particule chargée traversant un milieu à une vitesse supérieure à celle de la lumière dans ce milieu. *Détecteur.* **258, 309.**

CERN : Centre Européen de Recherche Nucléaire. Complexe expérimental européen. La nouvelle appellation du CERN est Laboratoire Européen de Physique des Particules. **59, 77, 229, 273, 289, 293, 354.**

Champ : Système dynamique dépendant d'un nombre infini de degrés de liberté. *Force, interaction, électromagnétique.* **33, 71.**
(quantique). Ensembles d'opérateurs définis en chaque point de l'espace-temps. Susceptible de représentations complémentaires (ondulatoire et corpusculaire). *Boson d'interaction, champ de matière, fibre, base, symétrie interne.* **33, 34, 71, 109, 124, 125, 144, 166, 169, 201, 207, 244, 253, 275, 294, 361.**

Charge : Quantité physique conservée en liaison avec la relativité de la phase des champs de matière. La charge définit l'intensité du couplage dans l'interaction électromagnétique. Par extension, on utilise le terme de charge pour caractériser le couplage dans les interactions (« charge » de couleur, « charge » faible, par exemple). *Théorème de Noether, nombre quantique conservé, constante de couplage.* **22, 28, 35, 44, 50, 207, 210, 233, 275, 297, 301, 306.**

Charm : La quatrième saveur de quark, de charge 2/3. *Saveur, quark, up, down, strange, beauty, top, truth, charmonium.* **46, 54, 229.**

Charmonium : Etat lié charm-anticharm. *Etat lié, positronium, charm.* **54.**

Chromodynamique quantique : Théorie de l'interaction des quarks par échange de gluons, en relation avec la symétrie de couleur. Souvent désignée par QCD (Quantum Chromo Dynamics). *Quark, gluon, hadron, interaction nucléaire forte, jauge, liberté asymptotique, confinement, électrodynamique quantique, modèle standard.* **25, 50, 53, 58, 65, 73, 78, 227-235, 272, 285, 337, 344, 358.**

Cinétique : (Énergie). Energie de mouvement, égale au produit de la masse par la moitié du carré de la vitesse. *Energie potentielle, lagrangien, hamiltonien.* **95, 96, 98, 102, 105, 109, 252, 278.**

(Moment). Ou moment angulaire, quantité physique conservée en relation avec l'invariance par rotation. Produit d'une impulsion par une longueur, le moment cinétique a le contenu dimensionnel d'une action, produit d'une énergie par une durée. *Théorème de Noether, rotation, spin, action, contenu dimensionnel.* **99, 105, 107, 129, 130, 168, 217.**

Cohérent : En phase. *Phase, interférence, laser.* **164.**

Collisionneur : Outil de la physique expérimentale des particules, permettant de réaliser des collisions de faisceaux de particules. *Accélérateur, système du centre de masse.* **77, 124.**

Commutateur : Le commutateur de deux opérateurs A et B est l'opérateur AB-BA. *Abélien, vecteur et valeur propres, base de l'espace de Hilbert, représentation, complémentarité, ensemble complet d'observables qui commutent.* **161.**

Complémentarité : Conception de l'objectivité en théorie quantique. La réalité quantique n'est jamais décrite « en soi », mais comme partie prenante d'ensembles de phénomènes, des représentations. Une même réalité peut être l'objet de deux représentations complètes, contradictoires, s'excluant mutuellement ; ces deux représentations sont dites complémentaires. C'est le cas, par exemple, des représentations corpusculaire et ondulatoire du champ électromagnétique. *Phénomène quantique, commutateur, espace de Hilbert, dualité onde-corpuscule, amplitude de probabilité, relativité.* **32, 67, 134, 142, 148, 161, 162, 168, 334.**

Complexe : (Nombre). Nombre dont le carré n'est pas nécessairement positif. Un nombre complexe est équivalent à un couple de nombres réels (ordinaires), sa partie réelle et sa partie imaginaire, ou bien son module et sa phase. *Partie réelle, partie imaginaire, module, phase.* **117, 176.**

Composite : Contraire d'élémentaire. Le modèle composite est une tentative de dépassement du modèle standard, dans laquelle les leptons et les quarks ne sont pas élémentaires mais composites de préons ou de rishons. *Modèle standard, quarks, leptons, préons, rishons.* **340.**

Configuration : (Espace de). Espace abstrait à N dimensions, dans lequel un système physique dépendant de N degrés de liberté est représenté par un point dont les coordonnées sont les N degrés de liberté. *Espace des phases, degré de liberté.* **104.**

Confinement : Propriété des quarks et des gluons de ne pouvoir être isolés à l'état libre. *Liberté asymptotique, chromodynamique quantique, quark, gluon.* **44, 46, 52, 235, 337.**

Conjugaison de charge : (Opérateur de). Opérateur transformant toute particule en son antiparticule. *Antiparticule, parité, renversement du sens du temps, PCT.* **171, 237-238, 327.**

Connexion : (spin statistique). Théorème fondamental de la théorie quantique des champs selon lequel les fermions sont des particules de spin demi-entier et les bosons des particules de spin nul ou entier. *Statistique, fermion, boson, spin.* **169.**

Conservation : (Loi de). Loi traduisant, pour un système physique isolé, la conservation d'une certaine quantité physique. Le théorème de Noether articule loi de conservation, propriété de relativité et invariance par une symétrie. *Théorème de Noether, relativité, symétrie, invariance, énergie, nombre quantique conservé, jauge.* **68, 81, 95, 97-99, 102, 107, 217, 220, 248.**

Constante : (de couplage). Nombre caractérisant l'intensité du couplage dans une certaine interaction. *Charge, vertex, développement perturbatif.* **175, 240, 303, 329.**

Cooper : (Paires de). Electrons apariés dans un supraconducteur. *Brisure spontanée de symétrie, boson, boson de Higgs, technicolor.* **244, 340.**

Cordes : (Modèle des). Modèle fondé sur la dualité, dans lequel les hadrons sont en forme de corde dont les extrémités sont les quarks. *Dualité, bootstrap, supercordes.* **46, 53, 343.**

Couleur : Symétrie de jauge subhadronique. *Quark, gluon, chromodynamique quantique, charge, statistique, principe d'exclusion.* **50, 51, 58, 63, 229, 234, 288.**

Courant : En électrodynamique quantique, le courant élémentaire est formé par une particule chargée et ce qu'elle devient par émission d'un photon. Ce concept peut être généralisé à l'interaction faible. Il y a des courants faibles chargés et neutres. *Charge, loi de conservation.* **59, 60, 239.**

Covariance : Façon dont se transforme une observable ou un état sous l'effet d'un changement de référentiel. *Invariance, référentiel, observable, état, covariance de Lorentz, scalaire, vecteur, quadrivecteur.* **102, 106, 113, 162.**

Création : (Opérateur de). Opérateur faisant passer de l'espace de Hilbert à n particules à celui à n+1 particules. *Annihilation, espace de Fock, espace de Hilbert.* **167, 257.**

Critique : Relatif à une transition de phase. *Transition de phase, renormalisation.* **76, 77, 190, 243, 296, 298, 337.**

Décuplet : Famille de dix particules. *Symétrie unitaire, quark.* **45, 230.**

Degré de liberté : Paramètre permettant de définir la position d'un système dans l'espace. *Lagrangien, espace des phases, espace de configuration.* **30, 103, 132.**

Dérivée : La dérivée d'une fonction par rapport à une variable est la limite du rapport de l'accroissement de la fonction à l'accroissement de la variable, lorsque ce dernier tend vers zéro. *Gradient, espace des phases, intégrale.* **92, 93, 130.**

Deutérium : Isotope de l'hydrogène. **36.**

Deuton : Noyau de deutérium, comportant un proton et un neutron. **36.**

Dimensionnel : (Contenu). Proportion dans laquelle interviennent les quantités physiques fondamentales dans la définition d'une quantité physique dérivée. Les lois physiques sont des relations entre quantités physiques de même contenu dimensionnel. **91, 93, 95, 105.**

Dissipatif : Se dit d'un système en interaction avec le reste de l'univers par échange d'énergie. **76, 96.**

Down : La seconde saveur de quark, de charge − 1/3. *Saveur, quark, up, strange, charm, beauty, top, truth.* **44.**

Dualité : Approche de la dynamique des hadrons, tenant compte du « principe de démocratie hadronique » et aboutissant au modèle des cordes. *Cordes, supercordes, bootstrap, principe de démocratie hadronique.* **45, 46, 53, 182.**
(Onde-corpuscule). Equivalence des représentations ondulatoire et corpusculaire des phénomènes quantiques. *Complémentarité, phénomène quantique, champ quantique, indiscernabilité.* **147, 149, 261.**

Durée de vie : Temps moyen nécessaire à la réduction de moitié d'une population de particules instables. **55, 86, 258, 259, 309.**

Dynamique : (Système). Système dépendant du temps. **76.**

Echelle : (Invariance d'). Invariance par changement du pouvoir de résolution des appareils d'observation. Caractéristique d'une structure ponctuelle. *Parton, liberté asymptotique, chromodynamique quantique, renormalisation, groupe de renormalisation.* **48, 52.**

Ecrantée : Se dit d'une interaction atténuée par des compensations entre charges opposées. *Vide, renormalisation, transition virtuelle.* **28.**

Efficace : (Section). Quantité ayant le contenu dimensionnel d'une aire, proportionnelle à la probabilité de transition. *Polarisation, asymétrie, durée de vie.* **54, 86, 321.**

Einstein : (Equations d'). $E = mc^2$ est la plus célèbre. $E = h\nu$ qui relie l'énergie d'un photon à la fréquence de l'onde est tout aussi importante. Enfin les équations de la relativité générale permettent de décrire l'évolution de l'univers. *Relativité, effet photoélectrique, photon, fréquence, masse invariante, énergie, modèle standard, big bang.* **31, 32, 36, 61, 71, 79, 98, 102, 144, 147, 202.**

Electrodynamique quantique : Théorie de l'interaction électromagnétique au niveau élémentaire. Souvent désignée par QED (Quantum Electro Dynamics). *Jauge, photon, développement perturbatif, modèle standard, unification.* **50, 53, 58, 189, 221-226, 245, 358.**

Electrofaible : Relatif à l'unification des interactions électromagnétique et faible. *Interaction fondamentale, unification, interaction nucléaire faible, interaction électromagnétique, bosons intermédiaires.* **61, 65, 73, 240-248, 305, 339.**

Electromagnétique : (Interaction). L'une des quatre interactions fondamentales, responsable de la cohésion de l'atome. **22, 23, 27-30, 32, 36, 37, 60, 125, 144, 166, 167, 207-216.**

Electron : Lepton de charge -1 et de masse invariante 0,5 Mev/c^2. *Lepton, charge, masse invariante.* **17, 18, 22, 23, 28, 32, 36, 38, 40, 48, 56, 58, 122, 144, 145, 147, 194, 221, 251, 277-286, 294, 301.**

Energie : Produit de la force par le déplacement. *Loi de conservation, cinétique, potentiel, lagrangien, hamiltonien, entropie.* **31, 32, 33, 36, 56, 67, 68, 94-98, 121, 122, 123, 127, 129, 144, 145, 254, 333.**

Energie-impulsion : (Quadrivecteur). Quadrivecteur dont la composante de temps est l'énergie et les composantes d'espace celles de l'impulsion. *Quadrivecteur, espace-temps, énergie, impulsion.* **107, 172.**

Ensemble : (complet d'observables qui commutent). Ensemble d'opérateurs dont les vecteurs propres forment une base de l'espace de Hilbert. *Représentation, complémentarité, base, espace de Hilbert, vecteurs et valeurs propres, opérateur.* **162.**

Entropie : Permet de mesurer la « qualité » de l'énergie. Le second principe de la thermodynamique postule que, pour un système isolé, l'entropie ne peut que croître. *Principes de la thermodynamique, énergie.* **97, 333.**

Equipotentielle : Surface normale aux lignes de champ ; le potentiel y est constant. *Champ, potentiel.* **210.**

Espace-temps : (de Minkowski). Continuum à quatre dimensions servant à formuler la théorie de la relativité. *Intervalle, relativité restreinte, covariance de Lorentz, métrique, genre.* **31, 116, 159, 249.**
(de Riemann). Espace-temps de métrique variable, servant à la formu-

lation géométrique de la relativité générale. *Relativité générale, gravitation, jauge.* **31, 342.**

Etat : (Amplitude d'). Amplitude dont le carré du module est la probabilité que le système soit dans l'état considéré. Les amplitudes d'état sont les vecteurs de l'espace de Hilbert. *Amplitude, vecteur, espace de Hilbert, opérateur, observable.* **153, 160, 166.**
(lié). Structure composite stable. L'énergie de liaison est la différence entre la somme des énergies de masse des constituants et l'énergie de masse de la structure. *Résonance, énergie.* **54.**

Ether : Concept utilisé jusqu'au XXe siècle pour rendre compte de la propagation de la lumière. **71, 89, 97, 214.**

Etrangeté : Nombre quantique additif associé à la saveur strange. *Hypercharge, nombre quantique, saveur, strange.* **267, 327.**

Euclidien : Défini positif. *Métrique, genre, intervalle, relativité.* **116.**

Evénement : Point de l'espace-temps de Minkowski, repéré par trois coordonnées spatiales et une date. *Relativité, espace-temps, intervalle, genre, covariance de Lorentz, métrique.* **116, 120, 121.**

Exclusion : (Principe d'). Interdit à deux fermions de se trouver dans le même état. *Statistique, fermion, boson.* **158, 230.**

Faible : (Interaction nucléaire). Interaction fondamentale responsable de la radioactivité naturelle. *Radioactivité, lepton, quark, boson intermédiaire, électrofaible, unification, modèle standard.* **23, 25, 40, 55-61, 235-248, 286.**

Fermi : Unité de longueur valant 10^{-13} cm. **20, 37, 51, 133, 175.**

Fermilab : Complexe expérimental américain de physique des particules. **46, 289.**

Fermion : Particule de matière obéissant à la statistique de Fermi-Dirac. Particule de spin demi-entier. *Boson, statistique, principe d'exclusion, champ de matière.* **24, 33, 34, 40, 56, 57, 58, 63, 71, 125, 157, 158, 167, 169, 173, 179, 244, 342, 345.**

Feynman : (Diagramme de). Graphe permettant de visualiser de manière symbolique le déroulement spatio-temporel des processus élémentaires d'interaction. Les règles de Feynman qui associent à chaque diagramme une amplitude, conduisent au développement perturbatif des amplitudes de transition. *Vertex, propagateur, boucle, particule et* *transition virtuelles.* **34, 39, 47, 51, 59, 60, 173-180, 184, 225, 231, 232, 257, 272, 287, 300.**

Fibre : Espace des degrés de liberté interne des champs quantiques. *Degré de liberté, base.* **219, 341, 345, 358.**

Fluctuation : (quantique). Perturbation affectant le vide quantique au cours d'une transition virtuelle. *Transition virtuelle, vide, renormalisation.* **73, 98, 298, 362.**

Fock : (Espace de). Superposition infinie d'espaces de Hilbert correspondant chacun à un nombre donné de particules. *Vide, espace de Hilbert, nombre d'occupation.* **132, 167, 168, 181, 335.**

Forte : (Interaction nucléaire) : Interaction fondamentale responsable de la cohésion du noyau de l'atome. *Radioactivité, interaction fondamentale, chromodynamique quantique, hadron, quark, gluon, modèle standard.* **23, 25, 29, 35-43, 36, 37, 51, 227, 231, 267, 327.**

Fractal : Objet dont la forme ne peut être définie que par référence à l'échelle d'observation. *Phénomène quantique.* **130-133, 143, 297.**

Fréquence : Caractéristique d'une onde égale au nombre d'oscillations par unité de temps. **33, 127, 277.**

Gaugino : Fermion de spin 1/2, partenaire supersymétrique d'un boson de jauge. Hypothétique. *Jauge, supersymétrie.* **341.**

Générateur : Opérateur associé à une observable conservée dans le cadre d'une invariance par un groupe de symétrie. *Groupe, symétrie, invariance, loi de conservation, théorème de Noether.* **227.**

Génération : Multiplet fondamental de fermions du modèle standard. *Fermion, lepton, quark, unification, anomalie.* **239, 345.**

Genre : Propriété des intervalles d'espace-temps qui peuvent être de genre espace, temps ou lumière. *Intervalle, espace-temps, relativité.* **117, 173, 175, 176.**

Géodésique : Chemin le plus court. *Métrique, euclidien, principe de moindre action, relativité générale.* **204.**

GeV : Giga-électron-volt. Energie communiquée à un électron par un potentiel d'un milliard de volts. **55, 122, 124.**

Globale : (Invariance). Invariance par des transformations de symétrie identiques en tout point de l'espace-temps. *Symétrie, invariance, locale, jauge, loi de conservation, charge, courant.* **206, 248.**

Gluino : Partenaire supersymétrique (de spin 1/2) du gluon. Hypothétique. *Gluon, supersymétrie, gaugino.* **343.**

Gluon : Boson de jauge de la chromodynamique quantique. *Parton, jauge, quark, hadron.* **49, 50, 51, 52, 53, 58, 66, 231, 233, 287-289, 337.**

Gradient : (d'une fonction). Vecteur dont les composantes sont les dérivées de la fonction. *Vecteur, dérivée, potentiel.* **26, 95.**

Gravitation : Interaction fondamentale à laquelle participent toutes les particules. *Relativité générale, portée, graviton, supergravité, gravitino, supercordes.* **23, 25-27, 28, 29, 36, 77, 202, 206, 356.**

Gravitino : Partenaire supersymétrique (de spin 3/2) du graviton. Hypothétique. *Supersymétrie, supergravité, graviton.* **342.**

Graviton : Boson de l'interaction gravitationnelle. **202.**

Groupe : Ensemble d'opérations de symétrie. *Symétrie, invariance, générateur, théorème de Noether.* **77, 118, 188, 190, 227, 305.**

Hadron : Particule participant à toutes les interactions fondamentales. *Interaction nucléaire forte, parton, quark, gluon, chromodynamique quantique, baryon, méson.* **25, 35, 37, 40-43, 45, 49, 50, 52, 55, 57, 58, 171.**

Hadronique : (Principe de démocratie). Principe selon lequel tous les hadrons sont à traiter à égalité du point de vue de l'élémentarité. *Bootstrap, dualité, quark, parton.* **42, 177.**

Hadronisation : Processus de transformation des quarks, antiquarks et gluons en jets de hadrons. *Quark, gluon, jet, hadron, confinement.* **269.**

Hamiltonien : Opérateur associé à l'énergie totale. *Lagrangien, énergie, spectre.* **160, 166.**

Heisenberg : (Inégalités de). Traduisent l'impossibilité, liée à l'existence du quantum d'action, de mesurer simultanément avec des précisions arbitraires des observables incompatibles. Ces inégalités déterminent la durée pendant laquelle des systèmes quantiques peuvent se trouver dans un état virtuel. *Quantum d'action, virtuel, complémentarité.* 129, 224, 258, 296.

Hélicité : Projection du spin sur la ligne de vol. *Parité, neutrino.* **236, 237.**

Hermitique : Relatif à un opérateur dont les valeurs propres sont réelles. *Opérateur, propre, observable.* **160.**

Higgs : (Mécanisme). Mécanisme de brisure spontanée de symétrie invoqué dans la théorie de l'unification électrofaible. **240-244, 338.**
(Boson de). Particule de spin zéro dont l'existence est impliquée par le mécanisme de Higgs. *Brisure spontanée de symétrie, unification électrofaible, modèle standard.* **240-244, 319, 324.**

Hilbert : (Espace de). Espace vectoriel de dimension infinie. Espace de représentation de l'objectivité quantique. *Vecteur, opérateur, base, ensemble complet d'observables qui commutent, représentation, complémentarité, espace de Fock.* **132, 159-162, 168, 334.**

Hubble : (Constante de). Coefficient de proportionnalité entre la vitesse d'éloignement de deux galaxies et leur distance. Son inverse est une borne supérieure de l'âge de l'univers. *Big bang.* **312**

Hypercharge : Nombre quantique additif égal à la somme du nombre baryonique et de l'étrangeté. Par analogie, l'hypercharge faible est un nombre quantique additif, conservé dans l'interaction faible associé au groupe U(1). *Etrangeté, nombre quantique, groupe, symétrie unitaire, électrofaible.* **267.**

Hyperon : Baryon d'étrangeté non nulle. *Baryon, hypercharge, étrangeté.* **43.**

Imaginaire : (pur). Nombre complexe dont le carré est réel négatif. Tout nombre complexe est la somme d'un nombre réel (sa partie réelle) et d'un nombre imaginaire pur (sa partie imaginaire). *Nombre complexe, module, phase.* **117, 176.**

Impulsion : Produit de la masse par la vitesse. On dit aussi « quantité de mouvement ». *Energie, loi de conservation, énergie-impulsion, vecteur.* **68, 98, 101, 102, 121, 122, 129, 130, 161, 166, 167, 259, 278, 282.**

Indiscernabilité : Ne peut être levée dans un phénomène quantique qu'au prix d'une perturbation détruisant le phénomène. *Interférence, phénomène quantique.* **156, 157-158, 267.**

Inflation : Modification du modèle standard du big bang impliquant une phase d'expansion exponentielle dans l'univers primordial. **325.**

Intégrale : Opération inverse de la dérivée.
(d'action). Intégrale du lagrangien sur le temps. Selon le principe de

moindre action, l'intégrale d'action est minimale sur la trajectoire suivie par le portrait du système. *Action, principe de moindre action, trajectoire, portrait, lagrangien.* **62, 92, 93, 105, 121, 188.**

Interaction : (fondamentale). L'une des quatre interactions, gravitationnelle, électromagnétique, nucléaire forte ou nucléaire faible, auxquelles participent les particules élémentaires. *Modèle standard, unification, boson, jauge.* **22, 23, 24, 27, 33, 40, 63, 113.**

Interférence : Effet oscillant lié à la combinaison d'amplitudes additives complexes. *Amplitude, nombre complexe, phase.* **146, 154, 155.**

Intermédiaires : (Bosons). Les particules W^+ W^- et Z^0 qui véhiculent l'interaction faible. *Boson, interaction nucléaire faible, électrofaible.* **58, 64, 71, 240-248, 289-293, 320.**

Interne : (Degré de liberté). Paramètre définissant une propriété intrinsèque d'une particule élémentaire. **219, 342.**
(Symétrie). Opération agissant sur les degrés de liberté interne. *Fibre, champ quantique, degré de liberté, symétrie, jauge.* **38, 220.**

Intervalle : (d'espace-temps). Distance non euclidienne entre deux points de l'espace-temps de Minkowski. *Métrique, espace-temps, euclidien, genre.* **116, 120, 121.**

Invariance : Absence de changement sous l'effet d'une certaine transformation. Un système physique satisfait une propriété de symétrie, s'il est invariant sous l'effet des opérations de cette symétrie. *Invariance globale, invariance locale ou de jauge, covariance, symétrie.* **31, 81, 101, 113, 210, 223, 236, 249.**

Ion : Atome épluché de certains de ses électrons. **36.**

Isospin : Opération de symétrie (caractéristique de l'interaction nucléaire forte), transformant un proton en neutron. Par analogie, l'isospin faible est l'opération transformant un lepton chargé en son neutrino. *Symétrie interne, hadron, interactions nucléaires forte et faible.* **38, 39, 43, 227, 267.**

Isotopes : Atomes dont les noyaux diffèrent par le nombre de neutrons. **36.**

Jauge : (Invariance de). Invariance par des opérations de symétrie dépendant du point d'espace-temps où elles sont appliquées. Concepts reliés : théorie de jauge, boson de jauge, champ de jauge. *Invariance* *locale, invariance globale, géométrie, torsion, relativité générale.* **49, 50, 61, 216-219, 224, 228, 232, 235, 241, 301, 303, 335, 339, 356.**

Jet : Gerbe de hadrons résultant de l'hadronisation d'un quark, d'un antiquark ou d'un gluon. *Parton, hadronisation, confinement.* **269-273.**

Lagrangien : En mécanique classique, le lagrangien est la différence entre l'énergie cinétique et l'énergie potentielle. En théorie quantique et relativiste, le lagrangien contient toute l'information disponible sur une dynamique donnée, sur ses propriétés de symétrie, sur la propagation et le couplage des champs qui y participent. *Action, intégrale d'action, principe de moindre action, symétrie, champ.* **103-110, 111, 121, 133, 224, 228, 239, 240.**

Laser : Rayonnement cohérent. L'effet laser est un effet purement quantique résultant de la statistique de Bose-Einstein des photons. *Statistique, boson, cohérent, photon.* **34, 158, 164, 253.**

LEP : Collisionneur électron-positron qui entrera en fonction au CERN à la fin des années quatre-vingt. **54, 77.**

Lepton : Particule de matière (fermion) ne participant pas à l'interaction nucléaire forte. *Fermion, interactions nucléaires forte et faible, hadron, photon, neutrino, électron, tauon, muon.* **17, 18, 19, 23, 24, 39, 40, 66, 239, 302, 308.**

Leptoquark : Boson de jauge de la grande unification. *Jauge, unification.* **306, 308, 360.**

Linéaire : (Combinaison). Opération sur des vecteurs, consistant à les multiplier par des nombres réels ou complexes et à les ajouter. *Vecteur, espace de Hilbert, angle de mélange.* **239.**

Locale : (Invariance). Voir invariance de jauge. **216, 219, 249, 339.**

Lorentz : (Covariance de). Covariance dans l'espace-temps de Minkowski. *Covariance, invariance, groupe, métrique, genre.* **114, 117, 118, 119, 121, 125, 203, 206.**

Masse : (invariante). Invariant relativiste égal à la racine carrée du carré de Lorentz du quadrivecteur énergie-impulsion. Lorsqu'elle est différente de zéro, la masse invariante d'une particule est égale à sa masse dans un référentiel où elle est au repos. *Relativité, covariance de Lorentz, référentiel.* **37, 56, 62, 76, 122, 123, 174, 231, 254.**

Matérialisation : Transformation d'un boson virtuel en une paire fermion-antifermion. *Annihilation, boson, fermion, antiparticule, vide.* **171, 172, 178.**

Matière : (Champ de). Champ quantique de fermions. *Fermion, boson, champ quantique.* **34, 167, 269, 326, 361.**

Matrice : Représentation mathématique d'une opération ou d'un opérateur. **102.**
(S). Matrice de diffusion, composée de toutes les amplitudes de transition. C'est l'opérateur qui fait passer de l'espace de Fock des champs asymptotiques entrants à celui des champs asymptotiques sortants. *Espace de Fock, champ asymptotique, bootstrap, hadron, principe de démocratie hadronique.* **180-184.**

Maxwell : (Equations de). Equations décrivant le mouvement de charges électriques interagissant avec un champ électromagnétique. Ces équations représentent l'approximation classique de la théorie de l'interaction électromagnétique. *Electromagnétique, champ, charge, modèle standard.* **30, 31, 32, 70, 109, 113, 114, 125, 214, 355.**

Mer : (de Fermi). Paires quark-antiquark décelables dans les hadrons à haute résolution. *Vide, antiparticule, matérialisation, annihilation, parton, valence.* **49.**

Méson : Hadron bosonique. *Boson, hadron, baryon, pion.* **38, 39, 42, 43, 124, 171, 175.**

Métrique : Expression de la distance entre deux points d'un espace vectoriel. *Euclidien, genre, espace-temps de Minkowski, de Riemann, jauge.* **115, 116, 205.**

Mev : Méga-électron-volt. Energie communiquée à un électron par un potentiel d'un million de volts. **123.**

Module : Norme ou valeur absolue d'un nombre complexe. Le module au carré d'un nombre complexe est égal à la somme des carrés de sa partie réelle et de sa partie imaginaire. *Nombre complexe, partie réelle, partie imaginaire, phase, amplitude.* **118, 147, 153.**

Molécule : Brique fondamentale de la matière macroscopique. Edifice chimiquement stable d'atomes. **16, 18, 28, 67.**

Monochromatique : Relatif à un faisceau de longueur d'onde (ou d'impulsion) bien définie. **146, 274.**

Monte Carlo : (Algorythme de). Méthode numérique permettant d'effectuer des intégrations sur un grand nombre de variables. *Réseau.* **338.**

Muon : (ou lepton μ). Lepton de spin 1/2 et de masse invariante 107 Mev/c². *Lepton, électron, tauon, neutrino.* **39, 57, 58, 264.**

Neutrino : Lepton neutre ne participant qu'à l'interaction faible. *Lepton, hélicité, masse invariante.* **24, 56, 57, 58, 76, 171, 238, 261-265, 286, 310, 326.**

Neutron : Baryon neutre de spin 1/2 et de masse 939 Mev/c². Forme avec le proton le doublet d'isospin appelé nucléon. *Proton, nucléon, isospin, baryon.* **17, 35, 36, 39, 43, 56, 267, 321.**

Noether : (Théorème de). Théorème fondamental qui, dans la formulation lagrangienne, articule propriété de relativité, invariance par une symétrie et loi de conservation. *Lagrangien, intégrale d'action, relativité, symétrie, invariance, loi de conservation.* **107, 219, 223, 227, 333.**

Noir : (Corps). Corps totalement absorbant. **127, 313.**

(Trou). Corps dont la densité est si élevée que son champ de gravitation satellise la lumière. *Relativité générale, big bang, catastrophe de Planck.* **207, 295.**

Nombre : (Quantique conservé). Valeur propre d'un opérateur associé à une observable quantique conservée. *Charge, spin, étrangeté, hypercharge, masse invariante.* **171, 220, 224.**

(d'occupation). Caractérise les états dans l'espace de Fock. Pour des bosons, le nombre d'occupation est un entier positif ou nul, pour des fermions il vaut 0 ou 1. *Boson, fermion, espace de Fock.* **168.**

Noyau : Charge positive de l'atome, le noyau est composé de protons et neutrons liés par l'interaction forte. *Atome, électron.* **16, 17, 22, 28, 32, 35, 37, 38, 227, 253, 284.**

Nucléon : Désigne le doublet d'isospin proton-neutron. *Proton, neutron, baryon.* **17, 18, 22, 25, 35, 314.**

Opérateur : Transforme un vecteur de l'espace de Hilbert en un autre vecteur. *Vecteur, observable, espace de Hilbert, vecteur et valeur propres, linéaire.* **159, 165.**

Opératoriel : Relatif à un opérateur. **184.**

Orbital : (Moment cinétique). Moment cinétique relatif dépendant de la trajectoire. *Moment cinétique, spin.* **100.**

Orthochrone : Qui conserve le sens du temps. **121.**

Parité : Opération qui consiste à changer de signe les coordonnées d'espace. *Hélicité, neutrino, interaction nucléaire faible, théorème PCT.* **100, 172, 220, 236, 237-238, 245, 327.**

Parton : Constituant ponctuel d'une structure sondée au microscope électronique. *Quark, gluon, invariance d'échelle, chromodynamique quantique, liberté asymptotique.* **48, 52, 280-286.**

PCT : (Théorème). Théorème en théorie quantique relativiste des champs, selon lequel toute dynamique est invariante sous l'effet du produit de la parité, de la conjugaison de charge, et du renversement du sens du temps. *Parité, conjugaison de charge, renversement du sens du temps.* **172, 238.**

Perturbatif : (Développement). Développement des amplitudes de transition en séries de puissances de la constante de couplage, au moyen des diagrammes et amplitudes de Feynman. Lorsque la constante de couplage est petite, on obtient une bonne approximation en se limitant aux premiers termes du développement perturbatif. *Diagramme de Feynman, lagrangien, renormalisation.* **185.**

PETRA : Complexe expérimental ouest-allemand. **269, 288.**

Phase : Argument d'un nombre complexe. Lorsqu'on divise un nombre complexe par son module, la partie réelle du nombre obtenu est le cosinus de la phase, et la partie imaginaire le sinus. En électrodynamique quantique, le théorème de Noether relie la conservation de la charge à la relativité de la phase du champ de matière. *Nombre complexe, module, parties réelle et imaginaire, électrodynamique quantique, charge, relativité, théorème de Noether.* **118, 147, 165, 221, 301.**

Phases : (Espace des). Espace abstrait à 2N dimensions, dans lequel un système physique dépendant de N degrés de liberté est représenté par un point dont les coordonnées sont les N degrés de liberté et leurs dérivées par rapport au temps. **104, 146.**

Phénomène : (quantique). Réalité physique placée dans des conditions bien définies d'observation. *Complémentarité, quantum d'action, espace de Hilbert.* **126, 134, 141-142, 146, 148, 150-153, 154, 156.**

Photino : Partenaire supersymétrique (de spin 1/2) du photon. Hypothétique. *Supersymétrie, photon, gaugino.* **343.**

Photo-électrique : (Effet). Arrachement d'électrons par un rayonnement lumineux. **32, 144.**

Photon : Boson de jauge de l'électrodynamique quantique. *Jauge, électrodynamique, boson.* **23, 32, 33, 34, 40, 50, 53, 89, 145, 147, 166, 167, 225, 240, 269, 287, 294, 314.**

Pion : (ou méson π). Triplet d'isospin π^+ π^- π^0, de masse 140 Mev/c². *Méson, boson, hadron.* **39, 40, 43, 46, 124, 175, 267.**

Planck : (Constante de). Voir quantum d'action. **33, 127, 128, 192, 313, 344.**
(Catastrophe de). Valeur limite des échelles de longueur, de masse et durée pour lesquelles les relations impliquées par l'existence des constantes universelles h, c, et G peuvent être satisfaites. A ces échelles les effets quantiques doivent être pris en compte pour l'interaction gravitationnelle. *Gravitation, big bang, trou noir, virtuel.* **147, 320, 336, 360.**

Polarisation : Valeur moyenne de la projection du spin sur un axe. **86, 233.**

Portée : Distance au-delà de laquelle une interaction devient négligeable. *Méson, pion, masse invariante, virtuel.* **22, 27, 29, 38, 59, 175, 228, 240.**

Portrait : Point représentant un système physique dans l'espace des phases. *Lagrangien, espaces des phases, intégrale d'action, degré de liberté, trajectoire, principe de moindre action.* **104, 109.**

Positron : (ou positon). Antiparticule de l'électron. *Electron, antiparticule.* **28, 54.**

Positronium : Etat lié électron-positron. *Etat lié, antiparticule, positron, charmonium.* **54.**

Potentiel : Energie dont dérive une force. La force est le gradient du potentiel. *Energie, champ, quadrivecteur, gradient, dérivée.* **26, 29, 95, 96, 109, 225, 252.**

Préon : Hypothétique constituant de quark ou de lepton. (Voir rishon). *Composite, modèle standard, rishon.* **17, 166, 340.**

Principe : (cosmologique). Principe de relativité selon lequel il n'y a rien de particulier à la terre en tant qu'observatoire de l'univers. *Relativité, théorème de Noether, symétrie, covariance.* **79, 311-313, 333.**
(de moindre action). Globalisation des lois de la mécanique classique dans la formulation lagrangienne. *Lagrangien, intégrale d'action, trajectoire, portrait, espace des phases.* **103, 105, 129, 333.**

Propagateur : Ligne dans un diagramme de Feynman. *Diagramme de Feynman, vertex, virtuel.* **35, 173.**

Propre : (Vecteur et valeur). Un vecteur de l'espace de Hilbert est dit vecteur propre d'un opérateur si l'action de cet opérateur sur lui consiste à le multiplier par un nombre appelé valeur propre. *Vecteur, opérateur, espace de Hilbert, commutateur, ensemble complet d'observables qui commutent, complémentarité.* **160.**

Proton : Baryon de spin 1/2, de charge +1, de masse invariante 938 Mev/c² ; forme avec le neutron le doublet d'isospin appelé nucléon. *Neutron, nucléon, isospin.* **17, 22, 35, 36, 39, 43, 49, 56, 122, 124, 171, 227, 267, 285, 290, 301, 307.**

Pulsar : Objet céleste émettant un rayonnement pulsé, interprété comme un astre très dense (étoile à neutrons). **206.**

Quadrivecteur : Vecteur à quatre composantes de l'espace-temps. *Covariance de Lorentz, espace-temps de Minkowski, intervalle, genre, relativité.* **99, 117, 118, 119, 121, 166, 173, 174, 179.**

Quantum : (d'action). Quantité minimum d'action représentant la perturbation qu'introduit inévitablement tout acte de mesure. C'est la signification de la constante de Planck, constante universelle, qui vaut $h=6{,}6\ 10^{-34}$ joule seconde. *Action, dualité onde-corpuscule, complémentarité.* **33, 127, 128, 129, 132, 134, 135, 169, 185.**

Quark : Particule élémentaire de matière (fermion) du modèle standard. Constituant élémentaire de charge fractionnaire des hadrons. Caractérisé par une saveur et une couleur. *Parton, hadron, gluon, modèle standard, saveur, couleur, chromodynamique quantique, électrofaible, courant, dualité, corde.* **17, 18, 25, 43-45, 46, 48, 50, 51, 52, 53, 65, 72, 229, 235, 239, 261, 266, 269, 285, 290, 302, 308, 319, 337, 344.**

Radioactivité : Ensemble des phénomènes liés à l'interaction nucléaire faible (radioactivité naturelle) et à l'interaction nucléaire forte (radioactivité artificielle). **35, 37, 238, 245, 262.**

Réduction : (des virtualités). Conséquence irréversible de l'interaction entre un appareil de mesure macroscopique et un système physique quantique. On dit aussi « réduction du paquet d'ondes ». *Inégalités de Bell, amplitude, amplitude d'état.* **195.**

Référentiel : Système de coordonnées comportant une origine et des axes permettant de repérer un point dans l'espace. *Système du centre de masse, covariance, covariance de Lorentz, relativité, vecteur, quadrivecteur.* **101, 116, 117, 119, 204, 212.**

Relativité : (Propriété de). Impossibilité de déterminer de manière absolue une certaine entité. *Théorème de Noether, symétrie, invariance, covariance, loi de conservation, principe cosmologique.* **98, 107.**
(restreinte). Théorie généralisant la mécanique classique qui tient compte de l'invariance de la vitesse de la lumière. *Covariance de Lorentz, espace temps de Minkowski, intervalle, genre, quadrivecteur, quadrivecteur énergie-impulsion.* **30, 32, 102, 106, 115-125, 140, 164, 192, 203, 254.**
(générale). Extension de la théorie de la relativité restreinte qui tient compte de l'interaction gravitationnelle. *Espace-temps de Riemann, métrique, géodésique, jauge.* **115, 164, 202, 205, 356.**

Renormalisabilité : Propriété des théories renormalisables, c'est-à-dire qui dépendent d'un nombre fini de paramètres physiques à déterminer expérimentalement. **62, 188, 303**

Renormalisation : Procédure permettant de gérer les infinis qui interviennent en théorie quantique des champs en interaction. **62, 98, 180, 187-190, 232, 233, 240, 295, 297.**

Renversement : (du sens du temps). Opération de symétrie consistant à changer le signe de la coordonnée temporelle des événements. *Parité, conjugaison de charge, théorème PCT, événement, orthochrone.* **172, 220, 237.**

Réseau : (Quantification sur). Modèle permettant d'étudier la chromodynamique quantique à grande distance. **78, 337.**

Résonance : Particule de très courte durée de vie. **40, 177, 260.**

Rishon : Hypothétique constituant de quark ou de lepton. (Voir préon). **17, 18, 340.**

Saveur : Caractéristique (nombre quantique additif) de quark. *Quark, up, down, strange, charm, beauty, truth, top, génération, anomalies, électrofaible, modèle standard.* **43, 51, 58, 62, 229, 345.**

Scalaire : Invariant. *Symétrie, invariance, vecteur, lagrangien, théorème de Noether, relativité, loi de conservation.* **94, 101, 121, 159, 169, 230, 244.**

Scintillateur : Détecteur. **72, 258.**

SLAC : Complexe expérimental américain (électrons). **46.**

Slepton : Partenaire supersymétrique (de spin 0) de lepton. Hypothétique. *Supersymétrie, lepton.* **341.**

Sonde : L'électron ne participant pas à l'interaction forte, sonde les propriétés électromagnétiques des hadrons. *Electron, lepton, parton, quark, gluon, hadron.* **48.**

Soustraction : Etape de la procédure de renormalisation, consistant à soustraire à une amplitude régularisée sa valeur pour certaines valeurs de ses arguments (point de soustraction). *Amplitude, renormalisation, groupe de renormalisation.* **187.**

Spectateur : Particule ne participant pas à un certain processus. *Parton, quark, sonde.* **58.**

Spectre : Ensemble des valeurs propres. *Propre, atome, nombre quantique conservé, état lié, résonance, spectroscopie.* **33, 56, 160.**

Spectroscopie : Identification de particules par leurs nombres quantiques conservés. *Spectre, hadron, principe de démocratie hadronique.* **42, 46.**

Spin : Moment cinétique intrinsèque. *Moment cinétique, orbital, connexion spin-statistique.* **100, 169, 194, 230, 236, 243, 266, 300.**

Spinoriel : (Champ). Champ à deux composantes dont les quanta sont des particules de spin 1/2. *Champ quantique, champ de matière, fermion, spin.* **169.**

Squark : Partenaire supersymétrique (de spin 0) de quark. Hypothétique. *Supersymétrie, quark.* **341.**

Standard : (Modèle). Ensemble des théories qui, dans un avenir proche, ne seront que confirmées ou dépassées mais pas invalidées. *Quark, chromodynamique quantique, électrofaible, big bang.* **72, 76, 77, 221, 340, 343, 355.**

Statistique : Comportement des amplitudes de probabilité par permutation de particules identiques. *Connexion spin-statistique, fermion, boson.* **24, 34, 157, 167, 249.**

Strange : La troisième saveur de quark, de charge − 1/3. *Saveur, quark, up, down, charm, beauty, truth, top.* **44.**

Subhadronique : Relatif à la structure sous-jacente aux hadrons. *Hadron, parton, quark, gluon, chromodynamique quantique.* **43, 48, 49, 229, 235.**

Supercordes : Cordes supersymétriques. *Corde, supersymétrie, anomalie, génération, gravitation, catastrophe de Planck.* **343, 346.**

Supergravité : Supersymétrie locale. *Gravitation, invariance locale, jauge, supersymétrie.* **342.**

Supersymétrie : Opération transformant un fermion en un boson et vice versa. *Symétrie, fermion, boson, gaugino, gluino, photino, slepton, squark, supercorde, unification.* **341-343, 345.**

Symétrie : Opération laissant invariant un système physique. La symétrie est le fondement du principe unificateur de la physique. En théorie classique, la symétrie ne concerne que l'espace ordinaire à trois dimensions. On la généralise aux symétries d'espace-temps, aux symétries discrètes, à la symétrie par permutation de particules identiques, et enfin aux symétries internes qui agissent sur la fibre, l'espace des degrés de liberté interne des champs quantiques. *Invariance, relativité, loi de conservation, théorème de Noether, jauge, unification, interne.* **31, 38, 43, 58, 61, 81, 85, 106, 107, 158, 185, 187, 229, 242, 339.**

Tauon : (ou lepton τ). Lepton chargé de spin 1/2 et de masse 1784 Mev/c^2. *Lepton, électron, muon, neutrino.* **18, 57, 265.**

Technicolor : Modèle alternatif au modèle minimal de grande unification. *Mécanisme et boson de Higgs, paire de Cooper, brisure spontanée de symétrie.* **340.**

Tensoriel : (Champ). Champ quantique à cinq composantes, dont les quanta sont des particules de spin 2. *Graviton, covariance.* **169, 300.**

Thermodynamique : Théorie statistique des propriétés thermiques des systèmes à grand nombre de particules. **76.**
(Principes de la). Principes de conservation de l'énergie et d'augmentation de l'entropie. *Energie, entropie.* **97, 333.**

Top : (Ou truth). La sixième saveur (non encore observée) de quark, de charge 2/3. *Saveur, quark, up, down, strange, charm, beauty.* **229.**

Torsion : Modification locale de la géométrie. *Jauge, invariance locale, unification, modèle standard.* **249.**

Trajectoire : Ligne parcourue au cours du temps par le portrait d'un système dans l'espace des phases. *Portrait, lagrangien, principe de moindre action, fractal.* **104, 109, 130, 133, 183, 216.**

Transition : (de phase). Coexistence sous certaines conditions de pression et de température de phases différentes d'un même système physique. *Critique, groupe de renormalisation, confinement, brisure spontanée de symétrie, inflation.* **76, 78, 179, 190, 233, 243, 319, 324, 326, 336, 338, 342.**
(virtuelle). Processus quantique représenté par un diagramme de Feynman comportant une boucle. *Diagramme de Feynman, boucle, renormalisation, matrice S.* **179, 185, 296.**
(Amplitude de). Amplitude de probabilité quantique dont le module au carré est une probabilité de transition. *Amplitude, amplitude d'état, espace de Hilbert.* **153, 160, 176, 183.**

Translation : (d'espace ou de temps). Invariance liée par le théorème de Noether à l'inobservabilité d'une origine absolue (de l'espace ou du temps) et à la loi de conservation (de l'impulsion ou de l'énergie). *Symétrie, invariance, rotation, théorème de Noether.* **106, 113.**

Truth : Voir top. **229.**

Unification : Traitement au sein d'une même théorie de plusieurs interactions fondamentales. Modèle standard, électrofaible, interaction fondamentale. **25, 55, 61, 65, 76, 197, 240, 299-310, 331-340, 345, 355.**

Unitaire : (Symétrie). Voir symétrie interne.

Up : La première saveur de quark, de charge 2/3. *Saveur, quark, down, strange, charm, beauty, truth, top.* **44.**

Valence : (Quarks de). Quarks qui confèrent au hadron ses nombres quantiques. *Quark, parton, mer, hadron, nombre quantique conservé.* **49.**

Variables cachées : Tentative de description classique des effets quantiques. La mise en évidence d'une violation des inégalités de Bell a définitivement invalidé cette théorie. *Inégalités de Bell, complémentarité, phénomène quantique.* **193.**

Variationnel : Relatif à la recherche d'un extremum. *Lagrangien, principe de moindre action, trajectoire, géodésique.* **104, 105.**

Vecteur : Elément d'un espace vectoriel, défini par ses propriétés de covariance par changement de référentiel. *Covariance, référentiel, scalaire, quadrivecteur, amplitude d'état, opérateur, observable, base de l'espace de Hilbert.* **92, 93, 94, 99, 100, 159.**

Vectoriel : (Champ). Champ quantique à trois composantes dont les quanta sont des particules de spin 1. *Champ quantique, spin, scalaire, spinoriel, tensoriel.* **169, 208, 242.**

Vertex : Point de rencontre de propagateurs dans un diagramme de Feynman. *Diagramme de Feynman, propagateur, constante de couplage.* **35, 173.**

Vide : Etat d'énergie minimum. *Antiparticule, mer, espace de Fock, création, annihilation.* **73, 170, 232, 243, 334.**

Virtuel : Etat anormal dans lequel peuvent se trouver des particules quantiques pendant des durées limitées par les inégalités de Heisenberg. Dans un diagramme de Feynman, sont virtuelles les particules dont les propagateurs joignent deux vertex ; on dit qu'il y a une transition virtuelle si le diagramme comporte au moins une boucle. *Transition virtuelle, diagramme de Feynman, renormalisation, matrice S.* **33, 34, 174, 175, 176, 179, 182, 225, 296.**

Table des encadrés et des illustrations

Encadrés :

L'interaction gravitationnelle 26
Loi de Coulomb 29
Interaction nucléaire forte. Décroissance exponentielle 38
La découverte de Ω 45
Dérivée, intégrale et vecteur vitesse 93
Produit scalaire 94
Energie potentielle. Gradient spatial 95
Mouvement cinétique 100
Nombres complexes 118
Quadri-vecteur 119
Dualité onde-corpuscule 149
Les amplitudes de probabilité 156
Inégalité phase/nombre de particules 165
Equation de Schrodinger 166
Bootstrap 182
La procédure de renormalisation 187
Loi de Coulomb d'échange de photon virtuel 225
Analogie entre QED et la trajectoire d'un ballon tournant sur lui-même 226
La violation de la parité 237
Les bosons intermédiaires 247

Tableaux :

Particules et interactions 24

Particules élémentaires et interactions fondamentales des années quatre-vingt 63
Le théorème de Noether 107
Le théorème de Noether en théorie quantique relativiste ... 222
Les trois quantifications 332

Schémas et illustrations :

Diagramme de Feynman : échange d'un photon virtuel 35
Le boson de Yukawa 39
Un extrait de la famille des baryons 41
La règle d'Okubo, Zweig, Isuka 47
Interaction élémentaire en QCD 51
Section efficace e^+e^- 54
Désintégration β 59
Couplages W, Z 60
Des formes et des couleurs (illustration dans cahier) ....
Espace-temps à (1, 2) dimensions 120
Les trajectoires fractales 131
Photographie d'une chambre à bulles (ill. dans cahier) .....
Expérience de Young 148
Expérience de Young modifiée 155
Indiscernabilité de particules identiques 158
Echange d'un boson virtuel 174
Formation d'un boson virtuel 176
Comportement résonnant d'une probabilité de transition .. 177
Transition virtuelle 179
Diagrammes d'ordre le plus bas dans la diffusion de deux particules 186
Courbure de la lumière dans un champ de gravitation 205
Champ électrique créé par une charge ponctuelle 209
Champ électrique créé par un dipole 211
Charge en mouvement 213
Champ électrique créé par une charge accélérée soudainement 215
Mouvement d'une balle lancée avec effet 218
Expérience d'Aharonov-Bohm 223

Règles de Feynman de la chromodynamique quantique 232
Polarisation du vide dans QED 233
Polarisation du vide dans QCD 234
Lignes de champ de couleur d'un dipole quark-antiquark .. 236
Egalité des constantes de couplage faible et électromagnétique 241
Une symétrie spontanément brisée 242
Les courants faibles 246
Production de particules (ill. dans cahier) ....
Du laboratoire au centre de masse 256
Des résonances typiques 260
Détecteur de neutrinos au CERN (ill. dans cahier) ....
Classification SU(3) des particules 268
Production de Ω 270
Production de deux jets dans les interactions e^+e^- 271
Diagramme de Feynman des collisions e^+e^- à deux jets 272
Production de deux jets dans les collisions p $\bar{p}$ à haute énergie 273
Diffusion d'un électron sur une cible 279
Le repère du « mur de brique » 281
Les collisions électron-carbone 283
Diagramme de Feynman des collisions e^+e^- à trois jets 287
Production de trois jets dans les interactions e^+e^- 288
Configuration des accélérateurs pour la découverte des bosons intermédiaires 291
Représentation schématique d'une collision p $\bar{p}$ conduisant à la production d'un boson intermédiaire 292
Un des deux appareillages ayant permis la découverte des bosons intermédiaires (ill. dans cahier) ....
L'électron, une particule élémentaire 296
Vers l'unification 304
Diagramme de couplage du Z^0 au γ 307
Un diagramme de désintégration d'un proton 308
Expérience de recherche dans la désintégration éventuelle d'un proton (ill. dans cahier) ....

Production du Ω ... 270

Vers l'unification ... 300
Diagramme de couplage du Z au γ ... 307

Table des matières

AVANT-PROPOS 9

PREMIÈRE PARTIE : LES ENJEUX D'UNE DISCIPLINE . 13

Chapitre I - L'ÉTAT DES LIEUX : DE L'EMBOITEMENT DES STRUCTURES A L'UNIFICATION DES FORCES 15

Où le lecteur prendra une vue panoramique et descriptive de la physique des particules élémentaires. L'hypothèse réductionniste, qui s'adapte à la donnée universelle de l'emboîtement des structures, tend à exiger de la physique des particules qu'elle jette les fondements de tout l'édifice scientifique. Pourtant, au travers des mutations qu'elle connaît actuellement, notre discipline participe au mouvement général de dépassement du réductionnisme. Confortée par des succès récents, son ambition est désormais l'unification de toutes les interactions fondamentales.

L'élémentarité, un concept relatif 16

Une donnée fondamentale de l'univers : l'emboîtement des structures, 16 - *L'hypothèse réductionniste,* 20 - *Élémentarité et interactions fondamentales,* 22 - *Des classifications croisées,* 23.

De l'amas de galaxies aux quarks 25

Les interactions de grande portée, 25 - *Relativité et quanta,* 31 - *Le monde des hadrons,* 35 - *Des hadrons aux quarks,* 43.

La physique des particules en mutation 49

La chromodynamique quantique : l'interaction des quarks et des gluons, 49 - *L'interaction nucléaire faible*, 55 - *Les bosons intermédiaires*, 57 - *L'unification électrofaible*, 61 - *La découverte des bosons intermédiaires*, 64.

Chapitre II - LES CONCEPTS AU BANC D'ESSAI 65

L'objet réel de la physique des particules est de confronter l'appareil conceptuel de la physique à des conditions extrêmes et idéales de fonctionnement. Cette discipline doit donc être située par rapport aux deux autres branches de la physique de frontière, la cosmologie et la physique statistique. Les interactions pluridisciplinaires qui tendent à se développer traduisent l'évolution de la conception de l'espace, de la matière et du temps, et de leurs rapports.

Faire partager les acquis 66
Les difficultés, 66 - *Les lois physiques*, 68.

Le statut de la physique des particules élémentaires 70
Le devenir des concepts, 70 - « ... *Sur la vérité physique*... 71 - ... *j'écris ton nom* », 72.

L'unité de la physique 74
Réduction et déduction, 74 - *La tendance à l'unification*, 76 - *L'espace, le temps et la matière*, 78 - *La matière-espace-temps*, 80.

DEUXIÈME PARTIE : LA PROBLÉMATIQUE 83

Chapitre III - CE QUE DIT LA PHYSIQUE CLASSIQUE 85

Où le lecteur redécouvrira les concepts essentiels de la physique théorique classique, et particulièrement ceux qui conservent une pertinence dans la physique contemporaine. Ainsi est analysée en détail la formulation lagrangienne de la mécanique rationnelle qui permet d'articuler relativité, invariance et lois de conservation : les propriétés de *symétrie* jouent un rôle décisif.

L'espace, la matière et le temps en physique classique 88
Entités fondamentales, 88 - *Les grandeurs physiques fondamentales*, 89 - *Quantités dérivées. Contenu dimensionnel*, 91 -

Quantités dérivées complexes, 92 - *L'énergie, le concept central de la physique classique,* 94 - *Conservation de l'énergie et élémentarité,* 97.

La covariance galiléenne 98
L'impulsion ou quantité de mouvement, 98 - *Le moment cinétique,* 99 - *Covariance et relativité,* 101.

La formulation lagrangienne 103
Degrés de liberté, espace de phase et trajectoires, 103 - *L'intégrale d'action et le principe de moindre action,* 105 - *Les propriétés de symétrie,* 106 - *Généralisation de la formulation lagrangienne,* 108.

Chapitre IV - LES CONTRADICTIONS DE L'ÉLÉMENTARITÉ 111

Lorsque l'on veut étendre le formalisme classique à la description de phénomènes microscopiques, on bute sur des problèmes dont la solution implique des remises en cause. La physique classique ne peut s'accommoder de l'absence d'interaction instantanée à distance, ni de la perturbation inévitable de l'objet microscopique par un appareil de mesure macroscopique. Une première modification du cadre théorique est donc nécessaire : ce sera la relativité restreinte.

Absence d'interaction instantanée à distance 113
La covariance des équations de Maxwell, 113 - *L'invariance de la vitesse de la lumière,* 114 - *Signification physique,* 114.

La théorie de la relativité 115
Intervalles d'espace-temps, 115 - *Covariance de Lorentz,* 117 - *Le quadrivecteur énergie-impulsion,* 121 - *Cinématique relativiste,* 123 - *La théorie relativiste du champ électromagnétique,* 124.

La perturbation introduite par la mesure 125
Le problème central de la physique de l'élémentarité, 125 - *Le quantum d'action,* 127 - *La physique classique comme une approximation,* 128 - *Les observables incompatibles : les inégalités de Heisenberg,* 129 - *Les trajectoires fractales,* 130 - *Différences d'échelles entre objet et appareil de mesure,* 133.

TROISIÈME PARTIE : PENSER CONCRÈTEMENT L'ÉLÉMENTARITÉ 137

Chapitre V - LA COMPLÉMENTARITÉ 139

Où le lecteur sera initié aux principes de la résolution des contradictions de l'élémentarité. L'idée de la complémentarité est au cœur de la théorie quantique qui permet de résoudre les problèmes liés à l'existence du quantum d'action. Cette théorie représente un vaste remaniement concernant le statut même des concepts physiques, la conception des phénomènes, la dualité onde-corpuscule, la dimension statistique intrinsèque de la théorie quantique, la conception de l'espace et même de l'objectivité.

Un nouveau statut des concepts physiques 139
S'inclure dans la connaissance scientifique, 139 - *Les phénomènes élémentaires,* 141 - *Ce que la théorie quantique dit et ce qu'elle ne dit pas,* 142 - *De l'analogie à la synthèse méthodologique,* 143.

La dualité onde-corpuscule 144
L'effet photo-électrique, 144 - *Interférences quantiques,* 146.

Le recours à la statistique 149
La correspondance statistique, 149 - *Les amplitudes de probabilité,* 153.

L'espace de Hilbert 159
États et vecteurs, observables et opérateurs, 159 - *Complémentarité et relations de commutation,* 161.

Chapitre VI - RELATIVITÉ QUANTIQUE 163

Des difficultés supplémentaires surgissent lorsque l'on tient compte simultanément de l'absence d'interaction instantanée à distance et du quantum d'action. Ce sont les concepts nouveaux rassemblés dans le formalisme de la seconde quantification qui apportent les réponses à ces difficultés : espace de Fock, antiparticules, diagrammes de Feynman, particules et transitions virtuelles. Le lecteur découvrira la théorie de la renormalisation qui a permis d'élaborer un critère opératoire d'élémentarité, ouvrant la voie à l'unification des interactions fondamentales.

La seconde quantification 164
Les difficultés de la relativité quantique, 164 - *L'espace de Fock,* 166 - *Le spin,* 168 - *Le vide. Particules et antiparticules,* 170.

Particules et transitions virtuelles 173
Diagrammes et amplitudes de Feynman, 173 - *Particules virtuelles du genre temps,* 175 - *Les « mini big bangs »,* 178 - *Transitions virtuelles,* 178.

La théorie de la renormalisation 180
Les phénomènes de relativité quantique : la matrice S., 180 - *La somme sur toutes les trajectoires,* 183 - *La série perturbative,* 184 - *Le critère de renormalisabilité,* 187 - *Le groupe de renormalisation,* 190.

Chapitre VII - QUELQUES IMPLICATIONS GNOSÉOLOGIQUES DE LA THÉORIE QUANTIQUE RELATIVISTE 191
Les rapports sujet/objet, 193 - *La flèche du temps,* 196.

QUATRIÈME PARTIE : TENDANCES ACTUELLES ET PERSPECTIVES 199

Chapitre VIII - QU'EST-CE QU'UNE FORCE ? 201

L'interprétation géométrique de la théorie de la relativité générale appliquée par Einstein à la gravitation universelle peut être étendue à toutes les interactions fondamentales. Cette extension suppose un élargissement de la conception de l'espace, à l'aide du concept d'espace fibré. En théorie quantique, les symétries internes agissent sur la fibre, espace des degrés de liberté interne des champs quantiques. Toutes les interactions fondamentales résultent d'un principe d'invariance de jauge, invariance de la dynamique par des opérations de symétrie interne dépendant du point d'espace-temps où elles sont appliquées. Les forces peuvent être décrites grâce à la géométrie de la matière-espace-temps.

Les forces en théorie classique 202
La théorie d'Einstein de la gravitation, 202 - *L'électromagnétisme,* 207 - *La théorie de jauge des tirs au but,* 216.

Symétries internes 219
Symétries en théorie quantique et espaces fibrés, 219 - *Le théorème de Noether en théorie quantique,* 220.

L'électrodynamique quantique 221
Relativité de la phase et conservation de la charge, 221 - *L'électrodynamique quantique comme une théorie de jauge,* 224.

La chromodynamique quantique 227
La théorie de Yang et Mills, 227 - *La couleur des quarks et la chromodynamique quantique,* 229 - *Liberté à petite distance, confinement à grande distance,* 231.

L'interaction faible 235
Phénoménologie de l'interaction faible, 235 - *Première tentative d'unification électrofaible : le modèle des bosons intermédiaires,* 240 - *Le mécanisme de Higgs,* 240 - *Les confirmations expérimentales de la théorie électrofaible,* 245.

Conclusions 248

Chapitre IX - QU'EST-CE QU'UNE PARTICULE ? 251

Quelles sont les méthodes expérimentales qui permettent d'observer et d'identifier les particules élémentaires ? La combinaison de méthodes fortes et douces permet, tout compte fait, de détecter, d'identifier et d'observer toutes les particules considérées, à un moment donné, comme élémentaires. Qu'elles soient de durée de vie longue ou brève, qu'elles interagissent fortement ou très faiblement, qu'elles soient très légères ou très massives, toutes les particules peuvent être mises en évidence expérimentalement. La nouvelle conception de l'élémentarité est opérationnelle.

« Voir en brisant » les particules 252
Les limites à la pulvérisation de la matière, 252 - *Briser en physique relativiste,* 254 - *Qu'est-ce qu'une particule ? L'identification,* 258.

Les neutrinos, la famille des leptons 261
La découverte des neutrinos, 262 - *La chasse aux interactions des neutrinos,* 263 - *Les neutrinos muoniques, les neutrinos tauoniques,* 264.

L'hypothèse des quarks et la spectroscopie des années soixante 266

Voir « l'intérieur » des particules en les « éclairant » 274
Voir avec de la lumière « visible », 274 - *Voir avec de la lumière « invisible »,* 276 - *« Voir » avec un faisceau d'électrons,* 277 - *Un exemple : les collisions électron-carbone,* 281 - *Voir avec des neutrinos,* 286 - *L'existence des gluons,* 287.

La découverte des particules W et Z : le retour au marteau .. 289
L'énergie nécessaire ou la manière forte, 289 - *10 W, 1 Z pour un milliard de collisions,* 290.

Vers une nouvelle conception de l'élémentarité 293
Particule et champ de force, 294 - *Particule ponctuelle et trou noir,* 295 - *Élémentarité et renormalisation,* 295.

Chapitre X - UNIFICATION ET COSMOLOGIE 299

L'unification du modèle standard de la physique des particules et de celui de la cosmologie permet de proposer des scénarios de différenciation des interactions fondamentales. Immédiatement après le « big bang » créateur de notre univers, toutes les particules et toutes leurs interactions étaient indiscernables ; des transitions de phase s'accompagnant de brisures de symétries ont différencié les particules et leurs interactions et produit le germe de toute la variété des structures actuellement présentes dans l'univers. L'observation des conséquences phénoménologiques de ces théories constitue un grand défi expérimental actuel.

Les tentatives d'unification des interactions forte, faible et électromagnétique 299
Les motivations, 299 - *Un exemple de théorie de grande unification : SU(5),* 305 - *Les recherches expérimentales sur la durée de vie des protons,* 309.

La cosmologie 310
Les observations astronomiques à grande échelle, 311 - *Le modèle du « big bang »,* 314 - *Des problèmes et des voies de recherche,* 323 - *L'infiniment grand et l'infiniment petit,* 329.

Chapitre XI - PERSPECTIVES : VERS LA TROISIÈME QUANTIFICATION 331

Etre infiniment ambitieux mais savoir raison garder.

Les étapes de l'unification 331

Le stade classique, 331 - *La première quantification,* 334 - *La seconde quantification,* 335 - *Vers la troisième quantification,* 336.

Les butoirs du modèle standard 337

Le confinement, 337 - *La hiérarchie des brisures de symétrie,* 338 - *Premières alternatives au modèle minimal de grande unification,* 339.

Des perspectives 341

La supersymétrie, 341 - *Les cordes et les supercordes,* 343.

CONCLUSION 347

Où sont rappelés les principaux enseignements de l'ouvrage et où est affirmée la portée culturelle de la physique des particules.

L'unification interne, 349 - *L'unification de la physique,* 352 - *L'unification catégorielle,* 355.

REMERCIEMENTS 359

BIBLIOGRAPHIE 361

GLOSSAIRE-INDEX 365

TABLE DES ENCADRÉS ET ILLUSTRATIONS 389

Aubin Imprimeur
LIGUGÉ, POITIERS

Achevé d'imprimer en janvier 1987
Nº d'édition 3948 / Nº d'impression L 22672
Dépôt légal, février 1987

35-60-7607-02
ISBN 2-213-01835-9

Imprimé en France